English सीखें
और
सफल बनें

English सीखें और सफल बनें

जगदीश नारायण सिंह

प्रभात प्रकाशन

प्रकाशक • **प्रभात प्रकाशन प्रा. लि.**
4/19 आसफ अली रोड,
नई दिल्ली–110002

संस्करण • 2024
मूल्य • आठ सौ रुपए
मुद्रक • नरुला प्रिंटर्स, दिल्ली

ENGLISH SEEKHEN AUR SAFAL BANEN
by Jagdish Narayan Singh ₹ 800.00
Published by Prabhat Prakashan Pvt. Ltd., 4/19 Asaf Ali Road, New Delhi-2
e-mail: prabhatbooks@gmail.com ISBN 978-93-5266-840-3

पुस्तक मेरे अंग्रेजी के शिक्षक देवतुल्य

स्व. नाथेश्वर मिश्र को समर्पित है।

उन्होंने मुझे जीवन भर तथा मरणोपरांत भी आशीर्वाद दिया।

उनके विचार, विद्वत्ता और आचरण को

मैंने अपने जीवन में आदर्श के रूप में समाहित करने का

भरसक प्रयास किया।

शत–शत नमन!

प्राक्कथन एवं कृतज्ञता

'अंग्रेजी' को विश्व में एकमात्र 'संपर्क भाषा' के रूप में जाना जाता है। भारत में तो इस भाषा का महत्त्व बहुत अधिक है। ब्रिटिश हुकूमत खत्म होने के बाद भी अंग्रेजी भाषा के प्रभाव में बहुत कमी नहीं आई है। भारत के संविधान के तहत भी उच्चतम और उच्च न्यायालयों में अंग्रेजी को ही एक अधिकारिक भाषा में रखा गया है। भारत के राज्यों में भी सही मायने में अंग्रेजी ही एकमात्र संपर्क भाषा (Lingua franca) है। भारत के डॉक्टर और इंजीनियर की पूरे विश्व में कद्र इसलिए है कि उन्हें अंग्रेजी का समुचित ज्ञान रहता है। कुछ लोग जो अपने को हिंदी का हिमायती कहते हैं, उनके बच्चे भी अंग्रेजी माध्यम से शिक्षा ग्रहण करते हैं। ग्रामीण छात्रों को भुलावे में रखने का एक षड्यंत्र है।

एक प्रश्न उठता है कि अंग्रेजी की शिक्षा किस उम्र से शुरू की जाए और एक विदेशी भाषा की सीख किस भाषा के द्वारा दी जाए। साथ ही व्याकरण (Grammar) की सहायता से विदेशी भाषा सीखी जाए या सिर्फ बोलचाल के आधार पर। इन प्रश्नों का उत्तर आवश्यक है। आदरणीय राहुल सांकृत्यायन तथा संत विनोबा भावे, जो अनेक भाषाओं के विद्वान् थे, ने कहा है कि किसी भी विदेशी भाषा को मातृभाषा के माध्यम से ही सीखा जाना चाहिए। अत: पाँचवीं कक्षा के पहले मातृभाषा को छोड़कर दूसरी भाषा का सीखना मनोवैज्ञानिक दृष्टिकोण से भी बच्चों के लिए घातक है। जब बच्चों को अपनी मातृभाषा का कुछ ज्ञान हो जाए तथा व्याकरण की थोड़ी समझ हो जाए, तभी विदेशी भाषा को सिखाया जाना चाहिए। दुर्भाग्यवश आजकल तथाकथित English Medium School में बच्चों की अंग्रेजी में पढ़ाई पहली कक्षा से ही शुरू हो जाती है और व्याकरण का तो समावेश होता ही नहीं है। यही कारण है कि बहुतेरे अंग्रेजी के जाने-माने विद्वान् भी शुद्ध अंग्रेजी लिखने या बोलने में अक्षम रह जाते हैं।

पूर्व में देहाती स्कूलों में अंग्रेजी की पढ़ाई पाँचवीं या छठी कक्षा से शुरू होती थी। हिंदी माध्यम से व्याकरण को ध्यान में रखकर ही अंग्रेजी पढ़ाई जाती थी, जो मेरी राय में अंग्रेजी सीखने का अत्युत्तम तरीका था। हाँ, अंग्रेजी सीखने में कुछ कठिनाइयाँ अवश्य आती थीं। उन्हीं कठिनाइयों को ध्यान में रखकर मैंने इस पुस्तक को लिखने का प्रयास किया है। लिखने की प्रेरणा तो मेरे अंग्रेजी के शिक्षक स्व. नाथेश्वर मिश्र ने जीवित रहते और मरणोपरांत मुझे स्वप्न में आकर दी। जब भी मुझे कोई दिक्कत महसूस होती, वे मेरे सपने में आकर निराकरण करते। मैं कैसे अपनी कृतज्ञता उनके प्रति प्रकट करूँ, यह मेरी समझ में नहीं आता। इस पुस्तक को उन्हें समर्पित करने के बाद भी मुझे संतुष्टि नहीं हो पाई, लेकिन अंग्रेजी भाषा को हिंदी माध्यम से अधिकतम विद्यार्थियों को सिखाने से मुझे अपने गुरुदेव के अमर होने का आभास अवश्य मिलेगा। इस पुस्तक को लिखने के विचार से अंत तक मुझे बहुत सारे लोगों का सहयोग मिला। डॉ. शीला तिवारी का दिशानिर्देश तथा मेरी पत्नी डॉ. किरण सिंह, महिला चिकित्सक द्वारा

हिंदी के शब्दों तथा वाक्यांशों के शुद्धीकरण के लिए मैं कृतज्ञ हूँ। बहुत सारे विद्यालयों के प्रधानाचार्य एवं प्राचार्यों के साथ-साथ अंग्रेजी के शिक्षकों ने पांडुलिपि को संतोषजनक पाया और मुझे उत्साहित किया। मैं उनके प्रति भी अपना आभार प्रकट करता हूँ। श्री रविरंजन तथा उनके सहयोगियों ने पांडुलिपि तैयार करने में काफी मदद की। श्री वीरेंद्र सिंह, अध्यक्ष ग्रीनलैंड विकास समिति तथा श्री सुरेश सिंह (एडवोकेट) समय-समय पर उत्साहवर्धन करते रहे। उन सभी को मैं अपने दिल से धन्यवाद देता हूँ। इनके अलावा मेरे बहुत सारे मित्रों ने बहुत आश्चर्य जताया कि मैं अपने विषयों को छोड़कर इस प्रकार की पुस्तक लिखने की धृष्टता कर रहा हूँ। लेकिन उनमें से कुछ ने जब पांडुलिपि पढ़ी तो अपना विचार बदल लिया।

मैं अपनी कृतज्ञता श्री हरिवंश, सांसद एवं भूतपूर्व मुख्य संपादक, 'प्रभात खबर' के प्रति प्रकट करता हूँ, जिन्होंने मुझे पुस्तक लेखन के लिए प्रोत्साहित किया।

एक सहायक पुस्तक भी प्रकाशित होगी, जिसके तहत Antonyms, Homonyms, Paronyms, Allied Categorised Words, Communication, Essay and Precis Writing, Expansion, Translating English Speech in Hindi, Paraphrasing, Common Errors, Calendar, Weights & Measures तथा Abbreviation समाहित होगा। लेखन के लिए डॉ. शीला तिवारी (पी-एच.डी.) तथा डॉ. पल्लवी सिंह (पी-एच.डी.) ने सहयोग देने की सहमति प्रदान की है।

—जगदीश नारायण सिंह
(जे.एन. सिंह)

अनुक्रम

PART 'A'
GRAMMAR

PART 'B'
TRANSLATION

PART 'C'
VERB (ADDITION)

PART 'D'
COMMON CLASSIFIED VOCABULARY

PART 'E'
PREPOSITION (ADDITION)

PART 'F'
IDIOMS & PHRASES

PART 'G'
PROVERB

PART 'A'

GRAMMAR

Chapter - I

ALPHABET
(वर्णमाला)

हर भाषा के लिए 'अक्षर' का होना आवश्यक है। अक्षरों से शब्द बनते हैं और शब्दों से वाक्य। अंग्रेजी (रोमन लिपि) में सिर्फ 26 अक्षर हैं, जबकि हिंदी, जिसकी लिपि देवनागरी है, में 48 अक्षर के अलावा और भी कुछ अक्षर हैं।

हिंदी भाषा में बड़े और छोटे अक्षर नहीं होते। हिंदी में छापे और लिखने के अक्षर भी एक समान होते हैं। लेकिन अंग्रेजी में छापे के बड़े और छोटे अक्षर अलग-अलग होते हैं और साथ ही लिखावट (हाथ से लिखने का) के बड़े और छोटे अक्षर अलग-अलग होते हैं। इस प्रकार अंग्रेजी में अक्षरों को चार प्रकार से लिखा जाता है।

अंग्रेजी वर्णमाला के 26 अक्षर को ALPHABET (अल्फावेट) कहते हैं। प्रत्येक अक्षर के दो रूप हैं— CAPITAL (बड़ा) और SMALL (छोटा)। ये निम्नलिखित ढंग से लिखे जाते हैं।

CAPITAL और SMALL अक्षर

छापे के बड़े एवं छोटे अक्षरों को नीचे लिखा गया है। लिखावट के भी बड़े एवं छोटे अक्षरों को लिखा गया है। विद्यार्थियों को इसे लिखने का (चार लाइन वाले पृष्ठ पर) अभ्यास करना चाहिए। इस प्रकार के लिखावट को CURSIVE WRITING कहते हैं।

छापे के बड़े तथा छोटे अक्षर

एA a	बीB b	सीC c	डीD d	ईE e	एफ्F f
जीG g	एच्H h	आईI i	जेJ j	केK k	एल्L l
एम्M m	एन्N n	ओO o	पीP p	क्यूQ q	आर्R r
एस्S s	टीT t	यूU u	वीV v	डब्ल्यूW w	एक्स्X x
वाईY y	ज़ेडZ z				

लिखावट के बड़े अक्षर

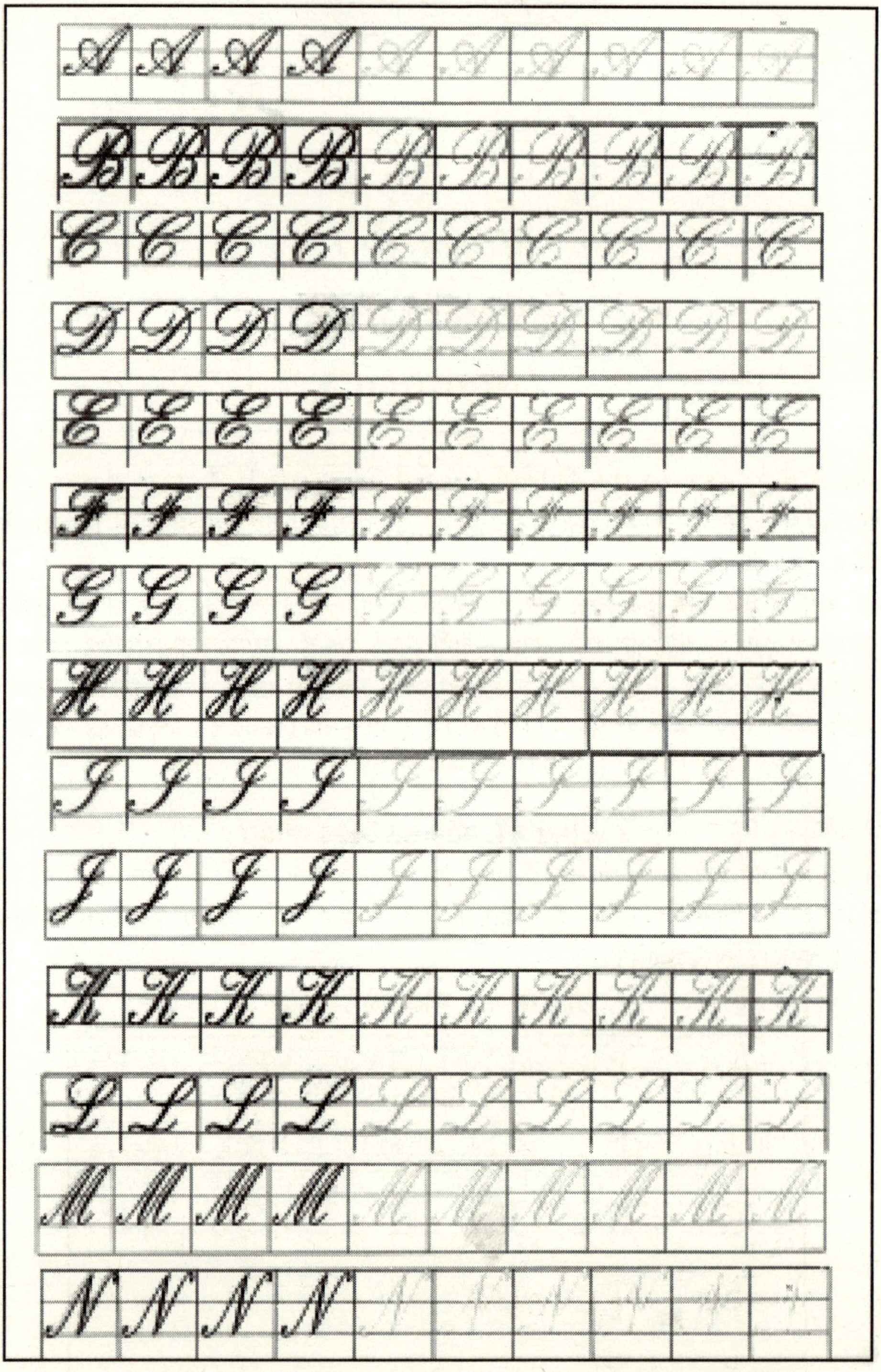

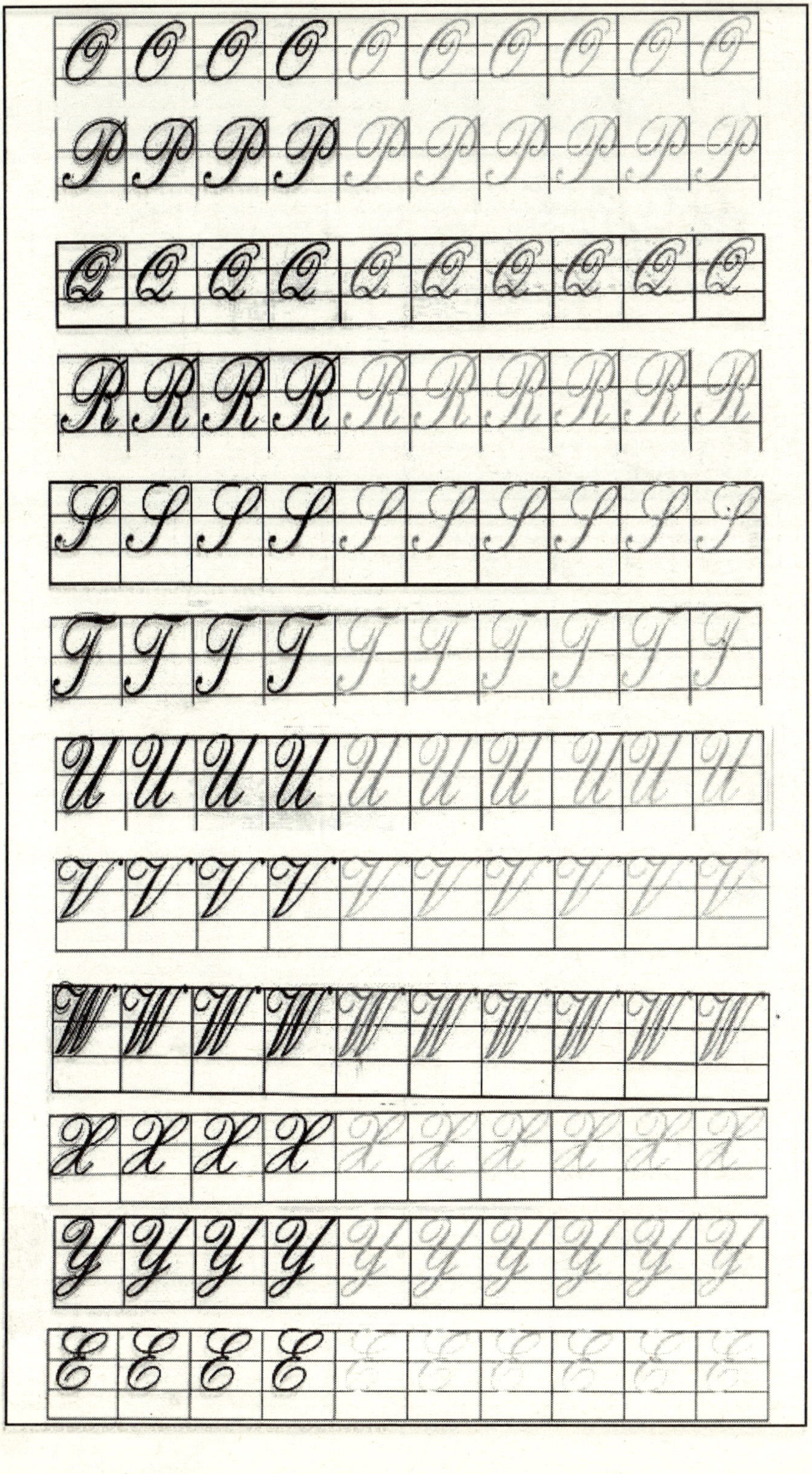

लिखावट के छोटे अक्षर

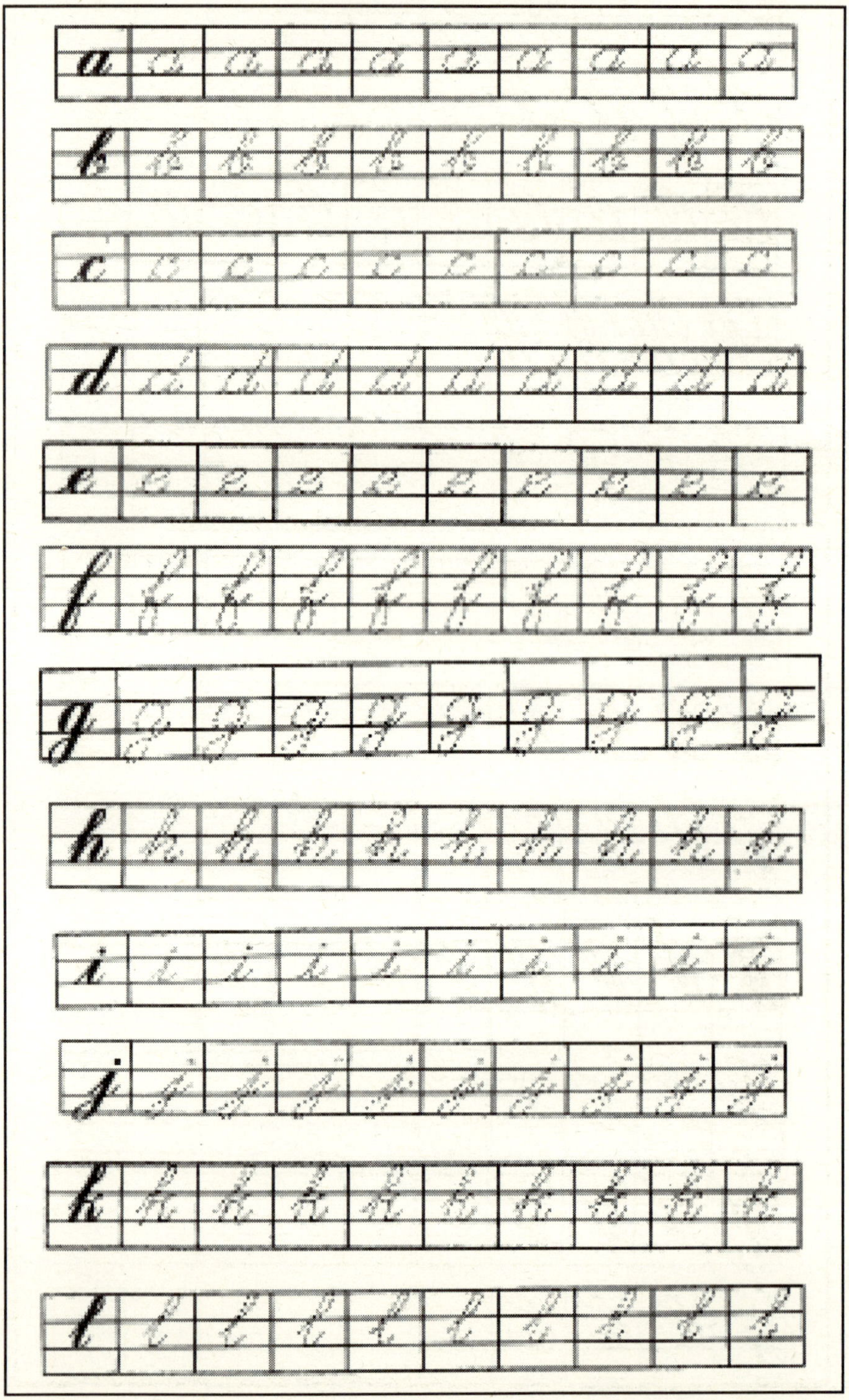

m
n
o
p
q
r
s
t
u
v
w
x
y
z

तुल्य अक्षर (देवनागरी और रोमन लिपि)

साधारणत: देवनागरी लिपि के अक्षरों को रोमन लिपि में निम्न प्रकार से लिखा जा सकता है। लेकिन इसकी कोई प्रतिबद्धता नहीं है।

अ A	आ AA	इ E,I	ई EE	उ U	ऊ OO	ए AE	ऐ AI	ओ O	औ AU	अं AN	अ: AH
क K	ख Kh	ग G	घ Gh	ङ Ng	च Ch	छ Chh	ज J	झ Jh	ञ Yn		
ट T	ठ Th	ड D	ढ Dh	ण N	त T	थ Th	द D	ध Dh	न N		
प P	फ Ph/F	ब B	भ Bh	म M	य Y	र R	ल L	व V	श Sh		
ष Sh	स S	ह H	क्ष Ksh	त्र Tr	ज्ञ Jn						

नोट—

1. संस्कृत में (जिसका प्रयोग हिंदी में भी होता है) ऋ और लृ भी अक्षर के रूप में लिखा जाता है। 'ऋ' को 'Ri' और 'लृ' को 'Lri' के रूप में लिखा जा सकता है।
2. 'क' से 'ह' तक बिना स्वर के सहयोग के नहीं बोला जा सकता है। 'के' या अन्य अक्षरों के साथ 'a' जुड़ा हुआ है, अत: इन्हें CONSONANT (व्यंजन) कहते हैं। वैसा अक्षर, जो स्वतंत्र रूप से बोला या उच्चारण किया जा सके, उसे VOWEL (स्वर) कहा जाता है। अंग्रेजी में A, E, I, O, U Vowels हैं।
3. अंग्रेजी भाषा में अक्षर यदा-कदा, अपना रूप बदल देता है तथा कुछ अक्षर का उच्चारण होता ही नहीं है।

जैसे : Chemistry—इसका उच्चारण 'चेमेस्ट्री' न होकर 'केमिस्ट्री' है।
Tsunami (सुनामी)—यहाँ पर 'T' Silent है।

बहुत सारे 'K' से शुरू होनेवाले शब्दों में 'K' Silent हो जाता है। जैसे Knife (नाइफ), Knock (नौक), Knight (नाइट) इत्यादि। लेकिन 'K' से शुरू होनेवाले शब्द जैसे King (किंग), Kyanite (काएनाइट) वगैरह में 'K' Silent नहीं होता है।

अत: यह देखा जाना चाहिए कि ऊपर की तालिका साधारण ढंग से अंग्रेजी और हिंदी के अक्षर के समतुल्य है, लेकिन बहुत सारे अपवाद हैं। अंग्रेजी के शब्दों का उच्चारण कुछ अलग ढंग से होता है। शब्दकोश में हर शब्द का 'उच्चारण' दिया जाता है।

❑

Chapter - II

SYNTAX

(वाक्य-विचार)

अक्षरों से शब्द बनता है और शब्दों से वाक्य। हिंदी और अंग्रेजी में वाक्य रचना में दो प्रकार का अंतर है।

असमानता

पहला अंतर

हिंदी में	–कर्ता	+	अन्य पद	+	क्रिया
	सीता		आम		खाती है
अंग्रेजी में	–कर्ता	+	क्रिया	+	अन्य पद
	(Subject)		(Verb)		(Object etc)
	Seeta		eats		mango

अंग्रेजी में कर्ता (Subject) के बाद Verb (क्रिया) आता है और अन्य पद उसके बाद।

दूसरा अंतर

हिंदी में क्रिया का लिंग कर्ता के लिंग के आधार पर होता है। लेकिन अंग्रेजी में क्रिया का लिंग होता ही नहीं है।

लड़का गाता है।	लड़की गाती है।
Boy Sings.	Girl Sings.
राम जाता है	सीता जाती है
Ram goes.	Sita goes.
वह गया	वह गई
He went.	She went.

समानता

हिंदी और अंग्रेजी दोनों में कर्ता (Subject) और क्रिया (Verb) के बीच मेल (Agreement) होना जरूरी है। कर्ता अगर एकवचन (Singular Number) में हो तो क्रिया को उसी के अनुरूप होना होता है। यही बात बहुवचन (Plural) के लिए भी लागू है। इसें संक्षेप में S-S और 'P-P' नियम कह सकते हैं।

लड़का लिखता है।	लड़के लिखते हैं।
Boy Writes.	Boys Write.
यहाँ 'S' लगने से क्रिया	यहा 'S' नहीं लगने से क्रिया
Singular हो गया है।	Plural में है।

कुछ अन्य वाक्यों से भी इसे समझने में सुविधा होगी

SINGULAR (Subject and Verb) **[S-S]**	→	Ram writes. Sita plays. Mohan dances. Meeta sings.
Plural (Subject and Verb) [P-P].	→	Boys write. Girls play. Actors dance. Women sing.

EXCEPTION (अपवाद)

इस S-S और P-P नियम के कुछ अपवाद हैं। इन अपवादों की जानकारी के लिए Part B 'TRANSLATION' देखें।

Kind of Sentences

A. Statements (कथन)

1. Mr. Kumar teaches science. : श्री कुमार विज्ञान पढ़ाता है।
2. Delhi is the capital of India. : दिल्ली भारत की राजधानी है।
3. Chandigarh is a beautiful city. : चंडीगढ़ एक सुंदर शहर है।

इस तरह के वाक्य किसी तथ्य, वस्तु या घटना का वर्णन करते हैं। इसलिए इन्हें कथन Statement कहा जाता है। ऐसे वाक्यों को Assertive या Declarative sentence भी कहते हैं।

B. Command (आज्ञा) या Imperative

1. Take this file away. : इस फाइल को ले जाओ।
2. Please give me a cup of coffee. : मुझे एक कप कॉफी दीजिए।
3. Neither lend nor borrw money. : न कर्ज दो न कर्ज लो।
4. Go and do your homework. : जाओ और अपना गृहकार्य करो।

इन वाक्यों में आज्ञा (Order), प्रार्थना (Request), सलाह (Advice), निर्देश (Direction), सुझाव (Suggestion) इत्यादि होते हैं। ऐसे वाक्यों को Command या Imperative sentence कहा जाता है। इन वाक्यों में कर्ता (subject) You है, किंतु यह छिपा रहता है।

Command में कुछ अन्य प्रकार के वाक्य भी होते हैं। जैसे—

1. Let the boys go and play. : लड़के जाएँ और खेलें।
2. Let us start at once. : हम लोग तुरंत आरंभ करें।

C. Interrogative (प्रश्नवाचक वाक्य)

1. Can I help you? : क्या मैं तुम्हारी मदद कर सकता हूँ?
2. What do we have for dinner? : हम लोगों के लिए रात्रि भोज में क्या है?
3. Where do you live? : तुम कहाँ रहते हो?
4. Is the train late? : क्या ट्रेन (आने) में विलंब है?

इस प्रकार के वाक्यों को प्रश्नवाचक (Question Sentences) या Interrogative sentence कहते हैं तथा इनके अंत में Question Mark (Sign of Interrogation) (?) लगाया जाता है।

D. Exclamatory (विस्मय सूचक)

1. How fast time fly! : समय कितनी जल्दी भागता है!
2. What a beautiful girl! : बहुत सुंदर लड़की!
3. What a tragic end! : दुःखद अंत!

ऐसे वाक्यों के अंत में Sign of Exclamation (विस्मय सूचक विराम) (!) लगाया जाता है।

E. AFFIRMATIVE AND NEGATIVE SENTENCES (सकारात्मक व नकारात्मक वाक्य)

जब किसी वाक्य में सकारात्मक (Positive) कथन उल्लेख होता है तो उसे Affirmative sentence कहते हैं। 'A' के तहत Affirmative Sentence है। Negative Statement (नकारात्मक कथन) होने पर Negative Sentence कहते हैं। जैसे—

1. He is not a reliable person. : वह विश्वासी व्यक्ति नहीं है।
2. I cannot sing a song. : मैं गाना नहीं गा सकता हूँ।
3. You don't understand my difficulties. : तुम मेरे दिक्कतों को नहीं समझते हो।

तथ्यात्मक कथन (statement) के अलावा आज्ञा सूचक वाक्य भी Negative हो सकता है।

1. Don't touch the exhibits. : लगाए गए (चित्रों) को मत छुओ।
2. Don't go out in rains. : बारिश में बाहर मत जाओ।

ऐसे वाक्यों को Negative Command कहा जाता है।

इसी तरह प्रश्नवाचक वाक्य (Question Sentences) का भी Negative रूप हो सकता है।

1. Why didn't you come in time? : तुम समय पर क्यों नहीं आए?
2. Hasn't he bought a car? : क्या उसने कार नहीं खरीदा है?
3. Doesn't' he like Coffee? : क्या वह कॉफी पसंद नहीं करता है?

ऐसे वाक्यों को Negative Question कहते हैं।

❑

Chapter - III

PARTS OF SPEECH
(शब्द भेद)

एक वाक्य में कुछ शब्द होते हैं। शब्दों की अपनी पहचान होती है और उन्हें विभिन्न भागों में बाँटा गया है। वाक्यों में आठ प्रकार के शब्द होते हैं।

(1) **Noun (संज्ञा) :** Words that name any one or anything including an idea say—person, place, material, books, animals, birds, happiness, etc.
किसी व्यक्ति, वस्तु, स्थान या भाव का बोध कराने वाले शब्दों को संज्ञा कहा जाता है।

(2) **Pronoun (सर्वनाम) :** A word that is used in place of a noun.
e.g. he, she, they, them, it, you, I, we, etc.
संज्ञा के बदले में आनेवाले शब्दों को सर्वनाम कहते हैं।

(3) **Adjective (विशेषण) :** The words that describe noun and Pronoun
e.g. black, brave, dark, long, etc.
संज्ञा और सर्वनाम की विशेषता बताने वाले शब्दों को विशेषण कहते हैं।

(4) **Verb (क्रिया) :** Words that express action or a state of being,
e.g. bring, happen, be, do, etc.
जिस शब्द से किसी काम को करने या होने का बोध होता है, उसे क्रिया कहते हैं।

(5) **Adverb (क्रिया विशेषण) :** Words that modify a Verb, an adjective or another adverb.
e.g. slowly, extremely, late, well, etc.

(**Note** : Adverb modifies Adjective also, say 'extremely funny'. Funny एक Adjective है, इसको 'extremely' शब्द modify करता है)

जो शब्द क्रिया, विशेषण या किसी अन्य क्रिया विशेषण की विशेषता बतलाता हो, उसे क्रिया विशेषण कहते हैं।

(6) **Preposition (पूर्वसर्ग, संबंधसूचक अव्यय) :** Words that show a relationship between a noun or Pronoun and another part of speech.

जो शब्द स्थान, समय, दिशा आदि के संकेत के लिए संज्ञा या सर्वनाम के पहले प्रयुक्त होता है, ऐसे वाक्य में आए हुए अन्य शब्दों के साथ उसका संबंध प्रकट करता है।

e.g. to, at, in, on, upon, in, into, of, off, between, for, since, etc.

(7) **Conjunction (समुच्चय बोधक) :** Words that connect parts of a sentence or connect sentences.

दो शब्दों, वाक्यांशों या वाक्यों को परस्पर जोड़ने वाले शब्द समुच्चय बोधक कहलाते हैं।

e.g., and, or, but, etc.

(8) **Interjection (विस्मयादिबोधक) :** Words that express feelings (surprise, pain, pleasure, hatred, fear, etc.)

हर्ष, घृणा, शोक, भय, आश्चर्य आदि मनोभावों को व्यक्त करनेवाला शब्द विस्मयादिबोधक कहलाता है।

e.g. oh! Ah! Hurry! etc.

अगले कुछ अध्याय में प्रत्येक भाग की विस्तार से चर्चा है।

❑

Chapter - III (A)

NOUN

(संज्ञा)

Noun (संज्ञा) : Words that name any one or anything including an idea are Noun (किसी व्यक्ति, वस्तु, स्थान या भाव का बोध कराने वाले शब्दों को संज्ञा कहा जाता है।) Noun के प्रकार तथा इनसे जुड़े शब्दादि की जानकारी भी आवश्यक है। इससे शब्दकोश में वृद्धि के साथ-साथ Translation (अनुवाद) में भी सहायता मिलती है।

KINDS OF NOUN (संज्ञा के प्रकार)

हिंदी की तरह अंग्रेजी में भी पाँच प्रकार के Noun होते हैं—

(1) **Proper Noun (व्यक्तिवाचक संज्ञा) :** A proper Noun is a name of some particular place or person. जिन शब्दों से किसी विशेष व्यक्ति, वस्तु, स्थान, प्राणी इत्यादि का बोध हो।

- Name of persons – Gandhi, Ramkrisna, Sohan, Mohan, Gita etc.
- Place or Country – Delhi, Kolkata, Patna, U.S.A., India etc.
- Names of Rivers – The Ganga, The Yamuna etc.
- Name of Books – The Ramayan, The Gita etc.

(2) **Common Noun (जातिवाचक संज्ञा) :** The words indicating every person or thing of the same class or kind. जिन शब्दों से किसी खास प्राणी या पदार्थ या व्यवसाय इत्यादि का बोध हो।

- Man, Women, Boys, Girls, Brother, Sister etc.
- Book, House, Machine, Table, Fan etc.
- Cow, Bull, Birds, Tiger etc.
- Position or profession–Prime Minister, Secretary, Commerce etc.

(3) **Collective Noun (समूह वाचक संज्ञा) :** The Words indicating the collection of persons or things. जिन शब्दों से व्यक्तियों या वस्तुओं के समूह का बोध हो।

e.g.–Crowd, Mob, Team, Army, Fleet, Jury, Family, Nation, Parliament, Committee etc.

(4) **Material Noun (द्रव्यवाचक संज्ञा) :** Such materials which can be measured (but normally not countable) or extracted from mines are grouped under the material noun.

नाप-तौल की जानेवाली (साधारणत: न गिनी जानेवाली वस्तु) या खदान से निकलने वाली वस्तुओं को द्रव्यवाचक संज्ञा कहते हैं। e.g.-Rice, Oil, Coal, Gold, Milk, Water, etc.

(5) **Abstract Noun (भाववाचक संज्ञा) :** The words indicating quality which can be felt or understood but cannot be seen or touched.

जिन शब्दों से उन गुणों का बोध हो, जिनका अनुभव हो; लेकिन उन्हें न तो देखा जा सकता हो और न स्पर्श किया जा सकता हो।

e.g.- Goodness, Kindness, darkness, honesty, wisdom, bravery, friendship etc. Another set of examples are Arts, Science, Grammar, Music, Chemistry etc.

ध्यान देने की बात है कि 'शब्दकोश' में सबसे अधिक शब्द 'Noun' के ही होते हैं। Verb (क्रिया) का रूप भी संज्ञा के प्रकार से प्रभावित होता है। अत: Translation (अनुवाद) करने में भी संज्ञा के प्रयोग तथा रूप का काफी महत्त्व है।

इसलिए संज्ञा को और थोड़े विस्तार से वर्णन किए जाने की आवश्यकता है।

(A) NUMBER (वचन) हिंदी की तरह अंग्रेजी में भी दो प्रकार का Number (वचन) होता है।

Singular Number एकवचन (एक संख्या का बोध)

Plural Number बहुवचन (एक से अधिक संख्या का बोध)

Singular Number का Plural Number होता है। कुछ शब्द Singular Number तथा Plural Number दोनों होते हैं। कुछ शब्द Plural होते हुए भी Singular में व्यवहार होते हैं। अत: इसकी जानकारी भी आवश्यक है।

Singular से Plural में बदलने के लिए कुछ नियम—

Rule-1

साधारणत: Singular Noun के अंत में 'S' लगाकर Plural बनाया जाता है। जैसे—

Singular	Plural	Singular	Plural
Ant (चीटी)	Ants	Elephant (हाथी)	Elephants
Book (पुस्तक)	Books	Flower (फूल)	Flowers
Boy (लड़का)	Boys	Lamp (दीपक)	Lamps
Girl (लड़की)	Girls	Rupee (रुपया)	Rupees

Rule-2 : Rule of addition of 'es'

Noun के अंत में अगर s, ss, sh, ch (जिसका उच्चारण 'च' की तरह हो), x या z हो तो **es* जोड़कर Plural बनाया जाता है। जैसे—

Singular	Plural	Singular	Plural
Gas (गैस)	Gases	Dish (थाली)	Dishes
Ass (गदहा)	Asses	Bench (बेंच)	Benches
Buzz (हिसकारी)	Buzzes	Tax (कर)	Taxes

Rule-3 : Rule of 'O'

(1) यदि Singular Noun के अंत में 'O' रहे और उस 'O' के पहले consonant हो तो उसका Plural 'es' लगाकर बनाया जाता है। जैसे—

Singular	Plural	Singular	Plural
Mango (आम)	Mangoes	Buffalo (भैंस)	Buffaloes
Hero (नायक)	Heroes	Potato (आलू)	Potatoes

(2) यदि **O** के पहले vowel हो तो उसमें सिर्फ 's' लगाकर Plural बनाया जाता है। जैसे—

Singular	Plural
Bamboo (बाँस)	Bamboos

Rule-4 : Rule for 'y'

(i) Singular Noun के अंत में 'y' को हटाकर 'i' लगाकर उसमें 'es' जोड़कर Plural बनाया जाता है। जैसे—

Singular	Plural	Singular	Plural
Baby (बच्चा)	Babies	Lady (महिला)	Ladies
Fly (मक्खी)	Flies	Country (देश)	Countries

(ii) Singular Noun के अंत में 'y' रहे और उसके पीछे vowel रहे तो सिर्फ 's' जोड़कर Plural बनाया जाता है। जैसे—

Singular	Plural	Singular	Plural
Boy (लड़का)	Boys	Day (दिन)	Days
Key (चावी)	Keys	Toy (खिलौना)	Toys

Rule-5 : Rule for 'f' and 'fe'

(i) Singular Noun के अंत में 'f' या 'fe' रहे तो 'f' या 'fe' को हटाकर 'ves' जोड़कर Plural बनाया जाता है जैसे—

Singular	Plural	Singular	Plural
Knife (छूरी)	Knives	Leaf (पत्ता)	Leaves
Wife (पत्नी)	Wives	Half (आधा)	Halves

(ii) कुछ ऐसे Singular Noun हैं, जिनके अंत में 'f' या 'fe' रहेने पर भी सिर्फ 's' लगाकर Plural बनाया जाता है। जैसे—

Singular	Plural	Singular	Plural
Chief (प्रधान)	Chiefs	Mischief (वहमाषी)	Mischiefs
Proof प्रमाण)	Proofs	Dwarf (बौना)	Dwarfs

इसी तरह Brief, Hoof, Gulf etc. जिसमें 's' जोड़ने से Plural हो जाता है।

Rule-6 : Rule for 'um' (Latin भाषा के अंग्रेजी शब्द)

Singular Noun के अंत में 'um' रहे तो उसकी जगह 'ia' या 'a' लगाकर Plural बनाया जाता है। जैसे—

Singular	Plural
Stadium (स्टेडियम)	Stadia
Datum (सूचना संग्रह)	Data
Medium (व्यक्त करने का माध्यम)	Media

Latin के कुछ ऐसे शब्द हैं, जिनके अंत में 'um' आता है और 'ss' लगाकर Plural बनाया जाता है। जैसे—

Singular	Plural
Medium (व्यक्त करने का माध्यम)	Mediums (media भी Plural है)
Asylum (मानसिक रोग चिकित्सालय)	Asylums

Rule-7 : Rule for making Plural by adding 's' to Principal Part of Noun.

वैसा Noun जिसमें दो-तीन भाग होते हैं, उसमें जो सबसे प्रधान Noun रहता है, उसमें 's' जोड़कर या प्रधान Noun का Plural के साथ बनाया जाता है। जैसे—

Singular	Plural
Postman (डाकिया)	Postmen
Mother-in-law (सास)	Mothers-in-law
Step-son (सौतेला बेटा)	Step-sons

अपवाद : कुछ Compound Noun ऐसे भी हैं, जिन्हें Plural बनाने के लिए दोनों भाग का Plural बनाया जाता है। जैसे—

Singular	Plural
Man-Servant (पुरुष नौकर)	Men-Servants
Woman-servant (स्त्री नौकर)	Women-Servants

Rule-8 : Rule for making Plural by adding 's' to second part of Singular Noun.

Noun के दोनों भाग में से अंतिम भाग में 's' जोड़ दिया जाता है। जैसे—

Singular	Plural
Handful (मुट्ठी भर)	Handfuls
Spoonful (चम्मच भर)	Spoonfuls

Rule-9 : Rule for Singular and Plural without change. जैसे—

Singular	Plural	Singular	Plural
News (समाचार)	News	Canon (तोप)	Canon
Series (कतार)	Series	Deer (हरिण)	Deer
Means (साधन)	Means	Sheep (भेड़)	Sheep

नोट : इसका व्यवहार प्रचलन के आधार पर होता है। जैसे News को अब हमेशा Singular माना जाता है।

Rule-10 : Nouns always Plural. जैसे—

कुछ Noun ऐसे होते हैं, जो हमेशा Plural होते हैं। यानी उनका Singular Noun होता ही नहीं है। जैसे—

Drawers (दराज), Trousers पैजामा, Spectacles (चश्मा), Riches (धन), Tongs (चिमटा), Thanks (धन्यवाद), Alms (निर्धनों को दान)

ध्यान दें 'Rich'—Adjective है, Noun नहीं। उसी प्रकार 'Thank' Verb है, Noun नहीं।

Rule-11 : One Singular has two 'Plural' but with different meaning.

(एक Singular का दो Plural, लेकिन दोनों का अर्थ अलग)

Singular	Plural
Brother (भाई)	Brothers (जन्म से भाई) Bretheren (सामाजिक भाई)

Cloth (कपड़ा)	Cloths (कपड़े) Clothes (पोशाक)
Staff (कर्मचारी) (ऊँचाई नापने की लाठी)	Staffs (कर्मचारी वर्ग) Staves (ऊँचाई नापने की लाठियाँ)

Rule-12 : Two meanings in Plural of the same Singular (एक Singular का एक ही Plural लेकिन Plural का अर्थ अलग-अलग होता है। जैसे—

Singular	Plural
Colour (रंग)	Colours (रंग और झंडा)
Manner (तरीका)	Manners (तरीका और आचरण)
Number (संख्या)	Numbers (संख्या और मात्रा)
Spectacle (दृश्य)	Spectacles (दृश्य और चश्मा)

नोट : चश्मा की अंग्रेजी 'Spectacles' है Spectacle नहीं।

Rule-13 : अंग्रेजी Greek भाषा के शब्द, जो 'is' से समाप्त होते हैं उनमें 'is' की जगह 'es' लगाने से बहुवचन हो जाता है। जैसे—

Singular	Plural
Analysis (विश्लेषण)	Analyses
Oasis (मरुयान-मरुभूमि में उद्यान)	Oases
Thesis (विषय-विशेष पर लिखा गया लेख)	Theses

Rule-14 : कुछ Greek Words, जिनके अंत में 'on' रहता है, Singular से Plural बनाने के लिए 'on' की जगह 'a' लगाया जाता है। जैसे—Criterion (मापदंड) Criteria; Phenomenon (प्रकृति या समाज में कोई घटना) Phenomena.

Rule-15 : कुछ शब्दों के अंत में 's' रहता है, फिर भी वे Singular हैं। जैसे Mathematics, Physics etc.

Rule-16 : No Definite Rule

बहुत सारे नियमों के बावजूद भी कुछ ऐसे शब्द हैं, जिनका Plural किसी भी Rule के बाहर है। जैसे—

Singular	Plural	Singular	Plural
Child (बच्चा)	Children	Mouse (चूहा)	Mice

Man (मनुष्य)	Men	Ox (बैल)	Oxen
Foot (पैर)	Feet	Goose (हंस)	Geese
Tooth (दाँत)	Teeth	Formula (सूत्र)	Formulae or Formulas
Alumnus (पुराना छात्र)	Alumni		

(B) GENDER (लिंग)

Gander—Classification of noun and Pronoun based on sex is called Gender.

व्यक्ति या वस्तु की जाति (स्त्री-पुरुष) का बोध होने को लिंग कहते हैं।

Gender (लिंग) चार प्रकार का होता है।

(i) Masculine (पुल्लिंग) Gender

(ii) Feminine (स्त्रीलिंग) Gender

(iii) Common (उभयलिंग) Gender

(iv) Neuter (नपुंसक) Gender

1. **Masculine Gender** : पुरुष सा दिखनेवाला, मर्दाना, पुरुष विषयक संज्ञा या सर्वनाम।

   A noun or Pronoun that denotes a male is said to be of the Masculine Gender.

   e.g. Father (पिता), Man (पुरुष), Nephew (भतीजा), Uncle (चाचा, काका, मामा), King (राजा), etc.

2. **Feminine Gender** : स्त्री सी दिखने वाली, औरत, स्त्री विषयक संज्ञा या सर्वनाम।

   A noun or Pronoun that denotes female is said to be Feminine Gender.

   e.g. Mother (माता), Woman (औरत), Niece (भतीजी), Aunty (चाची, काकी, मामी), Queen (रानी), etc.

3. **Common Gender** : ऐसा Noun या Pronoun जिससे पुरुष अथवा स्त्री दोनों का बोध होता हो।

   A Noun or Pronoun that denotes either a male or a female is said to be the Common Gender.

   e.g. Teacher (शिक्षक, शिक्षिका), Students (विद्यार्थी), Parent (माँ-बाप), Bird (पक्षी, नर या मादा), Pupil (छात्र या छात्रा), Friend (सखा या सखी), Baby (बच्चा या बच्ची), Cattle (पशु), Relation (संबंधी), Citizen (नागरिक), Orphan (अनाथ), Guard (रक्षक), Cousin (चचेरा, ममेरा, फुफेरा भाई या बहन), etc.

4. **Neuter Gender** : जिस Noun से निर्जीव पदार्थ या छोटे जीव या पेड़-पौधे आदि का बोध हो।

   A Noun that denotes a thing without life, plant and trees, young children, lower animals etc. are said to be Neuter Gender.

   e.g. Book (पुस्तक), Tree (वृक्ष), Pen (कलम), Fly (मक्खी), Mouse (चूहा), etc.

WAYS OF FORMING FEMININE NOUN

1. By using entirely different word. (अलग शब्द से Feminine बनता है)

Masculine	Feminine
Bachelor (कुमारा)	Maid (कुमारी)
Boy (लड़का)	Girl (लड़की)
Brother (भाई)	Sister (बहन)
Bull (साँड़)	Cow (गाय)
Dog (कुता)	Bitch (कुतिया)
Father (पिता)	Mother (माता)
Gentleman (राजहंस)	Lady (भद्र महिला)
Horse (घोड़ा)	Mare (घोड़ा)
Hero [वीर (पुरुष नायक)]	Heroine [वरी (स्त्री नायिका)]
Husband (पति)	Wife (पत्नी)
King (राजा)	Queen (रानी)
Man (पुरुष)	Woman (स्त्री)
Male (पुरुष)	Female (नारी)
Sir (महाशय)	Madam (महाशया)
Son (पुत्र)	Daughter (पुत्री)
Uncle (चाचा, मामा, फूफा)	Aunt, Aunty, Auntie (चाची, काकी, मामी, फुआ)

2. कुछ Masculine में 'ess' लगाकर Feminine बनाते हैं। जैसे—

Masculine	Feminine
God (देवता)	Goddess (देवी)
Host (अतिथि, सेवक)	Hostess (अतिथि, सेविका)
Lion (सिंह)	Lioness (सिंहनी)
Prince (राजकुमार)	Princess (राजकुमारी)

3. कुछ Masculine से Feminine बनाने में 'ess' जोड़ने के पहले अंतिम 'Vowel' को हटा दिया जाता है।

Actor (अभिनेता)	Actress (अभिनेत्री)
Inspector (निरीक्षक)	Inspectress (निरीक्षिका)
Instructor (उपदेशक)	Instructress (उपदेशिका)
Traitor (विश्वासघाती)	Traitress (विश्वासघातिन)

4. कुछ Noun का Feminine बानाने में अक्षरों में थोड़ा बदलाव कर 'ess' जोड़ा जाता है। जैसे—

Masculine	**Feminine**
Emperor (सम्राट्)	Empress (सम्राज्ञी)
Governor (शासक)	Governess (शासिका)
Master (मालिक)	Mistress (मालकिन)

5. कुछ Noun का Feminine बनाने के लिए शुरू या अंत का शब्द बदला जाता है। जैसे—

Masculine	**Feminine**
Boar-pig (नर सूअर बच्चा)	Sow-pig (मादा सूअर बच्चा)
Cock-sparrow (नर बगरैया)	Hen-sparrow (मादा बगरैया)
Father-in-law (श्वसुर)	Mother-in-law (सास)
Grand-father (दादा)	Grand-mother (दादी)
He-goat (बकरा)	She-goat (बकरी)
Male-child (लड़का)	Female-child (लड़की)
Step-father (सौतेला पिता)	Step-mother (सौतेली माँ)
Step-Son (सौतेला बेटा)	Step-daughter (सौतेली बेटी)

[C] CASE

हिंदी में 'कारक' को अंग्रेजी में Case कहते हैं। किसी भी वाक्य में संज्ञा (या सर्वनाम) का दूसरे शब्दों के साथ संबंध-ज्ञान को कारक कहते हैं।

Case is the relation of a Noun (or Pronoun) to another word in sentence.

कारक (CASE)	**कारक चिह्न**
कर्ता कारक (Nominative Case)	ने
कर्म कारक (Accusative Case)	को
करण कारक (Instrumental Case)	से

संप्रदान कारक (Dative Case)	को, के, लिए
अपादान कारक (Ablative Case)	से (अलग होना)
अधिकरण कारक (Location Case)	में, पर
संबंध कारक (Possessive Case)	का, के, की
संबोधन कारक (vocative Case)	हे, ! रे,अरे ! ओ !

अंग्रेजी में इस आठ प्रकार के कारक को चार भागों में (या कुछ किताबों में छह भागों में) ही बाँटा गया है।

(1) Nominative Case (कर्ता कारक)।

(2) Objective Case (कर्म, करण, संप्रदान, अपादान तथा अधिकरण कारक को एक Group में कर दिया गया है।

(3) Possessive Case (संबंध कारक)।

(4) Vocative Case (संबोधन कारक)।

इसके साथ एक और भी Case in APPOSITION जोड़ दिया गया है।

Example—

Hari, my brother, came.

Call Ram, the doctor.

यहाँ पर Hari और Brother एक ही व्यक्ति है। उसी तरह Ram और Doctor भी एक ही व्यक्ति है।

When a Noun follows another Noun (or Pronoun) denoting the same person (but describing further) it is said to be "CASE IN APPOSITION".

Note: the word apposition means placing near.

Note: 'Noun' से संबंधित कुछ और चर्चा 'Tense and Translation' अध्याय में और उसके बाद के अध्याय में भी की गई है।

❑

Chapter - III (B)

PRONOUN

(सर्वनाम)

"संज्ञा के बदले में आनेवाले शब्दों को सर्वनाम कहते हैं।"

"A word that is used in place of a Noun is Pronoun."

याद रहे कि 'Pronoun' में भी Number (Singular and Plural), Case (कारक) एवं Gender (लिंग) का महत्त्वपूर्ण स्थान है।

अंग्रेजी में सात प्रकार के Pronoun हैं—

(1) Personal (पुरुषवाचक) (2) Reflexive (निजवाचक)

(3) Demonstrative (निश्चयवाचक) (4) Relative (संबंधवाचक)

(5) Interrogative (प्रश्नवाचक) (6) Indefinite (अनिश्चयवाचक)

(7) Distributive (विभाजन संबंधित) (हिंदी में यह रूप नहीं है।)

(1) **Personal Pronoun (पुरुषवाचक) :** यह सर्वनाम पुरुषों (स्त्री सहित) के बदले में आता है। यह तीन प्रकार का होता है।

(i) First Person (उत्तम पुरुष) बोलने वाले को First Person कहते हैं।

I	We
Singular	Plural

(Both for masculine and feminine)

(ii) Second Person (मध्यम पुरुष) सुनने वाले को Second Person कहते हैं।

You	You
Singular	Plural

(Both for Masculine and Feminine)

(iii) Third Person (अन्य पुरुष) जिसके बारे में कहा जाता है, उन्हें Third Person कहते हैं।

He	They
(Singular, Masculine)	(Plural - Both Masculine and Feminine)
She	They
(Singular, Feminine)	(Plural - Both Masculine and Feminine)

It (Singular, Neuter Gender) | They [Plural, Neuter Gender]

इन तीनों Pronouns का रूप तीनों Case (कारक) (Nominative, Objective और Possessive के दोनों (Singular और Plural) में भिन्न-भिन्न होता है। इन्हें निम्नलिखित तालिका में दरशाया गया है—

First person (Masculine or Feminine)

Case	Singular	Plural
Nominative	I	We
Objective	Me	Us
Possessive	My, Mine	Our, Ours

Second Person (Masculine or Feminine)

Case	Singular	Plural
Nominative	You	You
Objective	You	You
Possessive	Your, Yours	Your, Yours

Third Person (Masculine, Femininine, Neuter)

Case	Singular			Plural All genders
	Masculine	Feminine	Neuter	
Nominative	He	She	It	They
Objective	Him	Her	It	Them
Possessive	His	Her, hers	Its	Their, theirs

नोट : (i) Personal Pronoun (यदि एक से ज्यादा हो तो) उसे 2, 3, 1 के क्रम में रखा जाता है, यानी Second person, Third person and First person

(ii) इनका व्यवहार Tense और Translation अध्याय में भी समझाया गया है।

(2) **Reflexive (निजवाचक) :** हिंदी में स्वयंबोधक शब्द उतनी प्रमुखता से व्यवहार नहीं किया जाता है। लेकिन अंग्रेजी में इसका विशेष रूप से व्यवहार होता है। उदाहरणों से यह स्पष्ट होगा।

"तुमने यह काम किया"

(तुमने यह काम स्वयं किया, ऐसा नहीं लिखा जाता है)

लेकिन अंग्रेजी में 'self' का व्यवहार प्रमुखता से होता है। जैसे—

You did this work yourself.

Personal Pronoun के First, Second and Third Person के Objective case/

Possessive case के Singular में self और Plural में Selves लगाने से Reflexive Pronoun बनता है। जैसे—They did this work themselves. We did this works ourselves.

	Singular	Plural
First Person	My-myself	Our-Ourselves
Second Person	You-yourself	You-Yourselves
Third Person	He-himself	They-Themselves
	She-herself	They-Themselves
	It-itself	They-Themselves

(3) **Demonstrative (निश्चयवाचक) :** हिंदी में 'यह' और 'वह' का प्रयोग 'निकटता' और 'दूरी' को दर्शाता है। इसी प्रकार अंग्रेजी में 'This' और 'That' क्रमशः निकटता और दूरी प्रदर्शित करता है। 'This' का Plural 'These' और 'That' का Plural 'Those' होता है।

e.g. This is a pen. (यह एक कलम है।)

That is a pencil. (वह एक पेंसिल है।)

These are pens. (ये कलम हैं)।

Those are Pencils. (वे पेंसिल हैं।)

(4) **Relative Pronoun (संबंधवाचक) :** जब who, which, what, whom, whose और that किसी Noun के बदले में आते हैं तो वे Relative Pronouns होते हैं। साथ ही जिस Noun के बदले में Pronoun का प्रयोग होता है, उसे Antecedent कहते हैं।

इसको समझने के लिए निम्नलिखित वाक्यों पर ध्यान दें—

(i) I donot know the man.

(ii) The man was shouting loudly.

इन दो वाक्यों को एक वाक्य में इस प्रकार लिखा जा सकता है—

I donot know the man who was shouting loudly.

यहाँ पर दूसरे वाक्य के 'man' (Noun) की जगह who आया है। अतः who एक Relative Pronoun है। who तो man के लिए आया है, अतः who को ही Antecedent कहा जाएगा।

Relative Pronoun के सभी Forms को नीचे के तालिका में दिया गया है—

	Subject	Object	Possessive
For persons	Who, that	Whom, who, that	Whose
For things	What	What	—
For things and animals	Which, That	Which,that	—

(5) **Interrogative Pronoun (प्रश्नवाचक) :** Interrogative Pronoun वह है, जिससे प्रश्न पूछा जाता है। यह निम्नलिखित है—

Who (Nominative), Whose (Possessive), Whom (Objective),
What (Nominative and objective), Which (Nominative and objective)

Examples:

Who	:	Who is talking?	Who are talking?
Whose	:	Whose book is this?	Whose books are these?
		Whose friend is he?	Whose friends are they?
Whom	:	Whom is he beating?	Whom are they beating?
What	:	निर्जीव पदार्थ के लिए	
		What do you eat?	What is in your hand?
		What do you see?	What is that?
		मनुष्य के संबंध में—	
		What is your name?—	My name is Ram.
		What is your father?—	He is a teacher. (यह प्रश्न पेशे से संबंधित है)

Which :

Which का प्रयोग व्यक्ति और वस्तु दोनों के लिए होता है; किंतु साधारणत: इसका प्रयोग एक से अधिक व्यक्तियों या वस्तुओं में से एक को चुनने के संबंध में होता है। जैसे—

Which is your Pen? Which of these is good?

Which is your neighbour?

(6) **Indefinite Pronoun (अनिश्चयवाचक) :** जिस Pronoun का प्रयोग किसी अनिश्चित व्यक्ति या वस्तु के लिए किया जाता है, उसे Indefinite Pronoun कहते हैं।

इस श्रेणी में निम्नलिखित Pronoun आते हैं—

One, someone, anyone, no one, none, any, nobody, few, many, others, all, anybody, everybody, some, some one, somebody, something, nothing, enough, one another, both etc.

Indefinite Pronoun के संबंध में निम्नलिखित बातों पर ध्यान देना चाहिए—

(i) Anybody, Everybody, Any one, Some one, Some body, Something, Nothing, One another, Enough आदि का प्रयोग Singular Number में होता है।

जैसे—Everybody is welcome (सभी का स्वागत है) Something is better than nothing (कुछ होना तो नहीं होने से अच्छा है)

(ii) Many, few, some, both आदि का प्रयोग Plural Number में होता है।

जैसे—Many have come back (बहुत लोग वापस आ गए।)

Both were happy (दोनों प्रसन्न थे।)

(iii) कुछ ऐसे Indefinite Pronouns हैं, जिनका प्रयोग दोनों Number में होता है। जैसे—

All that glitters are not gold. (सभी चमकीली वस्तुएँ सोना नहीं होतीं)

All have left the place. (सभी लोगों ने स्थान छोड़ दिया)

All is well that ends well.
(अंत भला तो सब भला)

(iv) कुछ Indefinite Pronouns का Possessive case—'s (Apostrophe) लगाकर बनाया जाता है। जैसे—

Any body's pen will do. (किसी की कलम काम आएगी।)

Some one's car was stolen. (किसी व्यक्ति की कार की चोरी हो गई।)

(v) One के साथ possessive case में one's का प्रयोग होता है, his या her का नहीं।
One should mind one's business. (हर किसी को अपने धंधे पर ध्यान देना चाहिए।)

(7) **Distributive Pronoun :** हिंदी में इसका रूप नहीं है। लेकिन यह विभाजन शब्द से जुड़ा हुआ है।

अंग्रेजी में Each, Every, Either और Neither का प्रयोग विभाजन के लिए उपयोग किया जाता है। अत: उन्हें Distributive Pronoun कहते हैं।

ध्यान योग्य—

(i) 'Each' का प्रयोग दो या दो से अधिक व्यक्तियों या वस्तुओं में प्रत्येक को सूचित करने के लिए होता है। जैसे—Each of those two (three, Four...) boys has passed (सभी लड़के उर्तीण हुए हैं।)

नोट—Each के साथ Singular का प्रयोग होता है।

(ii) 'Every' का प्रयोग दो से अधिक (यानी तीन और तीन से ज्यादा) व्यक्तियों अथवा वस्तुओं में से प्रत्येक को सूचित करने के लिए होता है। जैसे—"Every one of the sixty villagers must go to BDO's office (साठ ग्रामीणों में सभी को प्रखंड विकास पदाधिकारी के कार्यालय जाना है।)

कभी-कभी जोर देने के लिए "Each" and Every one" का प्रयोग भी एक साथ होता है।

e.g. Each and every one must join prayer meeting. (सब के सब प्रार्थना सभा में अवश्य आएँ।)

(iii) 'Either' का प्रयोग दो में एक अथवा दोनों को सूचित करने के लिए होता है। जैसे—

Either of the two pens will do. (दो कलमों में से कोई भी कलम काम करेगी)

नोट—

(1) दो से अधिक के लिए Either का व्यवहार नहीं होता है। दो से अधिक के लिए either के बदले 'Anyone' का प्रयोग होता है। जैसे—Anyone of you can come तुम लोगों में से (दो से अधिक संख्या है) कोई एक आ सकता है।

(2) Either...Or...का व्यवहार भी होता है, जो दो में से एक को दर्शाता है। जैसे Either Ram or Shyam can go to Delhi.
राम या श्याम (दो में से कोई) दिल्ली जा सकता है।

(3) 'Either' हमेशा स्वीकृति (Positive) दर्शाता है।

(iv) 'Neither' का प्रयोग दो में एक भी नहीं (दो से ज्यादा के लिए नहीं) को सूचित करने लिए होता है। जैसे—Neither of the two boys could pass. (दोनों में से कोई भी लड़का सफल नहीं हो सका।)

नोट—

(1) Neither भी दो से अधिक के लिए व्यवहार नहीं होता है। दो से अधिक के लिए Neither के बदले None (no one) का व्यवहार करें। जैसे—
None of the three (four, five... etc) boys could pass.
तीन (या उससे अधिक) लड़कों में कोई भी सफल नहीं हुआ।

(2) Neither... nor का व्यवहार भी होता है, जो दो में से एक को दर्शाता है। जैसे—
Neither Ram nor Shyam can climb on the hill.
न तो राम और न तो श्याम पहाड़ी पर चढ़ सकता है।

(3) Neither हमेशा अस्वीकृति (Negative) दर्शाता है।

❑

Chapter - III (C)

VERB
(क्रिया)

Definition— A Verb is a word used to tell or assert something about a person or thing.

In other words: Words that express action or a state of being.

हिंदी में इसकी परिभाषा ऊपर लिखे परिभाषा के अनुरूप इन शब्दों में है—"जो शब्द संज्ञा या सर्वनाम के संबंध में कुछ कहता है, उसे क्रिया कहते हैं।"

Verb की पूरी जानकारी के लिए Verb के बारे में भिन्न प्रकार से विवरण करना होगा। संक्षेप में सभी प्रकार का विवरण यहाँ दिया जा रहा है।

(A) Transitive Verb (सकर्मक क्रिया) और Intransitive Verb (अकर्मक क्रिया)

(B) Strong Verb और Weak Verb

(C) Regular Verb और Irregular Verb

(D) Finite Verb और Non-Finite Verb (Infinitive, Gerund and Participle)

(E) Active Verb, State-of-Being Verb

(F) Auxiliary Verb (सहायक क्रिया) (Primary, Modal Auxiliary— a Verb used with other Verb)

(G) Mood (भाव-प्रदर्शक)

कुछ अन्य प्रकार का भेद एवं विषय की जानकारी भी 'Verb' को पूरी तरह समझने के लिए आवश्यक है। Tense (काल), Voice (वाच्य), Verb के तीनों form यथा Present, Past और Past Participle इत्यादि की जानकारी भी आवश्यक है। यह भी ध्यान में रहे कि 'Verb' Parts of Speech के सभी भागों से संबंध रखता है और प्रभावित होता है।

(A) Transiitvie and Intransitive Verb

TRANSITIVE Verb : जिस Verb (क्रिया) का असर object (कर्म) पर पड़ता है, उसे Transitive (सकर्मक) Verb कहते हैं। जैसे—

Sita Plucks a flower. Ram beats the thief. Ram drinks milk.

ऊपर के वाक्यों में Verb 'Pluck', 'Beat' और 'Drink' का असर 'Flower', 'Thief' तथा 'Milk' पर भी पड़ता है। अत: ये Verbs 'Transitive Verb' हैं। इस प्रकार हजारों Verb Transitive हैं।

INTRANSITIVE Verb : जिस Verb (क्रिया) का असर केवल कर्ता पर पड़ता है, उसे Intransitive (अकर्मक) Verb कहते हैं। जैसे—

Hira laughs. Karim runs. Puspa dances.

यदि यह प्रश्न पूछा जाए कि "हीरा क्यों हँसता है? करीम के दौड़ने का असर किस पर है? पुष्पा के नाचने से किसी दूसरे पर असर होता है? उत्तर है कि ये सभी अपने आप पर असर डालता है। अत: ये Verbs 'Intransitive Verb' है।

पाठकों को Object (कर्म) और Complement (पूरक) में अंतर समझ लेना चाहिए। Object क्रिया (Verb) से प्रभावित होता है, लेकिन पूरक वाक्यों को पूरा करने के लिए लिखा जाता है।

Object (कर्म)	**Complement (पूरक)**
Sita reads the book	He slept on a bed
He eats a mango	He became rich
Students read english	He became a teacher
यहाँ पर सभी रेखांकित शब्द Object हैं, क्योंकि Verb का असर उन पर पड़ता है।	यहाँ पर सभी रेखांकित शब्द complement (पूरक) हैं, क्योंकि ये Verb sleep या became के Object नहीं हैं।

ध्यनाकर्षण—

(i) कुछ Verb शुद्ध रूप से Intransitive हैं। laugh, sleep, play, dance, fall, lie, rise, sit, wish, etc.

(ii) बहुत सारे ऐसे Verb हैं, जिनका व्यवहार Transitive और Intransitive दोनों में होता है। इन वाक्यों से यह स्पष्ट होगा।

Transitive	Intransitive
Heat expands metals.	Metals expand on heating.
Children fly kites.	Birds fly.

Verb का किस प्रकार से व्यवहार किया जाता है इस पर निर्भर करेगा कि वह Transitive है या Intransitive.

(iii) Lie (लेटना) का Past tense और Past Participle 'lay' है, लेकिन Lay खुद भी present from का Verb है, जिसका Past और Past Participle 'laid' है। Lie-Intransitive है और Lay 'Transitive Verb' है।

(B) STRONG Verb and WEAK Verb

किसी Verb (क्रिया) का प्रधान भाग जिससे कि Tense (काल) का विभिन्न रूप बनाया जा सके, उसके तीन प्रकार हैं—

Present Tense (वर्तमान काल), Past Tense (भूतकाल)

और Past Participle (भूतकालिक या पूर्ण कृदंत; भूत कृदंत)

Verb को दो भागों में बाँटा जा सकता है—Strong Verb और Weak Verb

STRONG Verb : वैसा Verb जिसका Past Tense या Past Participle बनाने के लिए 'Vowel' (स्वर) को बदला जाए (बिना d, ed, और t के जोड़े) उसे Strong Verb कहते हैं। जैसे—

STRONG Verb

Present Tense	Past Tense	Past Participle
Come (आना)	Came	Come
Fly (उड़ना)	Flew	Flown
Forget (भूलना)	Forgot	Forgotten

इन शब्दों में d, ed, या t अलग से नहीं जोड़ा गया है। Forget का 't' original है तो इसे भी strong Verb कहेंगे।

WEAK Verb : वैसा Verb जिसका Past Tense या Past Participle बनाने के लिए d, ed या t को जोड़ा जाए तो उन्हें Weak Verb कहते हैं। जैसे—

WEAK Verb

Present Tense	Past Tense	Past Participle
Bring (लाना)	Brought	Brought
Dream (सपना देखना)	Dreamt Dreamed	Dreamt Dreamed
Make (बनाना)	Made	Made

साथ ही वैसा Verb जो तीनों रूप में एक ही रहता है, उसे भी weak Verb कहते हैं। जैसे—

WEAK Verb

Present Tense	Past Tense	Past Participle
Read (पढ़ना)	Read (रेड)	Read (रेड)
Put (रखना)	Put	Put
Cost (खर्च करना)	Cost	Cost

नोट—1. Verb तथा उसके तीनों forms को याद रखना आवश्यक है।

2. व्यवहार में Strong Verb या Weak Verb में काई अंतर नहीं है।
3. ALPHABATICAL ORDER में Verb को सारणीवद्ध किया गया है।
   PART 'C' - देखें—हिंदी-अंग्रेजी Verb.

(C) REGULAR Verb - IRREGULAR Verb

Srong Verb और Weak Verb की तरह Verb को Regular तथा Irregualr Verb में वर्गीकरण किया गया है।

Regular Verb: वैसा Verb जिसमें 'ed' जोड़कर Past Tense और Past Participle बनाया जाता है।

नोट—यहाँ पर सिर्फ 'ed' को जोड़ा जाता है सिर्फ 'd' को नहीं। जैसे—

REGULAR Verb

Base From (Present) Tense	Past Tense	Past Participle
Walk (चलना)	Walked	Walked
Laugh (हँसना)	Laughed	Laughed
Paint (रँगना)	Painted	Painted

Irregular Verb: वैसा Verb जिसमें 'ed' को न जोड़कर और किसी भी तरह से past tense या past participle बनाया जाता है। जैसे—

Type (1) : तीनों एक ही हो (ऊपर भी इसका वर्णन है)

IRREGULAR Verb (Like Weak Verb)

Base form (Present)	Past Tense	Past Participle
Shut (बंद करना)	Shut	Shut
Hurt (चोट पहुँचना)	Hurt	Hurt
Let (कुछ करने देना वगैरह)	Let	Let

Type (2) : दो रूप एक हो (तीन में से कोई दो)

IRREGULAR Verb

Base form (Present)	Past Tense	Past Participle
Beat (बीट) (मारना)	Beat (बेट)	Beaten
Become (हो जाना)	Became	Become

Bleed (खून बहना)	Bled	Bled
Bring (लाना)	Brought	Brought
Buy (खरीदना)	Bought	Bought

Type (3) : सभी Form अलग हो—

IRREGULAR Verb

Base Form (Present Tense)	Past Tense	Past Participle
Be (is, are)	Was, were	Been
Begin (शुरू करना)	Began	Begun
Eat (खाना)	Ate	Eaten

Note:

(1) कुछ Past Particple है, जो Adjective के रूप में ही व्यवहार होता है।

Verb	Usual Past Participle	Adjetival Past Participle
Drink (पीना)	Drunk	Drunken
Melt (गलाना)	Melted	Molten
Prove (सिद्ध करना)	Proved	Proven
Shave (दाढ़ी बनाना)	Shaved	Shaven

(D) FINITE Verb और NON-FINITE Verb (सीमित और असीमित क्रिया)

Finite Verb—जब किसी Verb का Number/Person वाक्य के Subject (कर्ता) के अनुसार (मेल) होता है, तब उसे Finite Verb (सीमित क्रिया) कहते हैं। जैसे—

He plays cricket.

They play cricket.

इन दोनों वाक्यों में Verb 'Play' वाक्य के Subject 'he' or 'they' पर आधारित है। तभी तो He plays और They play लिखा गया है। साधारणत: और मुख्यत: Verb 'FINITE' के रूप में ही व्यवहार होता है। लेकिन Verb दूसरे तरह से भी व्यवहार में लाया जाता है, जिसे Non-Finite Verb कहते हैं।

Non-Finite Verb—जब Verb पर Subject के Number/ Person का प्रभाव नहीं हो तब उसे Non-Finite Verb कहते हैं।

इस वाक्य पर ध्यान दें :

"He has been asked to play Cricket" यहाँ पर Verb 'to Play' किसी Subject से बँधा हुआ नहीं है। अत: यह Non-Finite Verb है।

Non-Finite Verb तीन प्रकार के होते हैं—

(i) Infinitive (ii) Gerund (iii) Participle

(i) INFINITIVE

(a) Simple Infinitive:

(i) As a subject of a Verb
"To name is to give an identity."

(ii) As the object of a Verb
"I have decided to leave the place."

(iii) As a complement of a Verb
"Her hobby is to dance."

(iv) As the object of a preposition
"He is about to go."

(v) As the complement of the object
"She heard her weep."

(b) Qualifying Infinitive:

- To qualify a Verb
  "He slept to refresh himself."
- To qualify an adjective
  "Tea is easy to prepare."
- To qualify a noun
  "He has a point to make."
- To qualify a sentence.
  "To be very frank, I hate your smile."

नोट—'to' शब्द का व्यवहार प्रायः किया जाता है, लेकिन आवश्यक नहीं है।

Rule-I : Infinitive का व्यवहार इन Verb के साथ बिना 'to' के होता है—

Help, Watch, Bid, Dare, Hear, Let, Make, Need and See.

जैसे—You need not worry.
You dare not come here.

लेकिन need या dare के पहले 'do' आ जाए तो 'to' लगाना होगा।

जैसे you do not need to worry about us; you do not dare to go there.

Rule-II : निम्नलिखित 'Verb' के बाद Infinitive लगता है—

Agree, Arrange, Attempt, Care, Consent, Decide, Determine, Endeavour, Fall, Forget, Hesitate, Hope, Learn, Manage, Neglect, Prepare, Promise, Propose, Refuse, Regret, Remember, Seem, Swear, Undertake, etc.

जैसे—I agree to help you out. I shall attempt to get success.
I refuse to accept you.

Rule-III : 'But और Except' - Preposition के साथ infinitive में 'to' नहीं लगता है।

जैसे—There is no way out but help him out. "but to help..."
लिखना गलत है।

Rule-IV : "Would rather, would sooner, rather than, sooner than, had better" जैसे expression के साथ Infinitive में 'to' नहीं लगता है।

जैसे—"India Would rather go for batting."

(ii) GERUND

Gerund एक प्रकार का Non-Finite Verb है, जिसे Verb में 'ing' जोड़कर बनाया जाता है और साधारणत: Noun के तरह व्यवहार में लाया जाता है।

जैसे—Reading, Swimming, Walkng, Singing, Teaching, Playing, Cooking, Meeting, Studying, etc.

- Example: Singing is an art. Walkng is the best exercise. Our aim is passing examination. He is fond of playing cricket.

Note : (i) Infinitive and Gerund दोनों का ही एकरूपता से व्यवहार किया जा सकता है। जैसे—

Cooking is an art	-	To cook is an art.
Seeing is believing	-	To see is to believe.
Continue working	-	Continue to work.

लेकिन—Preposition के बाद सिर्फ Gerund का ही व्यवहार होता है। जैसे—

Sita is good at painting. I object to meeting her. Gandhi went to England with a view to studying law.

(ii) कुछ Compound Noun 'Gerund' की मदद से बनता है। जैसे—walking stick, writing table, frying pan, dancing hall, etc.

(iii) PARTICIPLE

'Participle' किसी Verb का वह रूप है, जो 'Verb' तथा 'Adjective' का मिश्रित रूप दर्शाता है।

"A Participle is that form of the Verb which partakes of the nature both of a Verb and of an adjective."

In orther word, "The word which is partly a Verb and party an adjective in tis use is called a participle."

Three kinds of participle :

(a) Present participle
(b) Perfect participle
(c) Past Participle

(a) Present Participle

a) Present participle is a Non-Finite Verb which ends in 'ing' and woks like an adjective.

Verb के अंत में ing जोड़कर Present Participle बनाया जाता है, जिस तरह से GERUND बनाया जाता है। लेकिन GERUND का व्यवहार Noun की तरह होता है। जब कि Present Participle का व्यवहार Adjective (विशेषण) और Verb की तरह होता है।

Present participle का व्यवहार निम्नलिखित ढंग से किया जाता है—

- Noun के पहले adjective के रूप में। जैसे—
  Barking dogs seldom bite. (भौंकते कुत्ते कभी-कभी काटते हैं।)
  Thieves jumped out of the moving trains. (चोर चलती ट्रेन से कूद गए।)
  यहाँ पर 'barking' dogs (Noun) के पहले तथा 'moving' trains (Noun) के पहले adjective (विशेषण) के तरह व्यवहार किया गया है।
- Noun या Pronoun के complement (पूरक) के तौर पर। जैसे—
  I saw moon rising. (मैंने चाँद को उगते देखा।) यहाँ पर 'rising', moon (Noun) का पूरक है।
- एक Absolue phrase की तरह। जैसे—God willing, we will meet again. भगवान् की कृपा हो तो हम लोग फिर मिलेंगे।
- निम्नलिखत Verb के बाद Noun, Pronoun तथा Preset Participle लगता है—
  Hear, Listen, Look, Obsere, Perceive और Smell (ये सभी Verb Sensation संवेदना जताते हैं)। दूसरे प्रकार के Verb जैसे Catch, Keep, Leave और Start भी इसी तरह व्यवहार में आते हैं।
  उदाहरण : The teacher caught the students napping. (शिक्षक ने विद्यार्थी को सोते हुए पकड़ा।) यहाँ पर Caught (Past Tanse of verb 'Catch') Verb के बाद student (Noun) और Nappnig (nap का present participle) शब्द आया है।
  I listened him speaking loudly. (मैंने उसे जोर से बोलते हुए सुना।) यहाँ पर Verb listen तथा Pronoun 'Him' के बाद 'Speaking' का व्यवहार Present Participle की तरह हुआ है।

(b) Prefect Participle

कोई काम (Action) कुछ समय पहले खत्म हुआ हो तो इसे 'Prefect Participle' कहते हैं।

उदाहरण—Having listened the news, his father rushed to the hospital. (खबर सुनते ही पिता अस्पताल चले गए।) यहाँ पर 'Having listened' यह जताता है कि अभी-अभी news सुना गया न कि बहुत पहले।

Having received the marks-sheet the student went to college for admission. (अंक-पत्र मिलने के बाद विद्यार्थी कॉलेज में प्रवेश के लिए चला गया।)

(c) Past Participle

यह दर्शाता है कि काम (Action) खत्म हो चुका है। यह एक प्रकार का Non-Finite Verb है, जिसे Third Form of Verb कहते हैं।

"It represents an action as completed. It is a Non-Finite Verb which is the Third Form of Verb and works like an Adjective."

इसका व्यवहार हम लोग 'Tense', 'Translaton' तथा 'Voice' अध्याय में भी सीखेंगे। लेकिन इस अध्याय में इसके व्यवहार पर संक्षिप्त जानकारी दी जा रही है। इसका व्यवहार निम्नलिखित रूप में किया जाता है।

- एक adjective की तरह जो Noun की विशेषता बतलाता है।

जैसे—burnt child (जला हुआ बच्चा), learned man (विद्वान् व्यक्ति), Torn shirt (फटा हुआ कमीज) वगैरह।

- Verb के complement (पूरक) जैसा—
  उदाहरण : He appears bored. (वह उबा हुआ लगता है।) यहाँ पर 'bored' - past participle Verb 'appears' के बाद एक पूरक के रूप में व्यवहार हुआ है।
- एक object के पूरक (complement) की तरह।
  उदाहरण : I found him tired. (मैंने उसे थका हुआ पाया।) यहाँ पर 'tired', him (object) का पूरक है।
- एक Adjective Phrase की तरह।
  उदाहरण : Money collected easily has no worth. (आसानी से जमा किया हुआ धन का कोई महत्त्व नहीं है।)
  यहाँ पर "Money collected easily." एक phrase के रूप में है।

(E) ACTION Verb; STATE-OF-BEING Verb

'Action Verb' tells what the subject does. (Action Verb बतलाता है कि Subject क्या करता है।)

Action Verb का अध्ययन Tense तथा Translation में विस्तार से दिया गया है।

"State-of-being Verb tells something about the condition or state of the subject of the sentence"

'Statre-of-Being Verb' Subject की दशा को दर्शाता है।

इसके तहत Verb 'to be' सबसे अधिक महत्त्वपूर्ण है; यानी is, are, was और were जो 'Verb' 'to be' का रूप है।

'State of Being Verb' के तहत कुछ और Verb का महत्त्वपूर्ण स्थान हैं। जैसे—appear, feel, look, taste and become. इसके तहत 'Tense' का अध्ययन भी समाहित है।

(F) AUXILIARY Verb (PRIMARY) AND MODAL AUXILIARY

Auxiliary Verb (helping Verb) उसे कहते हैं जो मुख्य Verb के Tense, Mood तथा Voice बनाने में मदद करे।

An auxiliary Verb is one that helps the main Verb to form its tenses, moods, voice etc.

ये सारे Auxiliary (Primary तथा Modal) Verb हैं—'to be' (is, are,am, been, being, was, were), can, could, may, might, do, have, has, had, dare, need, ought, shall, should, will, would and used (to).

AUXILIARY Verb

Number और Person के आधार पर रूप बदलता है।

(I) 'TO BE' - 'to be' (is, am, are, was, were, been), Principal Verb भी है और इसका व्यवहार Auxiliary Verb के रूप में भी होता है।

जैसे—she, is/was working यहाँ पर is/was 'working' Verb को help कर रहा है, अत: is/was Auxiliary Verb हैं।

- इसका उपयोग voice बदलने (active से passive बनाने) में भी होता है। जैसे—"He was shown the way", "Animal is beaten by sticks"
  इसे हमलोग विस्तृत ढंग से VOICE के अध्याय में देख सकते हैं।
- इसका व्यवहार Linking Verb के रूप में भी होता है। जैसे—
  "There are lot of trees in my garden."
  "There is a danger."
- इसका व्यवहार किसी वस्तु या व्यक्ति का स्थान या स्थिति बताने के लिए भी किया जाता है। जैसे—
  "The bus stop is five KM away."
  "Sheela is in her office."
  "Where are the scissors ?
- इसका व्यवहार कहीं आने-जाने के लिए भी किया जाता है। जैसे—
  "Have you ever been to London ?"
- स्वाभाविक व्यवहार के लिए 'be' का व्यवहार होता है। जैसे—
  "Just be yourself and the interview will be fine."
- इसे Compound Noun बनाने में भी व्यवहार किया जाता है। जैसे—
  Bride-to-be, Mother- in- law-to-be
- इसे Prefix के जैसा व्यवहार कर Verb भी बनाते हैं।
  जैसे—Become, Befriend etc.
- 'Be' का प्रयोग सहायक Verb 'Shall' तथा 'will' के साथ भी होता है। जैसे—'shall be going', 'will be reading' etc.
- 'Be' अपने आप में एक पूर्ण Verb की तरह भी काम करता है। जैसे—
  Be with me. Be with God. Don't be nervous.
  इस प्रकार देखा जा सकता है कि Verb 'To be' का व्यापक व्यवहार होता है और इसका रूप इस प्रकार है—

Be (is, are, am)	Was, were	Been, being

(II) Have

- Have (has, had) main Verb तथा Auxiliary Verb दोनों तरह से व्यवहार होता है।
  Main Verb: I have a pen, He has a pen, He had a pen.
- Have (has, had) PERFECT तथा PERFECT CONTINOUS में AUXILIARY VERB की तरह व्यवहार होता है।

I have written, She has written, I had written.
I have/had been writing.

यहाँ पर have, has, had का व्यवहार Auxiliary Verb के रूप में हुआ है। यहाँ ध्यान रहे कि Principal Verb) (Write) के Past participle का use हुआ है।

(III) DO

Do (Does, Did) का व्यवहार Present तथा Past Tense में होता है।

- नकारात्मक वाक्यों को बनाने में होता है, जैसे—

  I do not know him.

  He did not know him.

- प्रश्न बनाने के लिए व्यवहार होता है, जैसे—

  Does she know him ?
  Do you know him ?
  Did he come ?

- कथन को जोरदार बनाने के लिए भी 'Do' का व्यवहार होता है।

  I do need your guidance (अगर यहाँ पर do नहीं भी लिखा जाता तो वाक्य सही है। लेकिन 'do' के जोड़ने से Verb 'need' को जोर मिल गया है)

- आग्रह एवं राजी करने के लिए भी 'do' का व्यवहार किया जाता है।

  Please do come to my son's birthday party.

MODAL AUXILIARIES (or MODAL)

Number (वचन) या Person (पुरुष) के आधार पर Modal Auxiliaries (Modal) में कोई बदलाव नहीं होता। यानी Main Verb हमेशा अपने Present Form में ही रहता है। यानी उन Verbs में 's या es' नहीं लगता है और 'past' और 'past participle' का व्यवहार नहीं होता है।

"The modal Auxiliaries (or the modals or Modal Verb) do not change their form according to the Number or Person of the subject.

निम्नलिखित Auxiliary Verb "Modal Auxiliary" है।

Can (could), may (might), shall (should), will (would), must, ought, used (to), need, dare.

नोट—'need' and 'dare' भी Modal हैं, अत: इनके साथ 's' या 'es' नहीं लगता है।

(i) CAN

Can का व्यवहार 'may' से थोड़ा सा अलग है। Can एक forceful Verb है और may नम्रता और शिष्टाचार के लिए व्यवहार होता है।

Can का व्यवहार निम्नलिखित ढंग से किया जाता है—

- अनुमति के लिए जैसे, You can go now, You can't do that.
- संभावना (possibility) के लिए; Accident can happen (दुर्घटना हो सकती है)

- योग्यता/क्षमता (ability) के लिए; He can solve this problem. (वह इस समस्या का समाधान कर सकता है।

(ii) COULD

'Could' can का Past tense है, अत: इसका व्यवहार भी 'can' की तरह ही past tense में किया जाता है।

इसके अलावा इसका व्यवहार "Indirect Speech" में भी होता है। Direct: Ram said "He can slove the problem."

Indirect: Ram said that he (Ram) could solve the problem.

- इसका व्यवहार प्रश्नवाचक वाक्यों में आदरपूर्वक आग्रह के लिए किया जाता है। जैसे—Could you lend me the book? क्या आप (कृपाकर) मुझे किताब दे सकते हैं?
- कर्ता के साथ संभावना जताने के लिए भी इसका व्यवहार होता है, जैसे—
  "I could have helped him if he had requested me." (अगर उसने मुझसे आग्रह किया होता तो मैं उसकी मदद कर सकता था।)

(iii) MAY

(a) May का व्यवहार भी 'can' की तरह ही होता है। लेकिन 'May', विनम्रता और शिष्टाचार का द्योतक है। Can I come in Sir! से अच्छा वाक्य है—"May I come in Sir!"

(b) इच्छा जाहिर करने के लिए। जैसे—"May God bless you!" (भगवान् आपको/ तुमको आशीर्वाद दे!)

(c) किसी उद्देश्य की पूर्त्ति के लिए भी व्यवहार होता है। जैसे—He flatters his boss so that he may get quick promotion (वह अपने उच्चाधिकारी की चापलूसी जल्द प्रोन्नति पाने के लिए करता है।)

(iv) MIGHT

(a) Might 'may' का past tense के रूप में Indirect Speech में व्यवहार होता है।
Direct: Ram said "I may come."
Indirect: Ram said that he (Ram) might come.

(b) कम संभावना दिखलाने के लिए : It might rain (कम संभावना), (It may rain ज्यादा संभावना।)

(v) SHALL and WILL

(a) Shall का साधारण और मुख्य व्यवहार First Person (I, we) के साथ होता है (जबकि will का प्रयोग Second person (you) तथा Third person (he, she, it, they) के साथ होता है। लेकिन जोर डालने (आज्ञा, धमकाना, प्रतिज्ञा) के लिए ठीक विपरीत रूप में shall तथा will का व्यवहार होता है। जैसे—

I shall go—मैं जाऊँगा। I will go—मैं (जरूर) जाऊँगा।

He will go—वह जाएगा।   He shall go—वह जरूर जाएगा।

You shall have to do (तुमको यह करना होगा।)

We will fight to the finish. (हम लोग अंत तक लड़ेंगे—दृढ शक्ति के लिए)

You shall not harm the child. (तुम बच्चे को नुकसान नहीं पहुँचाओगे—आज्ञा)

प्रश्नवाचक वाक्य में भी Shall और Will का प्रयोग बदल जाता है। जैसे—

Shall I make a cup of tea for you ? क्या मैं आपके लिए चाय बनाऊँ ?

Will I not fight ? क्या मैं नहीं लड़ूँगा ? यहाँ पर Will का व्यवहार fight पर जोर डालने के लिए किया गया है।

नोट—ध्यान रहे कि हमेशा shall की जगह will लगाकर या Will की जगह Shall लगाकर जोर का प्रदर्शन करना अच्छा नहीं है।

Which book will I bye ? मैं कौन किताब खरीदूँगा। यहाँ पर will का प्रयोग ठीक नहीं है।

(b) प्रश्नवाचक वाक्यों में इच्छा की जानकारी के लिए third person के साथ भी Shall लगाया जाता है। जैसे—

Shall he be willing to attend the meeting ? क्या वह मीटिंग में आने के लिए इच्छुक होगा ?

(vi) SHOULD

(a) Indirect speech में shall बदलकर 'should' हो जाता है।

जैसे—Direct: I said, "I shall go tomorrow." I said that I should go next day.

नोट—Narration अध्याय में इसकी विस्तृत चर्चा है।

(b) कर्तव्य और वचनबद्धता (Duty and obligation) के लिए "We should obey our teachers. (हम लोगों को अपने शिक्षकों की आज्ञा का पालन करना चाहिए।)

(c) सलाह (Advice) के लिए "You should not speak lies." (तुम्हें झूठ नहीं बोलना चाहिए।)

(d) शर्त (condition) के लिए, जैसे—

Should this happen, I will resign. अगर ऐसा होता तो मैं (अवश्य) त्याग-पत्र दे दूँगा।

नोट—should के व्यवहार से Verb 'happen' में 's' नहीं लगाया जाता है; क्योंकि 'should' एक modal auxiliary है।

(vii) WOULD

(a) Indiret speech में will की जगह would आता है।

जैसे—Ram said, "He will come"—Ram said that he (Ram) would come.

(b) 'Will' के past tense के रूप में,

जैसे—He would go for a walk everyday. (वह प्रतिदिन टहलने जाया करता था।)

(c) इच्छा और चाह (Wish and Desire) के लिए—"Sikhs would rather starve than beg."

(सिक्ख भूखे रहना पसंद करेंगे, लेकिन भीख नहीं मागेंगे।)

(d) आग्रह (Request) के लिए—

Would you please come to grace the occasion ? आप कृपा कर इस अवसर पर आने का कष्ट करें। (नोट—हिंदी में प्रश्नवाचक चिह्न नहीं लगेगा)

(viii) MUST

(a) वचनबद्धता या विवशता (Obligation and compulsion) के लिए, जैसे—
You must see a doctor. You must not do it.

(b) निर्धारण (Dertermination) के लिए, जैसे—I must complete the job by tomorrow (मुझे कल तक यह काम पूरा करना है)

(c) अधिक संभावना (Strong possibility) के लिए,
There must be some mistake somewhere. कहीं-न-कहीं कुछ गलती अवश्य हुई होगी।

ix) OUGHT

(a) आचार संबंधित बाध्यता (Moral obligation), कर्तव्य (Duty) तथा चाह (Desirability) के लिए—We ought to love our countryman. (हमें अपने देशवासियों से प्रेम करना चाहिए)

(b) इसका व्यवहार उपर्युक्त संदर्भ में Negative (नकारात्मक) रूप में भी होता है।
We ought not to hate social activist. (हम लोगों को सामाजिक कार्यकर्ता से घृणा नहीं करनी चाहिए।)

नोट—आधार संबंधित बाध्यता (Moral obligation) should या 'must' से भी जताया जा सकता है। लेकिन कर्तव्य भावना जनाने के लिए 'ought' सबसे अधिक उपयोगी शब्द है।

(x) DARE

Dare और Need दो ऐसे MODAL Auxiliary Verb हैं, जिनमें 's' या 'es' नहीं लगता है। लेकिन जब Dare और Need Finite Verb की तरह व्यवहार होते हैं तो 's' और 'es' भी लगता है। अतः इनका व्यवहार बहुत सावधानी से करना चाहिए।

Dare MODAL AUXILIARY Verb के रूप में—

Dare का शब्दिक अर्थ है 'be bold enough' (साहस करना)

इस Verb का उपयोग Modal Verb के रूप में प्रश्नवाचक (Interrogative) तथा नकारात्मक (Negative) वाक्यों में किया जाता है। जैसे—

(a) Dare he fight with me ? He dare not fight with me.
इन वाक्यों में 'dare' के साथ Verb में 's' का प्रयोग नहीं हुआ है। अगर हम ऐसा लिखना चाहें कि "He does not dare to fight with me" तो यह वाक्य गलत होगा, क्योंकि 'dare' नकारात्मक वाक्य के लिए एक modal Verb है, जिसमें 's' 'es' नहीं लग सकता है।
Dare FINITE Verb के रूप में (जिसमें Dare के साथ 's' और 'es' लग सकता है।

'Dare' का व्यवहार Finite में 'challenge' (चुनौती) के लिए किया जाता है। जैसे—He dares me to jump over the wall. (वह मुझे दीवार के ऊपर कूदने की चुनौती देता है।)

(xi) NEED

जैसा ऊपर लिखा गया है कि 'Need' भी 'Dare' s की तरह 'MODAL Auxiliary' तथा 'Finite Verb' के लिए उपयोग होता है।

'Need' एक MODAL AUXILIARY Verb के रूप में 'Need' का शाब्दिक अर्थ है 'आवश्यकता।' इसका व्यवहार 'नकारात्मक' (Negative) तथा प्रश्नवाचक (Interrogative) वाक्यों में होता है।

(a) He need not go. (उसके जाने की आवश्यकता नहीं है।)
यहाँ पर Verb 'Need' में 's' नहीं लगाया गया है, जबकि Subject 'he' (third person Singular number) है।

(b) Need I tell him to go? क्या मुझे उसे यह कहने की आवश्यकता है कि वह जाए?

यहाँ पर 'Need' Do, Did या अन्य प्रकार का प्रश्नवाचक शब्द व्यवहार न कर 'need' से ही प्रश्नवाचक वाक्य बना है।

Need के FINITE Verb के रूप में—जिसमें 's' या 'es' लग सकता है। Want (चाहना), Require (जरूरत होना) के लिए Need का व्यवहार Finite Verb की तरह होता है। जैसे—The house needs repair (घर को मरम्मत की जरूरत है) Does he need my help? क्या उसे मेरे मदद की आवश्यकता है?

(xii) USED (TO)

Used (to) का शाब्दिक अर्थ है 'आदतन' जो Routine (रोजमर्रा), Pattern (स्वरूप), Habit (आदत) को दर्शाता है।

नोट—

(i) 'Used to' Past tense, को दरशाता है। लेकिन इसका व्यवहार Present और Future में भी हो सकता है।

(ii) इसे 'Use' शब्द से अलग समझा जाना चाहिए। Use का अर्थ व्यवहार करना है। लेकिन 'Used to' तो 'आदतन' का द्योतक है।

(iii) आदत (Habit) में बदलाव (Contrast) के लिए भी 'Used to' का व्यवहार किया जा सकता है।

उदहरण—

(a) Ram was used to hard work. — राम को कठिन काम करने की आदत थी।
Ram is used to hard work. — राम को कठिन काम करने की आदत है।
Ram will soon get used to it. — राम जल्द ही इसके लिए तैयार हो जाएगा।
I am used to sleep late. — मुझे देर से सोने की आदत है।

(b) अब अगर बदलाव (contrast) को दरशाना हो तो इस प्रकार किया जाता है।

She used to read novels, now she reads poems. (वह पहले उपन्यास पढ़ती थी, अब कविताएँ पढ़ती है)

I used to drink milk, now take tea. [पहले मैं दूध पीता था (दूध पीने की आदत थी), लेकिन अब चाय पीता हूँ]

(G) MOOD (भाव प्रदर्शक)

कोई भी वक्ता अपने मन की बात को अलग-अलग ढंग से कह सकता है। मन का उद्‌गार और वाक्य में ताल-मेल क्रिया से होता है। इसे अंग्रेजी व्याकरण की भाषा में इसे 'Mood' कहते हैं।

परिभाषा (हिंदी)—वक्ता के हदय के भिन्न-भिन्न मनोविकार, जो Verb के भिन्न-भिन्न रूपों के द्वारा व्यक्त किए जाते हैं, उन्हें Mood कहते हैं।

Definition: "Mood' is the mode or manner in which the action denoted by the Verb is represented or expressed."

ध्यान देने की बात है कि 'Verb' को अनेक ढंग से रखने पर Mood का प्रकार बदल जाता है। कुछ पुस्तकों में इसे तीन प्रकार में बाँटा गया है तो कुछ पुस्तकों में चार प्रकार का बतलाया गया है। हम लोग चारों प्रकार पर ध्यान देंगे।

(i) Indicative Mood; (ii) Imperative Mood; (iii) Subjunctive Mood; (iv) Infinitive Mood.

(i) **Indicative Mood**: समान्य अवस्था में वस्तुस्थिति का वर्णन हो। इसके तीन प्रकार हैं—

(a) Affirmative	(b) negative	(c) Interrogative
स्वीकारात्मक	नकारात्मक	प्रश्नवाचक
↓	↓	↓
Ram comes.	He does not know.	Is he innocent?

नोट—साधारण बोलचाल या लिखावट में इसी Mood का सबसे अधिक व्यवहार होता है।

(ii) **Imperative Mood**: भिन्न-भिन्न अर्थों में इसका प्रयोग होता है।

Order (आज्ञा)—Stand up on the bench.

Request (आग्रह)—Get me your pen, please.

Entreaty (अनुनय, विनय, प्रार्थना)—Help me! Save me!

Condition (शर्त)—Speak one word more and I will shoot you. (तुम एक शब्द भी बोले तो मैं गोली मार दूँगा।)

(iii) **Subjuncive Mood**: (a) शर्त के लिए व्यवहार होता है; जो संभव, अर्धसंभव या असंभव भी हो सकता है।

ध्यान देने की बात है कि ऐसे वाक्यों में 'WAS' का प्रयोग न होकर 'WERE' का ही प्रयोग होता है। इनके अलावा "Should, Would, Could, Might" का भी व्यवहार होता है।

उदाहरण—

(a) • If I were (not was) the Prime minister, the Ganges would have been cleaned. (अगर मैं प्रधानमंत्री होता तो गंगा की सफाई हो जाती।)

• If I were in London, I could have visited Oxford University. (अगर मैं लंदन में होता तो ऑक्सफोर्ड विश्वविद्यालय जरूर देखता।)

(b) संदेह (Doubt) जाहिर करने के लिए—

- If such were (not was) the case, I would not approve it. (अगर ऐसा होता तो मैं इसकी स्वीकृति नहीं देता।)

(c) "As though और 'as if' के बाद व्यवहार होता है—

He speaks as though he were a child. (वह ऐसा बोलता है जैसे कि वह बच्चा हो।)

He danced as if he were mad. (वह ऐसा नाच रहा था कि वह पागल हो।)

(d) वाक्य में नम्रता दिखलाने के लिए—

Would you send me some money ? क्या आप मुझे कुछ पैसे भेजेंगे ?

'Would' की जगह Could भी व्याकरण की दृष्टि से सही है, लेकिन 'Could' शब्द से नम्रता नहीं दिखता।

(e) कल्पना के तौर पर भी इस Mood का व्यवहार होता है।

Had he gone late, he would have missed the train. (यदि वह देर से जाता तो ट्रेन छूट जाती (यह मात्र कल्पना है। न तो वह देर से गया और न तो उसकी ट्रेन छूटी।)

(f) किसी प्रयोजन (Purpose) के लिए— .

I gave him money that he may get medical treatment. मैंने उसे पैसे दिए, जिससे कि वह अपना इलाज करा सके।

(iv) Infinitive Mood—

(इस Mood को बहुत सारे पुस्तकों में नहीं पाया जाता है। लेकिन इस पर विचार करना भी उचित है। ऊपर के सभी प्रकार के Mood क्रिया के साथ-साथ कर्ता (Subject) से भी सीमित हैं। लेकिन कुछ ऐसे वाक्य होते हैं, जो कर्ता से सीमित नहीं होते हैं (जिसे Infinitive कहते हैं) और वे वाक्य Infinitive Mood के रूप में जाने जाते हैं। उदाहरणत:—To error is human (मनुष्य से गलती होती ही है।) {यहाँ पर Verb 'error' किसी भी कर्ता (Subject) से प्रभावित नहीं है।}

To forgive is divine. (क्षमा करना देवताओं का गुण है।)

TRANSALATION: PART 'B' में भी AUXILIARY Verb वगैरह का उदाहरण एवं अभ्यास को भी देखें। PART 'C' में हिंदी में क्रिया का English के रूप में दिया गया है।

❑

Chapter - III (D)

ADVERB
(क्रिया विशेषण)

'Part of Speech' अध्याय के तहत ADVERB (क्रिया-विशेषण) की थोड़ी चर्चा हुई है। कुछ विस्तार से हम यहाँ Adverb (क्रिया-विशेषण) का अध्ययन करेंगे।

परिभाषा : An Adverb is a word that qualifies or modifies "Verb or Adjective or another Adverb" (क्रिया विशेषण उस शब्द को कहते हैं, जो किसी क्रिया या विशेषण या किसी दूसरे क्रिया-विशेषण का गुण बतलाए)

नोट—यहाँ ध्यान देने की बात है कि 'Adverb' क्रिया का गुण बतलाता है तथा विशेषण और किसी क्रिया विशेषण का भी गुण बतलाता है। यहाँ तक कि Adverb कुछ हद तक Preposition (अव्यय) को भी quailfy या modify करता है। उदाहरण के तौर पर इस वाक्य को लें—

My flat is right above his, यहाँ पर Right शब्द एक Adverb है और वह Preposition 'Above' को Qualify करता है।

Adverb का प्रकार

1. Adverb of Time
2. Adverb of Place
3. Adverb of Manner
4. Adverb of Degree or Quantity
5. Adverb of Frequency
6. Interrogative Adverb
7. Relative Adverb

1. **Adverb of Time—समय बताने वाला।**

जैसे—Now, soon, yet, still, then, today, tomorrow, yesterday, since, ago, late, already, before, always, immediately, etc.

उदाहरण—He will go tomorrow.

He was teaching since 1999.

I came late.

सभी रेखांकित शब्द Adverb of time हैं।

2. **Adverb of Place—स्थान बतलाने वाला।**

जैसे—In, out, under, about, here, there, anywhere, up, down, near, nearby, far, hither and thither, etc.

उदाहरण—I will go there. He came in. He has gone out.

Books are hither and thither. (किताबें बिखरी हुई हैं।)

सभी रेखांकित शब्द स्थान (जगह) दर्शाते हैं, अत: ये Adverb of place हैं।

3. **Adverb of Manner—विधि या ढंग बतलाने वाला।**

जैसे—Slowly, bravely, fast, hard, quickly, quietly, wisely, hard, well, nicely, beautifully (not beautiful जो Adjective है)

उदाहरण—He fought bravely. I am working hard.

You walk slowly. The job was done beautifully.

(काम को बहुत अच्छी तरह से किया गया।)

नोट—बहुत सारे Adverb 'adjective' में 'ly' लगाने से बनाया जाता है; जैसे—slow (Adjective) slowly (Adverb); Brave-Bravely; Beautiful-Beautifully, etc.

सभी रेखांकित शब्द किसी प्रकार की विधि या ढंग हैं।

4. **Adverb of Degree or Quantity—दशा और मात्रा बतलाने वाला।**

जैसे—Little, enough, much, too, p artly, fully, so, rather, very, quite, almost, wholly.

उदाहरण—The mangoes were very sweet. He is quite worng.

The work is almost finished. Delhi is very far.

5. **Adverb of Frequency**—बारंबारता बतलाने वाला (यह कितना बार? या कब-कब?) को बतलाने वाला होता है।

जैसे—Once, twice, thrice, often, never, always, firstly, secondly, again, seldom, frequent, sometimes etc. उदाहरण—He reminded you **twice**. I **always** helped you. Ram is **often** late.

6. **Interrogative Adverb—प्रश्न पूछे जानेवाले।**

जैसे—When, where, why, how

उदाहरण—Where are you going? Why are you sad?

When are you going to Delhi? Where can I find him?

7. **Relative Adverb**—दो वाक्यों को जोड़ने वाला।

यह Noun या Pronoun के बारे में बतलाता है।

जैसे—Where, why, when, how, which etc.

उदाहरण—I don't know the day when (on which day) he came.

I know the house where (in which) he lives.

This is the time when he came.

नोट—ये सारे Adverb Interrogative Adverb भी हैं। लेकिन Relativee Adverb के रूप में ये तभी माने जाएँगे, जब ये दो वाक्यों को जोड़ने वाले हों। ध्यान देने की बात है कि ऐसे वाक्यों में प्रश्नवाचक चिह्न नहीं लगाया जाता है।

❑

Chapter - III (E)

ADJECTIVE
(विशेषण)

"The words that describe Nouns and Pronouns is Adjective."
"संज्ञा और सर्वनाम की विशेषता बताने वाले शब्द को विशेषण कहते हैं।"

बहुतेरे पुस्तकों में विशेषण के अनेक भेद बताए गए हैं—चार, पाँच, सात और दस। कुछ भेदों का हिंदी में रूपांतर भी नहीं है, लेकिन उनके विवरण एवं उदाहणों से वे स्पष्ट होते हैं। यहाँ पर Adjective के दस भाग का संक्षिप विवरण है। (Adjective को अन्य प्रकार से भी वर्गीकरण किया गया है)

TEN DIVISIONS

(1) Proper Adjective (व्यक्तिवाचक विशेषण)
(2) Qualitative Adjective (गुणवाचक विशेषण)
(3) Quantitative Adjective (परिमाणवाचक विशेषण)
(4) Adjective of Number (संख्यावाचक विशेषण)
(5) Demonstrative Adjective (निर्देशवाचक विशेषण)
(6) Distributive Adjective (विभाजक विशेषण)
(7) Possessive Adjective (अधिकार संबंध विशेषण)
(8) Interrogative Adjective (प्रश्नवाचक विशेषण)
(9) Emphasizing Adjective (बलात्मक विशेषण या अवधारण विशेषण)
(10) Exclamatory Adjective (विस्मयादिबोधक विशेषण)

(1) **Proper Adjective (व्यक्तिवाचक विशेषण)**

Proper Noun से बने Adjective को Proper Adjective कहते हैं।

Proper Noun	Proper Adjective	Proper Noun	Proper Adjective
America	American	England	English
Assam	Assamese	Ganga	Gangetic
Bengal	Bengali	Persia	Persian

Bihar	Biharee	Poland	Polish
Britain	British	Portugal	Portugese
China	Chinese	Rome	Roman
Denmark	Danish	Russia	Russian
Egypt	Egptian	Turkey	Turkish

Note: Proper Noun और Proper Adjective का पहला Letter Capital Letter में लिखा जाता है।

(2) **Qualitative Adjective (गुणवाचक विशेषण or Adjective of Quality)**

जो विशेषण व्यक्ति, जीव-जंतु, स्थान या किसी वस्तु का गुण (प्रकार, चरित्र इत्यादि) कहता हो उसे Qualitative Adjective (गुणवाचक विशेषण) कहते हैं।

"The Adjective describing the kind, quality or characteristic of a person, animal, place or any thing is called Adjective of Quality or Qualitative Adjective."

e.g: big, small, hot, cold, honest, foolish, intelligent, good, brave, old, colour (white, red) etc.

Note: दोनों Numebr (Singular or Plural) में इस adjective का एक सा ही प्रयोग होता है।
Example—He is a good player. They are good players.

(3) **Quantitative (परिमाणवाचक विशेषण) or Adjective of Quantity**

जो विशेषण (Adjective) किसी संज्ञा (Noun) का परिमाण, तौल अथवा मात्रा को सूचित करता है, उसे परिमाणवाचक (Adjective of Quantity) कहते हैं।

"The Adjectives that indicate quantity, weight or magnitude is called the Adjective of Quantity."

Note: It does not indicate exact number.

e.g. all, any, little, many, several, few, little, less, much, more, most, some, no, a good deal of, a great deal of, a large number of, a large quantity of, a lot of, lots of, plenty of, kilo/ quintal/ tonne/ litre/ metre of a (substance)/ spoonful/ a slice of / a heap of / heaps of etc.

Note:

(i) इस Adjective के बाद संज्ञा हमेशा Singular number में रहता है।
जैसे—lots of book (lots of books नहीं)
Plenty of tea, enough tea etc.

(ii) इस प्रकार के Adjective का व्यवहार बहुत सावधानी से किया जाता है। इस अध्याय के अंत में इसे कुछ विस्तार से चर्चा की गई है।

(4) **Adjective of Number (संख्यावाचक विशेषण) or Numeral Adjective**

जो Adjective (विशेषण) किसी Noun (संज्ञा) की संख्या या गिनती या किसी व्यक्ति या वस्तु का क्रम बतलाता है, उसे Adjective of Number कहते हैं।

"Adjective of Number (Numeral Adjective) indicate how many persons or things are meant or in what order a person or thing stands."

इस Adjective को दो भागों में बाँटा जा सकता है—

(i) Definite Numeral Adjective (निश्चित)

e.g. one, two, three, ten, thousand, one lakh, five crores etc.

इसको दो भागों में बाँटा गया है—

CARDINAL	ORDINAL
One	First
Two	Second
Three	Third
Four	Fourth
Five	Fifth
Six	Sixth
Seven	Seventh
Eight	Eighth
Nine	Ninth
Ten	Tenth
Twenty	Twentieth
Forty	Fortieth

(ii) Indefinite Numeral Adjective (अनिश्चित)

e.g. few, a few, some, all, any, many, several, no, none, enough, etc.

Note: इनका प्रयोग Adjective of Quantity में भी होता है। लेकिन व्यवहार अलग होता है।

(a) इन Adjectives के बाद यदि Material Noun या Abstract Noun का प्रयोग होता है तो ये 'Adjective of Quantity' कहलाते हैं। जैसे—The boy has drunk some milk. They have no wisdom.

(b) जब इनके बाद Common Noun आता है, तब ये Adjective of Number होते हैं। जैसे—The farmer sold all his cattle. Ram has no pencil.

(5) **Demonstrative Adjective (निर्देशवाचक विशेषण)**

जो Adjective किसी व्यक्ति या वस्तु को बतलाए, उसे Demonstrative Adjective कहते हैं।

"Demonstrative Adjective points out which person or thing is meant."

e.g. this, that, these, those, Article (a, an, the), such, self, same, other, etc. this (Singular), these, (Plural) निकटता दिखलाता है। उसी प्रकार that (Singular) तथा those (Plural) दूरी दिखलाता है। A तथा An Indefinite article हैं तो 'The' Definite Article है।

Article के ऊपर एक अध्याय लिखा गया है।

Example: This man is very old. That man is strong.

These people are happy. Those people are unhappy.

(6) **Distributive Adjective (विभाजक विशेषण)**

Distributive Adjective (विभाजक विशेषण) किसी समूह में हर एक का बोध कराता है।

"Distributive Adjective refers to each single person or thing in a group."

e.g. each, every, either, neither

Example—

Each village will be covered by development scheme. Every student will pass. Ram can take either book. Neither side will win. यहाँ पर each, every, either, neither, क्रमश: village, student, book and side (जो एक group है) के हर एक का बोध कराता है।

(7) **Possessive Adjective (अधिकार संबंध विशेषण)**

"Possessive Adjective indicates relationship of possession."

इस विशेषण से अधिकार और संबंध दोनों का बोध होता है।

e.g. my, our, your, his, her, its, their,

Example; They are our friends. Please give me my book.

(8) **Interrogative Adjective (प्रश्नवाचक विशेषण)**

जिस विशेषण से प्रश्न (संज्ञा संबंधित) पूछा जाए, उसे प्रश्नवाचक विशेषण कहते हैं।

"The Adjectives used with Nouns to ask questions are Interrogative Adjectives."

e.g. What, which, whose etc.

Which book shall you buy ?

What poem do you like best ?

Whose son is he ?

(9) **Emphasizing Adjective (बलात्मक विशेषण या अवधारण विशेषण)**

बलात्मक विशेषण किसी संज्ञा पर जोर डालता है।

"Emphasizing Adjective stresses on some Noun."

e.g. I love my own county. This is the very country where great men are born.

यहाँ पर 'own' और 'Very' वैसा Adjective है, जो Country पर Emphasis (जोर) डालता है।

(10) **Exclamatory Adjective (विस्मयादिबोधक विशेषण)**

विस्मयादिबोधक विशेषण Noun संज्ञा के संबंध में मनोवेग प्रकट करता है।

"Exclamatory Adjective expresses anger, surprise, pain etc relating to Noun."

e.g. What a fun ! What a nonsense !

Adjective के वर्गीकरण की जानकारी के बाद इससे संबंधित कुछ विषयों पर चर्चा आवश्यक है—

(A) FORMATION OF ADJECTIVES

कुछ Noun (संज्ञा) एवं Verb (क्रिया) से Adjective बनाया जाता है। कुछ Adjectives से भी दूसरे रूप में Adjective बनाया जाता है। इनमें से कुछ नीचे दिए गए हैं—

(i) Noun से Adjective

Noun	Adjective
Affection (स्नेह)	Affectionate (स्नेही)
Constitution (संविधान)	Constitutional (संवैधानिक)
Discipline (अनुशासन)	Disciplinary (अनुशासनिक)
Hand (हाथ)	Handy (आसान, सुविधाजनक)
Law (कानून)	Legal (कानूनी)
Logic (तर्क)	Logical (तर्कसंगत)
Rose (गुलाब)	Rosy (गुलाबी)
Science (विज्ञान)	Scientific (विज्ञानानुसार)
Theory (सिद्धांत)	Theoretical (सैद्धांतिक)
Year (वर्ष)	Yearly (वार्षिक)

Note:

(a) इस प्रकार के अनेकानेक शब्द हैं।

(b) Noun को बिना बदले भी Adjective की तरह व्यवहार किया जा सकता है।

जैसे—"Paper Boat"

(कैसी Boat? Paper की Boat (कागज की नाव)। यहाँ पर नाव (Noun) की विशेषता Paper बता रहा है, अत: Paper विशेषण के रूप में व्यवहार किया गया है।

"Gold Medal", "Silver Medal", "Stone Wall", etc को भी इसी श्रेणी में रखा जा सकता है। यहाँ पर Gold, silver, stone, साधारणत: Noun होते हुए भी Adjective की तरह व्यवहार में लाए गए हैं।

(ii) Verb से Adjective

Verb	Adjective
Answer (उत्तर देना)	Answerable (उत्तर देने योग्य)
Attract (आकर्षित करना)	Attractive (आकर्षक)
Damage (हानि पहुँचाना)	Damageable (हानि पहुँचाने वाला)
Digest (पचाना)	Digestible (पचनीय)
Gain (लाभ उठाना)	Gainful (लाभदायक)

Learn (सीखना)	Learned (विद्वान्)
Move (हटना, खिसकाना)	Movable (हटाने योग्य)
Prohibit (मना करना)	Prohibitory (निषेधात्मक)
Supervise (देखभाल करना)	Supervisory (निरीक्षणात्मक)
Talk (बोलना, कहना)	Talkative (वाचाल)

(iii) Adjective से दूसरे तरह का Adjective

Black (काला)	Blackish (कुछ काला)
Lone (अकेला)	Lonely (एकाकी)
Seven (सात)	Seven fold (सात गुना)
Sick (बीमार)	Sickly (अस्वस्थ)
Tragic (दुःखद)	Tragical (दुःखदायी)
White (सफेद)	Whitish (कुछ सफेद)
Whole (पूर्ण, पूरा)	Wholesome (पुष्टिकर)

Note: इस प्रकार के बहुत सारे शब्द हैं। ऊपर कुछ उदाहरण दिए गए हैं।

(B) DEGREES OF COMPARISON

बहुत सारे Adjectives हैं, जो तुलना करने के लिए व्यवहार में लाए जाते हैं। तुलना (comparison) के लिए तीन तरह का रूप व्यवहार किया जाता है। इसे Positive, Comparative and Superlative के रूप में जाना जाता है।

उदाहरण

(i) Sita is a tall girl.—सीता एक लंबी लड़की है।

(ii) Sita is taller than all the girls in her class.
सीता अपने क्लास में सभी लड़कियों से लंबी है।

(iii) Sita is the tallest girl in her class.
सीता अपने क्लास में सबसे अधिक लंबी है।

सिर्फ सीता लंबी लड़की कहने से एक ही मतलब पूरा होता है कि वह लंबी है। लेकिन दूसरी लड़कियों की तुलना इस वाक्य से नहीं होता है। अत: तुलना करने के लिए दूसरे और तीसरे वाक्य की आवश्यकता है। नीचे कुछ Adjectives दिए गए हैं, जिनका Positive, Comparative तथा Superlative form लिखा गया है।

(a) बहुत सारे Adjectives में comparative form में लाने के लिए Positive में 'er' जोड़ते हैं तथा Superlative form के लिए 'est' जोड़ते हैं।

Positive	Comparative	Superlative
Bright (चमकीला)	Brighter	Brightest
Cold (ठंडा)	Colder	Coldest
Great (महान्)	Greater	Greatest
High (ऊँचा)	Higher	Highest
Poor (गरीब)	Poorer	Poorest
Strong (मजबूत)	Stronger	Strongest
Young (युवा)	Younger	Youngest

(b) जब Positive Form के अंत में 'e' रहे तो सिर्फ 'r' और 'est' जोड़ते हैं।

Positive	Comparative	Superlative
Brave (बहादुर)	Braver	Bravest
Fine (पतला)	Finer	Finest
Large (बड़ा)	Larger	Largest
Wise (चालाक)	Wiser	Wisest

(c) जब positive form के अंत में 'y' रहे तो 'y' को बदलकर 'i' लिखा जाता है और comparative तथा superitive form के लिए क्रमशः 'er' तथा 'est' जोड़ देते हैं।

Positive	Comparative	Superlative
Happy (खुश)	Happier	Happiest
Heavy (भारी)	Heavier	Heaviest
Easy (आसान)	Easier	Easiest

(d) अगर positive form के अंत में एक consonant हो और उसके पीछे एक vowel हो तो अंतिम consonant को दोबारा लिखकर उसमें 'er' तथा 'est' जोड़ कर क्रमशः compavative और superlative form बनाया जाता है।

Positive	Comparative	Superlative
Big (बड़ा)	Bigger	Biggest
Fat (मोटा)	Fatter	Fattest

(e) दो पद (syllable) या दो से अधिक पदवाले Positive Adjective में 'more' तथा 'most' जोड़कर comparative तथा superlative बनाते हैं।

Positive	Comparative	Superlative
Beautiful (सुंदर)	More beautiful	Most beautiful
Difficult (कठिन)	More difficult	Most difficult
Important (महत्त्वपूर्ण)	More important	Most important
Useful (मददगार)	More useful	Most useful

(f) कुछ Adjectives हैं, जो किसी नियम से रूप नहीं बदलते हैं।

Positive	Comparative	Superlative
Bad, evil, ill (खराब)	Worse	Worst
Far (दूर), Fore (आगे)	Further, former	Furthest, foremost
Good, Well (अच्छा)	Better	Best
Little (कम)	Less, lesser	Least
Much, Many (ज्यादा)	More	Most

(g) i) Few words form Latin are used as "Positive Adjectives" only.
e.g. - Interior, exterior, ulterior, major, minor, etc.

ii) कुछ Latin words Comparative Adjectives में माने जाते हैं।

e.g. Inferior, superior, Junior, Senior etc.

इन Adjectives के साथ 'to' लगाया जाता है 'than' नहीं।

e.g. Ram is senior to Shyam.

(h) कुछ adjectives अपने आप में Superlative हैं।

e.g. Universal, unique, extreme, round, square, perfect, etc.

❑

Chapter - III (E-1)

'ARTICLES (Adjective)'

हिंदी, उर्दू या अन्य कई भाषाओं में 'ARTICLE' की प्रमुखता नहीं है। लेकिन अंग्रेजी में इसका विशेष स्थान है। A, AN और THE (Article/Adjective) हैं और इनके व्यवहार के कुछ नियम हैं।

'A और AN' को Indefinite Article तथा 'The' को Definite Article कहते हैं। 'A' और 'An' हमेशा एकवचन (Singular Number) और 'The' को एकवचन तथा बहुवचन (Singular) तथा (Plural Number) के साथ जोड़ा जाता है।

ध्यान रखना है कि जब कोई Noun निश्चित हो जाता है तो उसके साथ 'The' लगाया जाता है। इसलिए इसे Definite Article कहते हैं।

'Article' के लगाने के कुछ नियम

Rule-1

A का प्रयोग निम्न अवस्थाओं में किया जाता है—

(a) व्यंजन अक्षरों के पूर्व, जैसे—
A boy, a woman, a horse etc.

(b) 'U' अक्षर के पूर्व यदि 'U' का उच्चारण 'यू' हो।
A University, a union, a useful thing.

(c) 'O' अक्षर के पहले, यदि 'O' का उच्चारण 'व' हो।
A one-rupee note, a one, a one-eyed man.

Rule-2

(a) An का प्रयोग स्वर अक्षरों के पूर्व किया जाता है।
An ass, an umbrella, an elephant.

(b) H अक्षर के पूर्व यदि उसका उच्चारण गौण हो। जैसे—
An hour, an honest man etc.

(c) उन व्यंजन अक्षरों के पूर्व यदि उच्चारण स्वर में हो।

जैसे—An M.A, an M.P., an LL.B, an S.P, an F.R.C.S.

Note: "A Member of Parliament" लेकिन "an M.P"

Rule-3

Indefinite Article (A, AN) का प्रयोग निम्न स्थितियों में होता है—

(a) मूल संख्या वाचक शब्दों (original numerical) के आगे
Twelve inches make a one foot.

(b) किसी अनिश्चित बात के लिए
जैसे—an evening, a beggar

(c) किसी समूह में से एक के लिए (In the sense of any to single out an individual as a representative)
जैसे—A (any) student should obey his teacher.

(d) किसी proper Noun को common Noun बनाने के लिए
She is a Daniel (a wise person)
He is a Plato of our class.

Rule-4 Definite Article - The का प्रयोग

(a) जब हम किसी विशेष व्यक्ति या वस्तु (particular person or thing) के बारे में बात करते हैं, जिसका उल्लेख पूर्व में हो चुका है या जिनके बारे में बोलने वाले को जानकारी है।
He is a boy. The boy is good.
This is a Mongo. The Mango is Sweet.

(b) जब एकवचन संज्ञा को किसी समूह के प्रतिनिधि के रूप में बताया जाए तो 'The' का प्रयोग होता है। (when a Singular Noun is meant to represent a whole class, Article 'the' is used.)
जैसे— The horse is a useful animal. The cow is worshipped by Hindus.

(c) नदियाँ, खाड़ी, समुद्र, महासागर, द्वीप समूहों, पर्वतमाला, देश तथा प्रांत के विवरणात्मक नाम के साथ 'The' लगाया जाता है (With name of river, gulfs, seas, oceans, group of islands, mountain-ranges, descriptive names of countries and provinces) जैसे—

The Ganga, The Persian Gulf, The Red Sea, The Indian Ocean, The Himalayas, The United States, The Punjab (ध्यान दें कि The Bihar लिखना गलत होगा) The Punjab इसलिए लिखा जाता है, क्योंकि पाँच नदियों के स्थान पर पंजाब बसा हुआ है।

(d) Before the names of great books (ग्रंथों के पहले)
The Puranas, The Ramayana, The Mahabharata, The Bible, The Quran etc.

(e) उन संज्ञा के पहले, जो किसी अद्वितीय वस्तु का नाम हो।
(Before Common Nouns which are name of unique things)
जैसे—The Sun, The Moon, The Sky, The Earth.

(f) विशेषण के पहले—

(with superlative)

जैसे : The darkest cloud, the blackest thing, the longest river, etc.

(g) विशेषण जब संज्ञा के रूप में प्रयुक्त हो।

(with an adjective used as a Noun)

जैसे : The Poor are always with us. The rich are not always honest.

(यहाँ 'Poor' तथा 'Rich' Adjective होते हुए भी Noun के रूप में व्यवहार किया गया है।)

(h) प्रसिद्ध इमारतों, पत्रिकाओं तथा जहाज के नाम के आगे

(with the names of journals, well-known building and names of ships)

जैसे : The Hindustan Times, The Taj Mahal, The Titanic, etc.

(i) With Plural substantives—

जैसे : The Ali Brothers are very rich. The Henry sisters are very beautiful.

(j) With the names of things used as types of their class.

(वस्तुओं के ऐसे नाम के साथ, जो किसी खास वर्ग के प्रकार के रूप में प्रयुक्त हों) जैसे—The pen is mightier than the sword.

(k) Act, Rules Regulations etc. के पहले 'The' का व्यवहार होता है।

जैसे : The Factories Act, 1948. The Constitution of India, The Indian Penal Code, etc.

Rule-5 No Article

किसी भी प्रकार के Article का प्रयोग कभी-कभी नहीं किया जाता है। जैसे—

(a) कुछ Proper Noun के साथ—

जैसे—Ajanata is famous for its cave temples. ('Ajanata' is a Proper Noun)

(b) पदार्थ के नाम के साथ

Gold is a precious metal.
Milk is good for health.

(c) Common Nouns के वृहद् स्वरूप में

Man is mortal.

(d) कुछ उपाधियों तथा नाम के साथ (Title and names)

Queen Victoria, Emperor Akbar.

(e) बीमारियों (diseases), नियमिति भोजन के नाम (Regular meals) तथा ऐसी वस्तु, जो एक ही हो,

जैसे—Dysentery, Fever, Lunch, Dinner, Breakfast, Hell, Heaven, God.
(Exception: the devil, the pope, the measles, etc.)

(f) ऐसा Noun जो 'Kind of' के साथ हो

What kind of man is he ?

(g) उन विशेषण (Adjctives) के साथ, जो Noun की तरह प्रयुक्त हों।
Red is their colour.

(h) उन संज्ञा के साथ, जो एकवचन (Singular) होते हुए भी बहुवचन (Plural) हों। जैसे—
Advice, Furniture, Scenery, Business, Cattle, etc.

Rule-6 Repetition of Article (Articles की पुनरावृत्ति)

(Permissible and not permissible)

(a) यदि दो से अधिक विशेषण एक ही वस्तु की विशेषता बताते हों तो Article 'The' का प्रयोग प्रथम विशेषण (adjective) के पहले होता है।
The red and white rose. (One rose with red and white colour)

(b) यदि दो से अधिक Adjectives विभिन्न Nouns की विशेषता बताए तो 'The' का प्रयोग हर वस्तु के साथ होता है—
The first and the second chapter.
The French and the English language.

(c) Plural Noun के साथ 'the' का repitition आवश्यक नहीं है।
The first and second chapters.
The French and English languages.

(d) यदि दो या अधिक Nouns एक ही व्यक्ति को refer करते हों तो 'the' का प्रयोग साधारणतः पहले Noun के साथ होता है।
The dismissal of the Secretary and Accountant (same person holding two offices)

(e) यदि दो या अधिक Noun, एक से अधिक व्यक्ति से संबंधित हों तो प्रत्येक के साथ 'The' का प्रयोग होगा।
The dismissal of the Secretary and the Accountant. (यहाँ पर Secretary तथा Accountant दो व्यक्ति हैं।)

(f) किसी व्यक्ति के तुलनात्मक गुण (comparison) बताने में Article का प्रयोग एक बार ही होगा।
Gandhi was more a saint than statesman.

❑

Chapter - III (F)

PREPOSITION

(संबंधसूचक अव्यय)

(मूल जानकारी)

"Preposition is a word placed before a Noun or Pronoun to show the relation between the Noun or Pronoun and some other words in a sentence."

"अव्यय उस शब्द को कहते हैं, जो किसी संज्ञा या सर्वनाम के पहले लगकर संज्ञा या सर्वनाम का संबंध वाक्य के अन्य शब्दों से बतलाता है।"

Note: (i) Preposiion शब्द 'Pre' तथा 'Position' दो शब्द से बना है। इसका मतलब है—"which is positioned (placed) before" यानी पहले रखा गया हो।

(ii) "Therefore, Preposition is placed before Noun or Pronouns with some exception." लेकिन इसके कुछ अपवाद हैं। यानी 'Preposition' Noun, Pronoun के बाद भी कभी-कभी लगता है। जैसे—This is the book (that) I was searching for. (यही वह पुस्तक है, जिसे मैं खोज रहा था।) यहाँ पर (that) relative Pronoun है और यह preposition 'for' का object है, जो बाद में लगाया गया है।

(iii) कभी-कभी preposition वाक्य में पहला शब्द भी हो जाता है। जैसे— About whom are you talking ? तुम किसके बारे में बात कर रहे हो ? यहाँ पर Preposition 'About' वाक्य का पहला शब्द है।

KINDS OF PREPOSITION

(1) **Simple Preposition**—In, of, off, to, up, with, at, by, for etc.

(2) **Compound preposition**—(दो शब्दों से मिलकर बना हुआ) without (with + out), within (with + in), outside (out + side), inside (in + side), into (in+to), etc.

(3) **Double Preposition**—(दो शब्दों का preposition) जैसे—Outside of, out of, from out, from behind, from beneath, etc.

(4) **Participle preposition**—('ing' से जुड़ा हुआ Preposition) जैसे—Not with standing, Concerning, Pending, Considering, etc.

(5) **Phrase preposition**—(Phrase के रूप में preposition) जैसे—By means of, because of, on account of, in opposition to, with regard to, for the sake of, instead of, on behalf of, with a view to, in the event of etc.

नोट— हिंदी में इस प्रकार के वाक्यों को बनाने में (को, से, में पर आदि) से काम चल जाता है। लेकिन अंग्रेजी में इसकी संख्या बहुत है।

PREPOSITION का प्रयोग

(1) At का प्रयोग स्थान, समय, दर, गति इत्यादि के लिए होता है। जैसे—

(i) I came at Nine o'clock. (समय)

(ii) (a) My friend lives at Bhagalpur. (स्थान)

(b) He is at school .

(iii) Pulse is sold at rupees sixty per kilogramme. (दर)

(iv) Car can run at one hundred kilometer in an hour. (गति)

(2) On या Upon का प्रयोग 'ऊपर', 'पर' तथा 'को' के अर्थ में होता है। जैसे—

(i) The book is on the table. (ऊपर)

(ii) The house is on fire. (पर) घर आग पर है।

(iii) He came on Monday. (को) वह सोमवार को आया। (निश्चित दिवस)

(3) Over का प्रयोग भी ऊपर के अर्थ में होता है; किंतु जब ऊपर की वस्तु नीचे की वस्तु के स्पर्श से भी ऊपर रहती है, तभी इसका प्रयोग होता है। जैसे—

Clouds are over the hill. बादल पहाड़ी से ऊपर दिखते हैं।

The bird flew over his head. चिड़िया उसके सर के ऊपर से उड़ गई।

He lived here over a week. वह यहाँ पर एक सप्ताह से ऊपर (ज्यादा दिनों तक) रहा।

(4) Under से "नीचे, कम, में, अधीनता" आदि का बोध होता है। जैसे—

The cat is sitting under the table. बिल्ली टेबल के नीचे बैठी है।

Ram Works under shyam. राम श्याम के अधिनस्थ काम करता है।

He is under wrong advice. वह गलत सलाह में है।

He is under wrong impression. वह गलत प्रभाव (धारणा) में है।

(5) In and Into : 'In और Into' दोनों का प्रयोग 'में', 'अंदर' के अर्थ में होता है। लेकिन 'In' का प्रयोग कम वेग या स्थिरता के लिए होता है, जबकि 'Into' का प्रयोग गति या वेग या चाल का बोध कराता है।

जैसे : In - He came in July. I saw him in the evening. He will go to Delhi in Winter. We are in danger. This dress is not in use. May I come in Sir ? He fell in love.

Into: The frog jumped into the well. He walked into the room. He got into train. He fell into the river.

Note: 'In और At' के अंतर को इन वाक्यों से समझा जा सकता है।

He lives at Bhagalpur. (छोटा शहर)
He lives in Delhi. (बड़ा शहर)
He lives in India. (देश)

(6) 'With और By' का प्रयोग हिंदी के शब्द 'से', 'द्वारा', 'साथ', 'समीपता' वगैरह का बोध होता है। लेकिन अलग ढंग से व्यवहार किया जाता है। जैसे—

(i) **With**—He came with me. He writes with a pen. Nehru was with Gandhi in almost all the matters. (नेहरूजी प्राय: सभी मुद्दों पर गांधीजी के साथ थे।)
He lives with me. God is with us. He is going with me.
With का प्रयोग (In spite of) के लिए भी होता है।
जैसे : With all his wealth he is unhappy.

(ii) **By**—जैसे— He was sitting by the fire. वह आग की बगल में बैठा था।
He came by Six o'clock. He came by train.
What is time by your watch ? My village is side by the river.
'By' का व्यवहार Passive Voice में अधिकाधिक होता है।
जैसे : The Tiger was killed by hunter. Letter was written by him.
नोट—VOICE 'Chapter-V' देखें।

(7) From का प्रयोग हिंदी के 'से' अर्थ में होता है। जैसे—
I traveled from Patna to Delhi.
He is free from care. I got this book from my friend. He moved from door to door.
He is free from danger. I know him from his childhood. (मैं उसको बचपन से जानता हूँ।)
Patna is far from Delhi. Leaves fell from the tree. (वृक्ष से पत्ते गिरे।)

(8) <u>To</u> का व्यवहार बहुत व्यापक है। इसे अलग-अलग ढंग से बहुत सारे अर्थों के लिए व्यवहार किया जाता है।
(i) Object के पहले (to + object) जैसे—He wrote to me. He spoke to me.
(ii) 'की ओर' (दिशा का बोध) जैसे—He is going to market. He is going to London.
(iii) 'तक' (स्थान का बोध) जैसे—I will go from village to village.
(iv) 'तक' (समय का बोध)
जैसे : Fitter woks from 7 AM to 3 PM.
(v) 'तुलना का बोध' जैसे—
He prefers milk to tea. (वह चाय से ज्यादा दूध पसंद करता है।)
This is superior/ inferior to that. Indian Hockey team won by five goals to three.
(vi) 'दृढता' दिखलाने के लिए, जैसे—
He will go to any extent to achieve the goal. (वह अपने लक्ष्य प्राप्ति के लिए कुछ भी कर सकता है।)

Police is determined to arrest the thief. (पुलिस चोर को पकड़ने के लए दृढ संकल्पित है।)

(9) For का प्रयोग 'के लिए', 'वास्ते', 'समय-अवधि' इत्यादि का बोध कराने के लिए होता है।

जैसे : This book is for Hari. She was crying for help. We started for Delhi.
How much did you pay for your dress ? (तुमने अपनी पोशाक के लिए कितना चुकाया ?)
He has been absent for a week. The teacher has been teaching in this school for seven years. यहाँ पर Week या Seven years अवधि को दर्शाता है, लेकिन निश्चित समय-कब से कहाँ तक वगैरह नहीं बतलाता है।

- For का व्यवहार hour/ minutes वगैरह के साथ होता है।
- For का व्यवहार day/week/ month/ year/ long time वगैरह के साथ होता है।

(10) **Since:** 'निश्चित समय-सूचक' शब्द है, जो यह बतलाता है कि कार्य कब से शुरू हुआ। For and Since के अंतर को ठीक से समझना चाहिए।

For—Period of time बतलाता है, जबकि Since—point of time बतलाता है।

इसलिए since का व्यवहार इस प्रकार होता है।

- Since + morning/ evening/ night/ o'clock
- Since + name of the day/ month/ year
- Since + birth/ death/ marriage/ arrival/ departure
- Since + name of festival/ event.

उदाहरण : for और since के अंतर को समझाने के लिए

- It has been raining since 7 o'clock / Morning.
- It has been raining for five hours.

- The teacher had been teaching since 2000.
- The teacher has been teaching for five years.

- I have not seen him since his marriage / birthday.
- I have not seen him for ten years.

- He has been ill since Tuesday.
- He has been ill for a month.

- Ram has not written to me since May.
- Ram has not written to me for over a month.

IMPORTANT: ध्यान रहे कि **for** या **since** present Indefinite (simple) में नहीं लगता है। इसलिए He is here since Monday. गलत है। शुद्ध वाक्य है—He has been here since Monday.

(11) **During:** During भी 'for' की तरह Period of time (अवधि) का बोध कराता है। लेकिन During का व्यवहार अनिश्चित अवधि के लिए होता है।

जैसे—during summer / winter / night/ during Puja holidays/ Christmas/ during one's childhood/ during 1942 / During five year plan. लेकिन for का व्यवहार (ऊपर भी लिखा गया है) for an hour, for a month, forever, for a long time etc के रूप में उचित है।

(12) **Between and Among**: दोनों का अर्थ है 'बीच में' लेकिन दोनों के व्यवहार में काफी अंतर है। Between का व्यवहार सिर्फ दो व्यक्तियों या वस्तुओं के लिए होता है—

- Divide the sweets between two girls.
- Divide the sweets among three (or more persons) girls.

(13) **Beside and Besides**: Beside का अर्थ है 'बगल में' लेकिन 'Besides' का अर्थ है अतिरिक्त (In addition to) जैसे—

- Ram was sitting beside Sohan. (राम सोहन की बगल में बैठा था।)
- Besides coat, she was wearing a thick sweater.
  (कोट के अलावा भी वह एक मोटा स्वेटर पहनी हुई थी।)

(14) **Till**: Till का प्रयोग समय बतलाने के लिए ही होता है।

- He worked till ten.
- He worked from eight to twelve.

इस तरह 'till' और 'to' में यहाँ पर भेद नहीं है। To के व्यवहार के लिए S.N. 8 देखें।

(15) Against "विरोध तथा विपरीत अवस्था" दर्शाने के लिए इनका प्रयोग होता है।
जैसे : Verb - Guard, Offend, Plot, Protest, rebel, revolt, struggle etc. के साथ

- The security personnel must guard against theft.
- Army revolted against British Government in 1857.
  Note: Animosity, Caution, Malice, Precaution, Prejudice, prohibition, protest, revolt, satire (व्यंग्य), sin के साथ भी against व्यवहार होता है।
- You must take precaution against malaria.
- Don't have prejudice against any particular community.

(16) **'OF' and 'FROM'**: 'of' का व्यवहार Material (वस्तु/सामान) का बोध कराने के लिए होता है।

- The house is made of bricks.
  घर ईंट से बना है। यहाँ पर ईंट को ज्यों-का-त्यों जोड़कर घर बनाया गया है।
  'From' वहाँ पर व्यवहार होता है, जहाँ कि वह वस्तु दूसरी वस्तु से बनी होती है।
- Wine is made from grapes.
  Wine बनाने के लिए अंगूर (Grapes) का व्यवहार किया गया है। अंगूर को बदलकर wine बनाया गया है।

(17) **Of and Off**: 'of' का व्यवहार निम्नलिखित रूप में होता है—

(i) स्रोत (origin/source) Ram comes of a rich family.

(ii)	कारण (cause)	He died of cholera.
(iii)	किसी वस्तु का अंग	These are the windows of the room.
(iv)	माप-तौल	He bought a litre of milk.
(v)	बहुत में से एक	He is a friend of mine. (वह हमारे बहुत सारे दोस्तों में एक है।)
(vi)	वस्तु (Material)	The house is made of bricks / stone/ mud/wood.

OFF - यह 'of' से बिल्कुल अलग अर्थ का शब्द है। 'Off' का अर्थ अलग होने से, खत्म होने जैसे वाक्यों में व्यवहार किया जाता है।

- The dog jumped off the chair.
- Write off the old and used parts of the machine.

(18) **But:** जब but का अर्थ 'except' हो तो इसका प्रयोग conjunction और preposition दोनों ही प्रकार से होता है। अत: इसके बाद दोनों Nominative और Objective case व्यवहार सही है।

All but him (objective case) had fled away.
All but he (Nominative case) had fled away.

(19) **PREPOSITIONAL PHRASES**

Many phrases are framed by using preposition. (बहुत सारे phrase preposition के सहारे बनाए जाते हैं)

For example—According to, At enmity with, At home in, By dint of, By means of, By side of, By way of, In the guise of और अनेकानेक। इन्हें हम लोग "IDIOM AND PHRASE" नामक अध्याय में कुछ विस्तार से जानेंगे।

(20) **IDIOMAITIC USES OF VERBS WITH PREPOSITIONS**

बहुत सारे Verbs में भिन्न प्रकार का Preposition जोड़ने से अर्थ भिन्न प्रकार का हो जाता है। जैसे—

Call at—घर जाकर भेंट करना

Call on—भेंट करना

Call out—जोर से पुकारना

Call up—याद रखना

Call upon—तलब करना

Call in—बुलावा भेजना

इसी प्रकार अनेक Verb के साथ अलग-अलग preposition जोड़ने से अर्थ बदल जाता है। ये Verbs हैं—Bring, Come, Deal, Fall, Get, Give, Hold, Keep, Look, Live, Make, Put, Run, Set, Take etc.

इस विषय पर भी हम लोग PART 'G' 'IDIOMS AND PHRASE' में कुछ विस्तार से जानकारी हासिल करेंगे।

USE OF APPROPRIATE PREPOSITIONS FOR DIFFERENT WORDS

सभी बड़े वाक्यों में प्राय: किसी-न-किसी preposition का व्यवहार होता है। वैसे सभी शब्दों की सूची, जिनमें Preposition लगाया जाता है, बहुत लंबी होगी। अध्याय PART 'E' (Preposition Addition) भी देखें।

❑

Chapter - III (G)

CONJUNCTION

(समुच्चयबोधक अव्यय-संयोजक)

Definition—A Conjunction is a word (or phrase) which joins together words or sentence or parts of sentences.

परिभाषा—जो शब्द दो या दो से अधिक शब्दों या वाक्यों या वाक्यांशों को जोड़ता है, उसे संयोजक कहते हैं।

Conjunction के दो भेद हैं—

(1) Co-ordinating Conjunction

(2) Sub-Ordinating Conjunction

(1) Co-ordinatining Conjunction

इस भेद का Conjunction उन शब्दों (या Phrases या Clauses) को जोड़ता है, जो एक ही तरह के (एक ही तरह का महत्त्वपूर्ण और स्वतंत्र) हों।

Co-ordinating का मतलब है, बराबरी वाले को मिलाना।

Co-ordinating Conjunction के भी चार उपभाग हैं।

(i) **Cumulative**— यह दो वाक्यों को जोड़ता है (and, also, as well as, both... and, not only, but also, well)

And— Ram came and you went away.

As well as— You as well as Mohan is successful.

Both...and— This book is both cheap and useful.

Not only but also—He was not only abused but also beaten.

Well— You can speak English well, I did not know.

(ii) **Alternative**—यह दो वाक्यों में से किसी को चुनता है।

(Either... or, Neither... nor, otherwise, else, or)

Either...or, He is either a fool or a rogue.

Neither...Nor, He is neither a borrower nor a lender.

(वह न तो लेने वाला और न तो देने वाला है)

(iii) **Adversative** (Contrast विपरीत)

वैसा Conjunction जो दो शब्दों या वाक्यों का विरोधाभास दरशाता है या एक कथन को दूसरे कथन से तुलना करता है।

- **But**—He is poor, but (he is) honest.
  He is wise but his brother is foolish.
- **Still, yet** (तो भी)—The Captain was annoyed still (yet) he kept quiet.
- **Nevertheless** (तो भी)—He failed many times, nevertheless he did not lose heart.
- **However** (तो भी)—All were hopeless, he however, was hopeful.
- **Only** (सिर्फ)—Do whatever you like, only don't bother me.
- **Whereas /While** (जबकि)—India is poor whereas (while) USA is rich.

(iv) **ILLATIVE** यह एक कथन का निष्कर्ष या प्रभाव दूसरे कथन में देता है।

- **Therefore** (इसलिए)—He did not study, therefore he failed.
- **For** (क्योंकि)—Work hard, for no man can succeed without hard work.
- So, Hence, Consequently (इसलिए)
  His father loves him, so he is happy.
  He has lost his book, hence he is sad.
  He has walked a long distance, Consequently he is tired.
- **So then** (इसलिए)—It is time to have our dineer, so then let us stop our work.

(2) SUB- ORDINATING CONJUNCTION

Sub-ordinate conjunction दो वाक्यों (clause) को जोड़ता है। उसमें से एक वाक्य (Sub ordinate clause) दूसरे वाक्य (Principal Clause) पर निर्भर करता है।

इसके अनेक उपभाग हैं, जिनका नामकरण उनके अर्थ पर निर्भर करता है। जैसे—

(i) **Time (कालबोधक)**—after, before, since, as soon as, while, until, as, so long as, as long as, till, when, while

(ii) **Apposition** (समीपता) (पहले व्यवहार किए गए वाक्य की व्याख्या करता है)
That—He made a promise that he would help me.

(iii) **Purpose (हेतु वाचक)**—In order that, lest, so that
Walk with care lest you should stumble.

(iv) **Condition** (शर्त बतलानेवाला) Provided, Provided that, supposing, unless, until, as, if, whether, on condition

(v) **Results (effect)** (फलबोधक) so that
He laboured so hard that he fell ill.

(vi) **Reason (Cause)** (कारण बोधक) Because, since, as
He weeps because he was beaten.

He cannot pass since he is weak.

याद रहे 'Since' point of time भी दिखाता है। लेकिन conjunction के रूप में यहाँ यह 'कारण' बतलाता है।

(vii) **Comparison** (तुलनात्मक) than, no less than, as, as... as, as much... as
He is as rich as Sohan (is). I will contribute as much as Sohan (contributes).
He is no less than an idiot. You are taller than Shyam (is).

(viii) **Manner** (रीतीबोधक) as, so far as, according as, as if
Man reaps as he sows Behave as if you are a saint.

(ix) **Concession or contrast** (स्वीकृति या विरोध सूचक)

जैसे : though, although, however, notwithstanding, as even if, whatever, whichever.

He cannot prosper however, he may try. Although he tried, he did not succeed.

Note : 1. बहुत सारे शब्द (conjunction) एक से अधिक भाग (उप भाग) के अंदर आते हैं। शब्द के व्यवहार पर ही उसका वर्गीकरण होता है।

2. इन सभी Conjunction का व्यवहार Translation (अनुवाद) PART 'B' अध्याय में भी देखा जाना चाहिए।

❑

Chapter - III (H)

INTERJECTION
(विस्मयादिबोधक अव्यय)

Definition—An INTERJECTION is a word or group of words or phrase that expresses some sudden feeling or emotion of the mind.

विस्मयादिबोधक अव्यय उस शब्द या शब्दों को कहते हैं, जिससे अचानक भावना की अभिव्यक्ति हो।

Interjection साधारणत: इन भावनाओं को प्रदर्शित करता है—

(i) **Joy**—Hurrah! Ha-Ha! Hip hip Hurrah!—(खुशी)

(ii) **Sorrow**—Ah! Oh! Alas!—(दु:ख)

(iii) **Surprise**—What! Oh!—(आश्चर्य)

(iv) **Appreciation**—Bravo! Hear! Well done—(प्रशंसा)

(v) **Contempt**—Fie! Pooh!—(निंदा)

(vi) **Drawing Attention**—Look! Listen! Behold!—(ध्यानाकर्षण) Ho! Hark! Hush! Lo! Hello!

(vii) **Becoming Silent**—Hush!—(चुप होने के लिए) e.g.: Hush! The baby is sleeping.

नोट—

(1) यहाँ जरूरी नहीं है कि वाक्य में Verb हो। Interjection के शब्द कभी-कभी पूरे वाक्य का काम कर देते हैं।

(2) Interjection वाक्य के पहले लगाया जाता है और Mark of exclamation (!) Interjection के बाद लगाया जाता है।

(3) कभी-कभी दूसरा 'Parts of Speech' भी Interjection की जगह ले लेता है।

Examples:

(a) A horse! A horse! My Kingdom for a horse!

(b) To think that she is no more!

(c) Would that I were young again!

(d) Quiet!

(e) If I could see her again!

Interjction की कुछ जानकारी Chapter-VIII (Transforamtion) के तहत भी मिलेगी।

❑

Chapter - IV

TENSE

(काल)

(AN UNDERSTANDING - एक समझदारी)

'Tense' शब्द Latin के Tempus शब्द से आया है, जिसका अर्थ है Time. क्रिया के रूप (Forms) को Tense (काल) कहते हैं।

रूप के अनुसार क्रिया के तीन भेद होते हैं—

(i) Present Tense — वर्तमान काल

(ii) Past Tense — भूत काल

(iii) Future Tense — भविष्यत् काल

Present Tense—Verb that refers to present time is said to be in the present tense.

क्रिया जो वर्तमान में हो रही हो या तुरंत समाप्त हुई हो, उसको वर्तमान काल में समाहित किया जाता है।

Past Tense—A Verb that refers to past time is said to be in the Past Tense.

क्रिया जो बीते समय में खत्म हो गई है, उसे भूत काल में समाहित किया जाता है।

Future Tense—A Verb that refers to future time is said to be in the Future Tense.

क्रिया, जो आनेवाले समय में होनेवाली हो, उसे भविष्यत् काल में समाहित किया जाता है।

DIVISION OF TENSE (काल के उपभाग)

तीनों Tense के चार-चार उपभाग हैं। इन्हें अच्छी तरह से समझने से ही Translation (अनुवाद) ठीक ढंग से किया जा सकता है।

TENSE (काल)

↓

Present Tense | **Past Tense** | **Future Tense**

↓ ↓ ↓

(i) INDEFINITE (SIMPLE)
(ii) CONTINUOUS (IMPERFECT OR PROGRESSIVE)
(iii) PERFECT.
(iv) PERFECT CONTINUOUS

इस प्रकार से Tense का 3 X 4 = 12 उपभाग (division) हैं।

यह ध्यान देने की बात है कि अंग्रेजी में Verb के ऊपर लिंग (Gender) का प्रभाव नहीं होता है, लेकिन वचन (Number), क्रिया पर प्रभाव डालता है।

He goes She goes	He और She से Verb में कोई अंतर नहीं हुआ है। जबकि इनका हिंदी अनुवाद (वह जाता है / वह जाती है।

Tense के Divisions (उपभाग) को अच्छी तरह से समझने की आवश्यकता है।

PRESENT TENSE

नीचे लिखे वाक्यों पर ध्यान दें—

(i) I Play. (मैं खेलता हूँ।) Indefinite or Simple. (सामान्य वर्तमान काल)

(ii) I am playing. (मैं खेल रहा हूँ।) Present Continuous or Progressive or Imperfect (अपूर्ण वर्तमान काल)

(iii) I have played. (मैंने खेला है या खेल चुका हूँ।) Present Perfect (पूर्ण वर्तमान काल)

(iv) I have been playing. (मैं खेलता रहा हूँ।) Present Perfect Continuous (पूर्ण निरंतर वर्तमान काल)

पहले वाक्य (I play) से पता चलता है कि अभी क्रिया समाप्त हुई है या नहीं, इसका पता नहीं चलता है। अत: इसे Present Indefinite (or Simple Present) कहते हैं। पहचान—'त' और 'ह' के संयुक्त शब्दों—जैसे—जाता हूँ, जाती है, खाता है, खाती है, वगैरह।

दूसरे वाक्य (I am playing) से पता चलता है कि अभी क्रिया समाप्त नहीं हुई है। अभी खेलना जारी है, यानी Progress में है। अत: इसे Present Continuous (Imprefect or Progressive) कहा जाता है। इसे कभी-कभी Present Imperfect के नाम से भी जाना जाता है। पहचान—'र' और 'ह' से बने संयुक्त शब्द जैसे—'रहा है, रही है, रहा हूँ, रहे हैं' इत्यादि।

तीसरे वाक्य (I have played) से पता चलता है कि क्रिया समाप्त हो गई है, लेकिन बहुत पहले नहीं, बल्कि अभी-अभी खत्म हुई है। अत: इसे Present Perfect कहते हैं।

पहचान—'आकार' तथा 'ह' से बने संयुक्त शब्द जैसे—"किया है, लिया है, चुका है, गया है" इत्यादि।

चौथे वाक्य (I have been playing) से पता चलता है कि क्रिया कुछ पहले से शुरू हुई और अभी तक चल ही रही है (खत्म नहीं हुई है) अत: इसे Present Perfect Continuous के नाम से जाना जाता है।

पहचान—'र' और 'ह' के संयुक्त अक्षर के साथ कुछ समय से क्रिया जारी रहने का बोध होता है। जैसे "खेलते आ रहा है, खाते आ रहा है, पढ़ाते आ रहा है" इत्यादि।

PAST TENSE

नीचे लिखे वाक्यों पर ध्यान दें—

(i)	Sita bought a watch. (सीता ने एक घड़ी खरीदी।)	Past Indefinite (or simple) (सामान्य भूतकाल)
(ii)	He was singing. (वह गा रहा था।)	Past Continuous or Progressive or Imperfect (अपूर्ण भूतकाल)
(iii)	You had learnt your lesson. (तुम अपना पाठ याद कर चुके थे।)	Past perfect (पूर्ण भूतकाल)
(iv)	He had been teaching in the school for five years. (वह विद्यालय में पाँच वर्षों से पढ़ा रहा था।)	Past perfect continuous (पूर्ण निरंतर भूत काल)

पहला वाक्य (Sita bought a watch.) से पता चलता है कि सीता ने बीते हुए समय में घड़ी खरीदी थी और क्रिया का समापन हो गया है। अत: इसे Past Indefinite or Simple Past Tense कहते हैं।

पहचान : वाक्य के अंत में **गया, लिया, दिया, खरीदा, आया** वगैरह। वाक्य (कथन) पर ध्यान देकर ही इस Tense का व्यवहार किया जाता है।

दूसरा वाक्य (He was singing.) से ज्ञात होता है कि भूतकाल (Past) में वह गा रहा था, लेकिन इससे ज्ञात नहीं होता कि उसने गाना बंद कर दिया या नहीं या कब तक गाता रहा। अत: इसे Past Continuous or Progressive or Imperfect Tense कहते हैं।

पहचान : वाक्य के अंत में 'हा' और 'था' रहता है। जैसे—"खा रहा था, सो रहा था, गा रहा था, पढ़ रहा था" वगैरह।

तीसरा वाक्य (You had learnt your lesson) से ज्ञात होता है कि पाठ याद करना भूतकाल (Past) में ही खत्म हो गया था। Present Perfect और Past Perfect में अंतर यह है कि Past Perfect किसी क्रिया के समापन को बहुत पहले (समय) होने की जानकारी देता है, जब कि Present perfect किसी क्रिया की समाप्ति अभी-अभी होने को दर्शाता है।

पहचान : "चुका था, चुकी थी, गया था, किया था", वगैरह। ध्यान देना है कि क्रिया बहुत पहले समाप्त हो गई हो, तभी इस Tense का व्यवहार करना चाहिए।

चौथा वाक्य (He had been teaching in the school for five years) यह बताता है कि उसने इस विद्यालय में भूतकाल (Past) में पाँच वर्षों तक लगातार पढ़ाया। साथ ही पढ़ाने का काम खत्म हो गया। अगर अभी पढ़ाने का काम जारी है तो इसे Present Perfect Continous के रूप में माना जाता।

पहचान : 'थ' वाक्य के अंत में रहता है, साथ ही भूतकाल (Past) के समय (लगातार) का भी जिक्र रहता है।

FUTURE TENSE

नीचे लिखे वाक्यों पर ध्यान दें—

(i)	He will buy a book. वह एक किताब खरीदेगा।	Future Indefinite or Simple Future (सामान्य भविष्यत् काल)
(ii)	We will be meeting the Minister next month. हम लोग मंत्री से अगले माह भेंट करेंगे।	Future continuous or Progressive or Imperfect (अपूर्ण भविष्यत् काल)
(iii)	I shall have watered the Plants before sunset मैं सूर्यास्त के पहले ही पौधों में पानी दे चुका होऊँगा।	Future Perfect (पूर्ण भविष्यत् काल)
(iv)	Minni will have been Watering the plants for Two hours. मिन्नी दो घंटों तक पौधों को पानी देती रहेगी।	Future Perfect Continuous. (पूर्णनिरंतर भविष्यत् काल)

पहला वाक्य (He will buy a book) से ज्ञात होता है कि वह भविष्य में एक पुस्तक खरीदेगा। यह समय अभी आया नहीं है, बल्कि आनेवाला है।

पहचान : वाक्य के अंतिम शब्द में 'गा' 'गे' 'गी' वगैरह रहता है।

दूसरा वाक्य (We will be meeting the Minister next month) से ज्ञात होता है कि मंत्री से मिलने की क्रिया भविष्य में होनेवाली है। अत: इसे Future Continuous or Progressive or Imperfect Future कहते हैं।

पहचान : 'ग' के साथ कुछ और अक्षर रहता है। जैसे—मिलेंगे, चलेंगे, पढ़ेंगे वगैरह।

तीसरा वाक्य (I shall have watered the plants before sunset) दर्शाता है कि पौधों में सूर्यास्त से पहले ही पानी दिया जा चुका होगा। यानी क्रिया सूर्यास्त के पहले ही खत्म हो जाएगी।

पहचान : 'ग' अक्षर रहता है। जैसे—"चुका होगा, चुकी होंगी, चुकी होगी" वगैरह।

चौथा वाक्य (Minni will have been watering the plants for two hours) से ज्ञात होता है कि मिन्नी दो घंटे तक पौधों में पानी देती रहेगी। यह वाक्य दर्शाता है कि भविष्य में क्रिया लगातार कुछ समय तक चलती रहेगी।

पहचान : 'ग' अक्षर के साथ कुछ ऐसे अक्षर और शब्द लगते हैं, जिनसे भविष्य में क्रिया में निरंतरता का बोध हो। जैसे कुछ वर्षों, महीनों, दिनों, घंटों वगैरह का समावेश होता हो।

नोट—

(1) Tense की प्रारंभिक जानकारी Translation (अनुवाद) करने में काफी मददगार होगा। लेकिन इसकी जानकारी सिर्फ आधार मात्र है और तरह-तरह के वाक्यों से अवगत होकर अनुवाद करने का अभ्यास करना होगा।

(2) Tense की पूरी जानकारी के लिए PART B (Translation: अनुवाद) को ध्यानपूर्वक पढ़ें और अभ्यास करें।

❑

Chapter - V

VOICE

(वाच्य)

किसी भी कथन को दो तरह से कहा या लिखा जा सकता है।

पहला : किसी पद के Object को साधारण ढंग से रखा जाना। (ACTIVE VOICE)

दूसरा : बिना अर्थ बदले Subject और Object की अदला-बदली करना। (PASSIVE VOICE) एक छोटे से वाक्य को देखें।

हिंदी : मैंने एक आम खाया। मेरे द्वारा एक आम खाया गया या एक आम मेरे द्वारा खाया गया। हिंदी में शब्दों का प्रयोग ऐसा नहीं होता है। सिर्फ समझने के लिए लिखा गया है।

अंग्रेजी : I ate a mango. ACTIVE
A mango was eaten by me. PASSIVE

पहले वाक्य में 'I' subject है और क्रिया 'ate' (past tense of eat) है तथा mango इस वाक्य का object है। दूसरे वाक्य में Mango जो पहले वाक्य में object था, वही अब subject हो गया है।

नोट : हिंदी में 'Passive Voice' का व्यवहार बहुत कम होता है। लेकिन अंग्रेजी में जिस Noun या Pronoun की प्रमुखता दिखानी होती है, उसे ही subject में व्यवहार किया जाता है।

Definition (परिभाषा)

ACTIVE VOICE : जब क्रिया करनेवाला Verb का subject हो तो उसे ACTIVE VOICE कहते हैं।

The Verb that expresses the action done by the subject is said to be in the Active Voice.

PASSIVE VOICE : Action of the Verb यानी जो object 'Verb' का Subject हो जाए तो Verb 'Passive Voice' में होता है।

The Verb that expresses what is done to the object by the subject is said to be in the 'Passive Voice.'

ACTIVE VOICE TO PASSIVE VOICE

Active Voice से Passive Voice बनाने के कुछ नियम हैं—

(1) Perfect Continuous (Present, Past, Future) का Passive Voice नहीं होता है। साथ ही Future Continuous का भी Passive Voice नहीं होता है।

(2) Passive form का Verb हमेशा Past Participle में होता है। (जैसे written, eaten, beaten, killed etc.)

(3) Tense का रूप नहीं बदलता है। यानी Active Voice का Passive Voice भी उसी Tense में रहता है।

(4) (a) Simple Present में Past Participle के पहले am/is/are Pronoun के Number के आधार पर लगता है। I के साथ 'am'; we के साथ 'are'; He, she, it के साथ 'is'; you, they के साथ 'are' लगता है।

(b) उसी प्रकार Simple Past में was/were लगता है।

(c) Simple, future में shall be /will be लगता है।

(5) Present / Past Continuous Tense में Past participle के पहले am/is/are/ was/ were के साथ 'being' जोड़ा जाता है।
(**नोट :** ऊपर लिखा गया है कि Future Continuous का Passive Voice नहीं बनता है)

(6) Prefect Tense (Present, Past, Future क्रमशः: has/ have been; had been; तथा shall/ will have been लगता है।

(7) सबसे जरूरी यह है कि Subject और Object का अदला-बदली होता है।
इस नियम को रेखा चित्र के द्वारा दरशाया गया है।

Active Voice में 'He beats me'

He---------------------beats---------------------me
(Subject) (Object)
I--------------------am beaten------------------- by him
(Past Participle) (Object)

ऊपर के नियमों को नीचे की तालिका में दर्शाया गया है।

Present	Active	Passive
Simple	He gives a prize.	A prize is given by him.
Continuous	He is giving a prize.	A prize is being given by him.
Perfect	He has given a prize.	A prize has been given by him.
Continuous	He has been giving a prize.	—

Past	Active	Passive
Simple	He gave a prize.	A prize was given by him.
Continuous	He was giving a prize.	A Prize was being given by him.
Prefect	He had given a prize.	A prize had been given by him.
Prefect continuous	He had been giving a prize.	—

Future	Active	Passive
Simple	He will give a prize.	A prize will be given by him.
Continuous	He will be giving a prize.	—
Prefect	He will have given a prize.	A prize will have been given by him.
Prefect continues	He will have been giving a prize.	—

कुछ साधारण वाक्यों का उदाहरण देखना उपयोगी होगा।

SIMPLE TENSE

ACTIVE	PASSIVE
(1) He teaches English.	English is taught by him.
(2) They did not play the match.	The match was not played by them.
(3) They Played the match.	The match was played by them.

CONTINUOUS TENSE

Active Voice	Passive Voice
(1) She was reading a novel.	A novel was being read (रेड) by her.
(2) I am purchasing a book.	A book is being purchased by me.
(3) They are drinking Milk.	Milk is being drunk by them.
(4) They were following the Rules.	The Rules were being followed by them.

PREFECT TENSE

Active Voice	Passive Voice
I have done my work.	My work has been done by me.

You have not broken the wall.	The wall has not been broken by you.
You will have finished the work.	The work will have been finished by you.

Interrogative Sentence

Rule—

(1) do, does और did Passive voice में उपयोग नहीं होता है।

(2) Has, have, had, can, may, will, shall, when, where, why, how, what अपना आरंभिक (beginning position) नहीं बदलता है। Number के अनुसार Have और has, is, are, was,were बदल सकता है।

(3) Who के बदले 'by whom' का व्यवहार होता है।

ऊपर के नियम निम्नलिखित वाक्यों से स्पष्ट होगा—

(1) Do the girls play football ?	If football is played by the girls ?
(2) did Kiran invite you ?	Were you invited by Kiran ?
(3) who killed the innocent people ?	By whom was the innocent people killed ?
(4) Whom did you laught at ?	Who was laughed at by you ?
(5) Why did he punish you ?	Why were you punished by him ?

• **Change form Active Voice to Passive Voice with Two Objects.**

दो Objects में से एक को Subject बनाकर और दूसरे को Object में रखकर 'Two Objects' वाले वाक्यों का Voice change किया जाता है। जैसे—

(1) He has given me all his money.	(i) I have been given by him all his money. (ii) All his money has been given to me by him.
(2) He teachers us English.	(i) English is taught to us by him. (ii) We are taught English by him.

• **Change from Active to Passive of the Words with Preposition:**

(1) She laughed at the poor man.	The poor man ws laughed at by her.
(2) He listened to me.	I was listened to by him.
(3) Did she stare at you ?	Were you stared at by her ?
(4) He will object to my proposal.	My proposal will be objected to by him.

• Change from Active to Passive of the Imperative Sentences:

(1) Drop the letter.	Let the letter be dropped.
(2) Do it at once.	Let it be done at once.
(3) Write an application to the Chairman.	Let an application be written to the Chairman.
(4) Do not beat the animal.	Let not the animal be beaten.

Note: Imperative वाक्यों में अगर नकारात्मक आदेश, विचार, सलाह इत्यादि हो तो Let के साथ not लगता है।

EXERCISE (VOICE) 1
Change the Voice

(1) He writes a letter. (2) He wrote a letter. (3) He has written a letter. (4) He had written a letter. (5) He will write a letter. (6) He will have written a letter. (7) He is writing a letter. (8) He was writing a letter. (9) He will be writing a letter. (10) You are writing a letter. (11) You have written a letter. (12) They were writing a letter. (13) They had written a letter.

EXERCISE (VOICE) 2
Change the Voice

(1) Mangoes had been eaten by her. (2) Mangoes will be eaten by us. (3) Five Mangoes can be eaten by you. (4) Let the mangoes be eaten. (5) Let the milk be drunk.

EXERCISE (VOICE) 3
Change the Voice

(1) The ball will be caught by the girls. (2) Tulsidas wrote the Ramayan. (3) Gandhi was listened to by one and all Indians. (4) Gandhi failed on seven occasions. (5) Will the corruption be uprooted by quick disposal of criminal cases ? (6) Have you undertaken a new work ? (7) Why did the judge award him capital punishement ?

EXERCISE (VOICE) 4
Change the Voice

(1) I have to help him. (2) He is looked after by me. (3) He is being searched by police. (4) I was surprised at his reply. (5) He was found to cross the limit. (6) Love your country. (7) He wants that he should be treated as a VVIP. (8) I found the girl laughing at me. (9) Nehru was chosen as the leader of the Congress Party.

❑

Chapter - VI

NARRATION
(कथन विधि)

(1) राम ने कहा — "मैं जा रहा हूँ"
किसने कहा ? क्या कहा ?

(2) राम ने कहा कि वह (राम) जा रहा है।
किसने कहा ? ↑ क्या कहा ?
⟶ ⟵

जोड़ने वाला शब्द

ऊपर के दो वाक्यों को देखें। पहले वाक्य में राम ने जो भी कहा वह उसी रूप में " ------- " के अंदर लिख दिया गया है। जबकि दूसरे वाक्य में राम ने जो भी कहा उसे "................." को हटाकर 'कि' शब्द जोड़ा गया और 'मैं' की जगह 'वह' लिखा गया है।

पहला वाक्य 'Direct Speech' है तो दूसरा वाक्य 'Indirect Speech' है। हिंदी में इस प्रकार के कथन की प्रमुखता अंग्रेजी की तरह नहीं है। अंग्रेजी में 'Indirect Speech' का व्यवहार 'Direct Speech' से अधिक होता है। अत: Direct Speech को Indirect Speech में बदलने के नियमों पर सावधानीपूर्वक ध्यान देना चाहिए।

नियम—

(1) बोलने वाले और बोलने के तौर तरीके, किसको सुनया गया को 'Inverted Coma' के पहले लिखा जाता है, जिसे 'Reporting Speech' कहते हैं। कहे गए वाक्य को 'Inverted coma' के अंदर ज्यों-का-त्यों रख देते हैं, उसे Reported Speech कहते हैं जैसे—

Ram said to Sohan, "I am coming."
→ →
Reporting Verb या Speech Reported Speech

(2) इसी वाक्य से अगर 'Inverted coma' को हटाकर लिखा जाए तो इसका रूप बदल जाता है, लेकिन अर्थ एक ही रहता है।

Ram said to Sohan that he (Ram) was going.

इस वाक्य से " " Inverted coma और 'I' को हटाकर 'that' जोड़कर 'I' की जगह 'he' लिखा गया है। 'that' एक Conjunction है और 'he' Ram के लिए लिखा गया है। इस प्रकार के वाक्य को 'INDIRECT SPEECH' कहते हैं।

(3) Reported Speech के Pronoun को नियमानुसार बदला जाता है।

(a) Reported Speech में आए हुए Subject को संबंधित Subject में बदल दिया जाता है।

उदाहरण—

(i) He says, "I am coming." – Direct Speech.
He says that he is coming. - Indirect (यहाँ पर 'He' शब्द 'I' के लिए ही आया है।)

(ii) Ram says to me, "you are coming." -----Direct Speech
Ram says to me that I am coming. ------- Indirect Speech
(यहाँ पर 'I' me की जगह आया है, क्योंकि 'you' का संबध 'me' से है।)

(4) साधारणत: Pronoun तथा Possessive Adjective नीचे दिए गए रूप में बदला जाता है—

Direct	Indirect
I, me, mine	He, (she), his (her), hers
We, us, our, ours	They, them, their, theirs
You, your, yours	They, them,their, theirs

कुछ उदाहरणों से ऊपर का नियम स्पष्ट होगा—

Direct – She says, "I like my dog, Jony."
Indirect – She says that she likes her dog Jony.
Direct – Mita says to Ram, "You speak English well ?"
Indirect – Mita says to Ram that he (Ram) speaks English well.
Direct – He says, "I have given my book to Hari."
Indirect – He says that he has given his book to Hari.
Direct – The boy says, "Bus will come in time."
Indirect – The Boy says that the bus will come in time.
Direct – The boys say, "We bring our pens everyday, the pens on the table are ours."
Indirect – The boys say that they bring their pens everyday, the pens on the table are theirs.

(5) यदि 'Reporting Verb' Present Tense या Future Tense में रहे तो Reported Speech के Verb का Tense नहीं बदलता है।

Direct – Ram will say to shyam, "He will come to his village."
Indirect – Ram will say to Shyam that he (Ram) will come to his (shyam's) village.
Direct – The girl says, "I will come to school."

Indirect – The girl says that she will come to school.

(6) यदि Reporting Verb 'Past Tense' में हो और 'Reported Speech' का Verb 'Present' या 'Future' Tense में हो तो Present और Future Tense अपने अनुरूप Past Tense में बदल जाता है। जैसे–

(i) Change of Present Tense–

(a) A Simple Present becomes a simple past.
Direct–He said, "I am unwell."
Indirect–He said that he was unwell.

(b) A Present continuous becomes a past continuous.
Direct–He said, "My mother is weeping."
Indirect–He said that his mother was weeping.

(c) A present Prefect becomes a past perfect.
Direct–He said, "Ram has passed."
Indirect–He said that Ram had passed.

(d) A Present Perfect continuous becomes a past perfect continuous.
Direct–Shyam said to Ram, "I have been writing for five years."
Indirect–He told(or said to) Ram that he (shyam) had been writing for five years.

(ii) Charge of Future Tense–

[Note : Shall और will क्रमश: should और would में बदलता है]

(a) A Simple Future becomes a Simple Past.
Direct–Ram said to Sohan, "Father will come after an hour."
Indirect–Ram said to sohan that his (Ram's) father would come after an hour.

(b) A Future continuous becomes a Past continuous.
Direct–Ram said to sohan, "Father will be coming after an hour."
Indirect–Ram said to sohan that his (Ram's) father would be coming after an hour.

(c) A future Perfect becomes a past perfect.
Direct–Ram said to sohan, "father will have come after an hour."
Indirect–Ram said to sohan that his (Ram's) father would have come after an hour.

(d) A future perfect continuous becomes a Past Perfect continuous.
Direct–The teacher said, "I shall have been writing for two hours every day."
Indirect–The teacher said that he (teacher) should have been writing for two hours everyday.

(7) अगर Reporting Verb और Reported (Direct) Speech दोनों ही Past Tense में हो तो Indirect speech में निम्नलिखित ढंग से बदलाव होता है।

(a) 'Past indefinite' becomes 'Past perfect'

Direct—Shyam said to Ram, "I gave you a prize."
Indirect—Shyam said to Ram that he (shyam) had given him (Ram) a prize.

(b) 'Past continuous' becomes 'Past Perfect continuous.'
Direct—Hira said, "I was reading."
Indirect—Hira said that he (Hira) had been reading.

(c) Past Prefect—अपने ही रूप में रह जाता है। (Verb नहीं बदलता लेकिन और सभी बदलाव होते हैं।)
Direct—Ram said, "I had done my duties."
Indirect—Ram said that he (Ram) had done his duties.

(d) Past Prefect Continuous—अपने ही रूप में रह जाता है। (Verb नहीं बदलता, लेकिन और सभी बदलाव होते हैं।)
Direct—Ram said, "I had been teaching for five years."
Indirect—Ram said that he (Ram) had been teaching for five years.

(8) Indirect Speech में जो शब्द नजदीकी दिखलाता है, उसे दूरी दिखलाने वाले शब्दों में बदल दिया जाता है। जैसे—

Now	को	then	में
This	को	that	में
These	को	those	में
Here	को	there	में
Hence	को	thence	में
Ago	को	before	में
Come	को	go	(हमेशा नहीं)
Today	को	that day or the same day	
Tonight	को	that night	
tomorrow	को	the next day or the following day.	
Yesterday	को	the previous day or the day before.	
Last night	को	the night before or the previous night.	
Next week	को	the following week or the next week.	

नोट—

(i) 'Must' और 'Should' को नहीं बदला जाता है।

(ii) ध्यान रखना है कि अगर 'Reporting Verb' present या Future Tense में रहे तो ऊपर लिखे Adverb of time या Place में बदलाव नहीं होता है। जैसे—
Direct—She says, "Her husband will come now."
Indirect—She says that her husband will come now.

यहाँ 'Now' को then में नहीं बदला गया है, क्योंकि वाक्य से ऐसा पता लगता है कि वह (लड़की) उसी समय उपस्थित होकर बोल रही है।

(iii) Now, this, here, etc., में बदलाव करना, तब उचित नहीं है, जब इन शब्दों का उपयोग वक्ता उसी जगह या उसी समय में कर रहा हो। जैसे—

Direct—Mohan said to shyam, "I have no time to talk to you now."
Indirect—Mohan said to Shyam that he (Mohan) had no time to talk to him (Shyam) now.

यहाँ 'Now' को 'then' में नहीं बदला गया है, क्योंकि वाक्य से ऐसा पता लगता है कि वक्ता (मोहन) उसी समय उपस्थित होकर बोल रहा है।

(9) भिन्न प्रकार के वाक्यों को Indirect Speech में बदलने के कुछ खास नियम हैं।

यह जरूरी नहीं है कि सभी तरह के वाक्यों में 'say' (या said, tell या told) लगाकर ही Indirect speech बनाया जाए।

9.1 **Declarative or Assertive Sentence:**

Say or tell के अलावा Reporting Verb को प्रसंगानुसार REPLY, CONFESSION, REMARK, ADDRESS आदि का व्यवहार किया जा सकता है। कुछ वाक्यों में तो Reporting Verb और Reported Speech को एक साथ मिलाकर बनाया जा सकता है। जैसे—

Direct—He said to me, "Thank You."
Indirect—He thanked me.
Direct—He said, "I think he is lazy."
Indirect—I thought that he was lazy.
Direct—Jawahal Lal Nehru said to the audience, "Sisters and Brothers, I congratulate you."
Indirect—Jawhar Lal Nehru addressed the audience as sisters and brothers and congratulated them.

9.2 **Interrogative Sentence:**

(a) Pronoun और Verb के परिवर्तन का नियम साधारण नियमों की तरह ही रहता है।

(b) Do, does, did जैसे Auxiliary Verb का लोप हो जाता है।

(c) प्रश्नवाचक चिह्न पूर्ण विराम में बदल जाता है। यदि प्रश्न का उत्तर 'हाँ' या 'नहीं' हो तो Reported Speech के पहले 'if' या 'whether' Conjunction का व्यवहार होता है।

(d) Reporting Verb के रूप में 'asked', 'inquire of' या 'demanded' का प्रयोग होता है।

Direct—Sita said to Shyam, "Do you know English?"
Indirect—Sita asked (or inquired of) Shyam if he (Shyam) knew English.
Direct—Ram said to Rohan, "Have you studied the Ramayan?"
Indirect—Ram inquired of Rohan if he (Rohan) had studied the Ramayan.

(e) यदि कोई वाक्य Interrogative Pronoun या Interrogative AdVerb से आरंभ हो तो साधारणत: Conjunction का प्रयोग नहीं होता है। कभी-कभी 'as to' का प्रयोग होता है।

उदाहरण—

Direct—Sita said to me, "What is your name ?"

Indirect—Sita asked me what my name was.

(नोट 'Ask' के साथ Preposition 'to' नहीं लगता है।)

Direct—The teacher said to Ram, "Where is your book ?"

Indirect—The teacher asked (or inquired of) Ram where his (Ram's) book was.

Direct—He said to me, "What is the shortest route to Delhi ?"

Indirect—He asked me as to what the shortest route to Delhi was.

9.3 **Imperative Sentence**

(a) Imperative वाक्य का Indirect Speech बनाने के लिए 'Reporting Verb' के रूप में साधारणत: 'Told', 'Ordered', 'advised', 'Requested' आदि का व्यवहार होता है।

(b) यदि Imperative वाक्य में निषेध का भाव हो तो Reporting Verb के रूप में Forbade (Past Tense of Forbid), Prohibited, Prevented आदि का व्यवहार होता है और 'not' लुप्त हो जाता है।

(c) यदि वाक्य में परामर्श हो तो Advised और प्रार्थना (प्रार्थना में व्यग्रता भी हो) हो तो अर्थ के अनुसार prayed, implore (प्रार्थना करना), Beseeched (विनती करना) आदि का प्रयोग होता है।

(d) जब Direct speech में 'Let' आता है और उससे प्रस्ताव (Proposal) का बोध होता है तो Reporting Verb बदलकर Ordred, Suggested, Proposed वगैरह हो जाता है और 'let' should में बदल जाता है।

Note: ऊपर सभी लिखे Verb के साथ 'Object' जोड़ा जाता है (Propose को छोड़कर)।

(e) 'That' का साधारणत: व्यवहार नहीं होता है, अगर किया जाता है तो 'to' की जगह 'Should' का व्यवहार होता है।

उदाहरण—

Direct—The teacher said to the students, "work hard."

Indirect—The teacher advised the students to work hard. (Ref. Rule 'a')

Direct—Ram said to me, "Lend me your book, please."

Indirect—Ram requested me to lend him (Ram) my book. (Ref Rule a)

Direct—The father said to the son, "Do not go to the city daily."

Indirect—The father forbade the son to go to the city daily. (Ref Rule b)

Direct—The beggar said to the travellers, "Kindly give me a rupee."

Indirect—The beggar prayed travellers for a rupee. (Ref. Rule c)

Direct—He said, "Let us take him to hospital."

Indirect—He suggested that they (in place of us) **should** take him to hospital. (Ref. Rule d)

Direct—The police Inspector said, "Let no one leave the place."
Indirect—The police Inspector ordered that no one **should** leave the place. (Ref. Rule d)
Direct—I said to him, "Obey your parents."
Indirect—I advised him to obey his parents.
or
I advised him **that** he **should** obey his parents. (Ref. Rule e)

9.4 **Optative Sentence:**

'Wish' शब्द का प्रयोग करके Indirect Spech बनाया जाता है। जैसे—
Direct—He said to me, "May you get a job."
Indirect—He wished that I might get a job.

9.5 **Exclamatory Sentences:**

(a) Reporting Verb को युक्तिसंगत Verb यथा Pray, Cry, Exclaim, Bless, Wish इत्यादि से बदला जाता है।

(b) Interjection, जैसे Oh, Bravo, Hush, Alas, Hurrah वगैरह को हटाकर उपयुक्त 'Adverb' या 'Adverb phrase' का व्यवहार किया जाता है।

उदाहरण—

Direct—The boys said, "Alas! we have lost the match."
Indirect—The boys exclaimed sorrowfully that they had lost the match.
Direct—The supporters said, "Bravo! Well done."
Indirect—The supporters applauded him saying that he had done well.
Direct—He said, "May you live long."
Indirect—He wished (or prayed) that he (replacing you) might live long.
Direct—The child said, "Hurrah! Mother has come."
Indirect—The child exclaimed with delight (or joy) that his mother had come.
Direct—He said, "Fie, Fie! You mean fellow! You can deceive your own blood."
Indirect—He called him (in place of you) a mean fellow and observed (or exclaimed) with contempt that he could deceive his own blood.

10. **SOME IMPORTANT NOTES :**

10.1 प्रश्न का उत्तर जब 'हाँ' या 'नहीं' में देते हैं तो Narration बलदने में 'Yes' के लिए 'in the affirmative' और 'No' के लिए, 'in the negative' का प्रयोग किया जाता है।

Direct—Ram said to Shyam, "Have you seen a tiger?
Shyam replied, "Yes, I have."
Indirect—Ram asked Shyam if he (Shyam) had seen a tiger.
'Shyam replied in the affirmative'
अगर श्याम का जवाब होता 'नहीं' तो लिखा जाता—

'Shyam replied in the negative'

10.2 Use of "that" twice (That, that का व्यवहार दो बार)

Direct—He said, "yes sir, that is the way to be happy and satisfied."

Indirect—He told him (Sir) respectfully that that was the way to be happy and satisfied.

10.3 यह जरूरी नहीं है कि Indirect speech, reporting Verb से ही शुरू हो।

Direct—He said, "I shall have you sent to prison, you ruffian."

Indirect—Calling him a ruffian, he said that he would have him (ruffian) sent to prison.

Direct—He then rose and said, "Ladies and gentleman, I have to thank you all for the honour you have done me today."

Indirect—Addressing the audience, he said that he had to thank them all for the honour they had done him that day.

10.4 Reported speech का past Indifinite इन अवस्था में नहीं बदलता है।

(i) Past historic event (ऐतिहासिक घटना)

Direct—Teacher said, "Ibrahim Lodi was defeated in the second battle of Panipat."

Indirect—Teacher said that Ibrahim Lodi was defeated in the second Battele of Panipat.

(ii) When two actions (दो घटना) occur at the same time in past (भूतकाल में घटी हो)

Direct—My friend said, "As soon as the train stopped, I started for the station."

Indirect—My frined said that as soon as the train stopped he started for the station.

10.5 यह भी जरूरी नहीं है कि वाक्य की शुरुआत Reporting Speech (Verb) से ही हो।

Direct—"My boys" said the headmaster, "you are labouring hard."

Indirect—The headmaster told the boys that they were labouring hard.

Direct—"I say Mohan" said Ram as he rushed forward, "here is the money you lost."

Indirect—Rushing forward, Ram excitedly told his companion Mohan that there was the money he had lost.

10.6 Reported Speech में किसी स्थायी सत्य (Universal truth) का कथन हो तो Reporting Verb अगर Past Tense में भी रहे तो Reported Speech के Tense में परिवर्तन नहीं होता है। जैसे—

Driect—He said, "The earth is round."

Indirect—He said that the earth is round.

सारांश—सभी नियमों का सारांश है कि हम इन्हें तीन भागों में बाँट सकते हैं—

(i) Change of Person
(ii) Change of Tense
(iii) Change of other parts of speech (वाक्यों के अर्थों और भावों को सावधानीपूर्वक समझते हुए)

ऊपर लिखे गए नियमों पर उचित ध्यान देते हुए कुछ **Excercise** करना आवश्यक है।

EXERICISE (NARRATION)-1

Change into Indirect Speech—

(1) He says, "He is ill" (2) He says, "She is ill" (3) He says, " She was ill." (4) He says, "She will be ill." (5) He will say, "She is ill." (6) He will say, "She was ill." (7) He will say, "She will be ill." (8) My father says to me, "My mother has gone to her uncle's house."

EXERCISE (NARATION)-2

Change the Speech (Direct to Indirect or Indirect to Direct)—

(1) Shyam told her that that was her house.
(2) My friend remarked that here was the place where Bapu was cremated. (Note that 'here' is not changed to 'there' because the object was just before the person speaking).
(3) You told me this morning that you would try to see me today again. (In this sentence also, 'today' has not been changed to "that day" for the reason stated above)
(4) He said to me, "You are very kind to me."
(5) The farm- worker said to the landlord, "I had been working the whole day."
(6) He said, "I am coming to you tomorrow."
(7) The captain said to the soldiers, "I will not leave the battle field till the enemy is defeated."
(8) The beggar said, "I was a rich man only five years ago."
(9) Ram told that his brother did not attend the conference.

EXERICISE (Narration)-3

Change the Speech—

(1) Shyam said to me, "What is your name ?"
(2) The teacher said to Ram, "Have you done your home work ?"
(3) The teacher inquired of me whether I could slove that problem.

(4) The teacher asked me if I knew better than him.

(5) The father enquired of me whether I could climb the hill.

(6) The banker said, "Whose cheque can it be ?"

(7) Ram said to his friend, "Had you finished your meal before the arrival of bus ?"

(8) The police enquired of the accused if he was a habitual drunkard.

Exercise (Narration)-4

Change the Speech—

(1) The teacher said to the students, "Work hard in order to secure first divison."

(2) The doctor said to the nurse, "Go and bring medicine."

(3) The Professor said to the students, "Let us start our experiment."

(4) The teacher forbade the students to make a noise.

(5) Ram said to his friends, "Let us thank our teachers."

Exericse (Narration)-5
Change the following Exclamatory Sentence
(Direct to Indirect)

Note—Forexclamatory expression please see INTERJECTION Chapter-III (H)

(1) The boy said, "Hurrah ! We have won the match."

(2) The traveller said, "What a beautiful city it is !"

(3) "What a foolish fellow you are" exclaimed he angrily.

(4) "Good morning Sir ! What had happened to you yesterday ?" Said Ram.

(5) The priest said, "May God show us true light !"

❑

Chapter - VII

PUNCTUATION AND CAPITAL LETTERS

(चिह्नांकन एवं बड़े अक्षर)

किसी भी शब्द में चिह्नांकन (Punctuation) का एक विशिष्ट स्थान है। इन चिह्नों की सहायता से वाक्यों को पढ़ने, बोलने और समझने में सुविधा होती है। इसका गलत व्यवहार वाक्य के अर्थ का अनर्थ कर सकता है।

हिंदी और अंग्रेजी में इस प्रकार का चिह्न (कुछ अपवाद को छोड़कर) एक ही तरह से व्यवहार में लाया जाता है। निम्नलिखित चिह्नों पर एक-एक करके उसके व्यवहार पर चर्चा की गई है।

	English		हिंदी
(1)	Full stop अंग्रेजी	.	पूर्ण विराम।
(2)	Comma	,	अल्प विराम
(3)	Semicolon	;	अर्ध विराम
(4)	Colon	:	अपूर्ण विराम
(5)	Dash	—	प्रयुक्त रेखा
(6)	Hyphen	-	योजक चिह्न, शब्द योजक
(7)	Question Mark or Note of Interrogation	?	प्रश्नवाचक चिह्न
(8)	Exclamation Mark or Note of Exclamation	!	विस्मयादिबोधक चिह्न
(9)	Inverted commas or Quotation Marks		उद्धरण चिह्न
(a)	Single	'...'	
(b)	Duble	"..."	

(10) Apostrophe ' वर्णलोप चिह्न
(11) Parentheses (Bracket), {...}, [...] कोष्ठक चिह्न
(Bracket)

विवरण

(1) FULL STOP (पूर्ण विराम)

इसका अर्थ है, विराम लिया जाना। वाक्य के अंत में पूर्ण विराम का चिह्न दिया जाता है। बोलते समय भी विराम लिया जाता है।

Rule-I : Full stop का प्रयोग वाक्य के अंत में होता है, लेकिन Optative (इच्छा बोधक), Exclamatory (विस्मयादि बोधक) एवं Interrogative (प्रश्न वाचक) वाक्यों के अंत में Full stop नहीं लगता है। वैसे वाक्यों के अंत में Exclamation mark '!' या Question mark '?' लगता है।

Full Stop का चिह्न सबसे अधिक व्यवहार में आता है। Ram is coming. You are going. I go. She reads. etc.

Rule-II : Full stop का व्यवहार संक्षिप्त शब्दों के बाद होता है।

D.C.—Direct Current
M.P.—Member of Parliament
M.A.—Master of Arts

नोट : कभी-कभी full stop का व्यवहार Abbreviation में नहीं किया जाता है।

Rule-III : 1st, 2nd, 3rd, 4th इत्यादि के बाद Full Stop नहीं लगता। लेकिन अगर इससे वाक्य की समाप्ति हो तो लगेगा जैसे—He stood 2nd in the calss. He stood 2nd.

(2) Comma (अल्प विराम)

Comma का व्यवहार सबसे कम विराम के लिए किया जाता है।

Rule-I : एक ही Part of speech के बहुत सारे शब्द (कम-से-कम तीन) हो और उसे and से जोड़ा जाता हो तो comma का व्यवहार होता है।

Ram, Rahim, Karim and Sudha are coming to Delhi.
Ram, Rahim and Karim are coming to Delhi.
He is learnig Mathematics, Physics and Chemistry.

नोट : 'and' के बाद comma का प्रयोग नहीं होता है।

Rule-II : वाक्य के Apposition (संगत शब्द या वाक्यांश) के पहले और बाद में Comma का प्रयोग होता है।

Ram, the son of Dashrath, killed Ravan. (यहाँ राम को दशरथ का पुत्र बताया गया है),
I, Jagdish, am a lawyer. (यहाँ जगदीश, मैं का नाम बताता है)।

Rule-III : अगर yes और no के बाद कोई वाक्य आता है तो yes और no के बाद comma लगता है।

Yes, I will come. No, I will not go.

Rule-IV : जो Noun या Pronoun संबोधन कारक (Vocative Case) में रहता है, उसके बाद comma आता है, जैसे—

Sir, may I come in ? Gentleman, help the orphanage.

नोट-1 जब वैसा Noun या Pronoun वाक्य के अंत में आता है तो comma वैसे Noun या Pronoun के पहले आता है। जैसे—

May I come in, Sir ? Get out, Sohan.

2. अगर वैसा Noun या Pronoun वाक्य के बीच में रहे तो Noun या Pronoun के पहले और बाद में comma आता है। जैसे—

I ask you, Mohan, to go out. (यहाँ पर you एक Pronoun है, लेकिन उसका नाम Mohan Noun है।)

Rule-V : वाक्य में Parenthesis (अतिरिक्त टिप्पणी, संक्षिप्त वाक्यांश) हो तो उसके पहले और बाद में भी comma लगता है। जैसे—

Ram is, to speak the truth, a thief. (यहाँ पर Ram is a thief मुख्य वाक्य है और to speak the truth. एक parenthesis है) They will, I hope, help the poor.
(यहाँ पर I hope एक parenthesis है)

Note: Parenthesis का अर्थ Extra Comment or piece of information है।

Rule-VI : कुछ ऐसे Words, Phrase और Clauses है, जिसके पहले और बाद दोनों जगह Comma लगाया जाता है। जैसे—

At least, indeed, well, all the same, however, of course, on the whole, in short, in particular, to say the least, etc. जैसे—

He did not, however, lose heart.
His conduct, to say the least, was praiseworthy.

Rule-VII : वाक्य में Adverbial Phrase, Participle Phrase, Absolute Phrase के बाद Comma का प्रयोग होता है; जैसे—

At present, I can not help you.
At last, he decided to invest.
The sun having set, the herdmen went home with cattle.
Walking along the road, I saw a snake.

Rule-VIII : वाक्य में Direct Narration रहने पर comma का व्यवहार होता है; जैसे—

He said, "I will run."
"The Cow", he said, "Is the most useful Animal."

Rule-IX : वर्ष को महीने से अलग करने के लिए Comma लगाया जाता है। जैसे—

August 15, 1947

Rule-X : किसी छिपे हुए शब्द के लिए भी Comma का उपयोग होता है। जैसे—

The husband is a Gujrati, the wife, a Bengli.
(यहाँ पर The wife के बाद 'is' नहीं लिखकर comma दिया गया है।
He is going today, his wife, tomorrow.

Rule-XI : कभी-कभी Verb के बाद 'That' छिपा रहता है, उस Verb के बाद Comma का प्रयोग नहीं होता है।

The milk (that) you drink is not pure. I think (that) he is wrong.

Rule-XII : Noun Clause के पहले Comma का प्रयोग नहीं होता है।

I do not know what he wants.

Rule-XIII : आवेदन पत्र (Application) में To के बाद में Comma का प्रयोग नहीं होता है, लेकिन Sir और Your faithfully के बाद Comma अवश्य लगता है।

To

The Secretary

Sir,

Your faithfully,
or
Faifhully yours,

(3) Semicolon (अर्धविराम)

Comma से थोड़ा अधिक विराम (ठहराव) के लिए Semicolon का उपयोग होता है, इसलिए हिंदी में इसे अर्धविराम कहा जाता है।

Rule-I : वाक्य के ऐसे भाग जो अलग-अलग स्वतंत्र वाक्य भी हो सकते हैं, वाक्य के ऐसे भागों के बाद ही semicolon का व्यवहार होता है। जैसे—

He is an honest person; even his enemies say so.

(यहाँ पर अगर दूसरे उपवाक्य को लिखा जाए कि "His ememies say that he is an honest person."—एक अलग से वाक्य हो जाता है)

Rule-II : जब कोई Co-ordinate Clause किसी Conjuncton से जुड़ा नहीं रहता है तो semicolon का व्यवहार होता है। जैसे—

The play ground was full of man and women; there were venders and hawkers too.

Rule-III : जब कोई Coordinate clause किसी Conjunction से जुड़ा रहता है और उन Clauses के भिन्न-भिन्न भाग को comma से अलग किया जाता है तो semicolon का व्यवहार होता है; जैसे—

He was a brave, large hearted man; and we all honoured him.

नोट : अगर एक ही Subject के अनेक Verb आए तो Semicolon का व्यवहार न होकर Comma का व्यवहार होता है; जैसे—He called, cried, shouted and wept.

Rule-IV : "Loosely Related Clauses" को अलग-अलग दिखलाने के लिए Semicolon का व्यवहार होता है; जैसे—Today we love what tomorrow we hate; today we seek what tomorrow we shun; today we desire what tomorrow we fear.

(4) Colon (अपूर्ण विराम)

इसका विराम Full Stop से थोड़ा कम, लेकिन Semicolon से अधिक होता है, इसीलिए इसे हिंदी में अपूर्ण विराम कहते हैं।

Rule-I : Colon का व्यवहार 'QUOTATION' के आरंभ में होता है।

Bacon says—"Reading makes a full man, writing an exactman, speaking a readyman."

नोट : Colon के साथ Dash (—) का भी व्यवहार होता है या नहीं भी होता है।

Rule-II : कोई सूची (List) या उदाहरण (example) को शुरू करने के लिए Colon का व्यवहार होता है; जैसे—

(a) The principal parts of a Verb in Engliish are : the present tense, the past tense and the past participle.

(b) The following words are used both as Nouns and Verbs: love, look, labour, etc.

Rule-III : दो विपरीत अर्थ देने वाले वाक्य को विभाजन करने के लिए; जैसे—

Man proposes : God disposes.

Rule-IV : दो अलग वाक्यों को एक वाक्य में बनाने के लिए, जबकि दोनों में कुछ संबंध हो। जैसे—

I canot eat the fish : it is rotten.

(5) Dash (प्रयुक्त रेखा)

Rule-I : अचानक बंद (Abrupt stop) या सोच में बदलाव (Change of thought) को दर्शाने के लिए Dash का उपयोग होता है; जैसे—

If my son were alive - but why lament the past?

Rule-II : बहुत सारे नामों के बाद Dash का व्यवहार होता है; जैसे—

Friend, Assistants, servants, relatives—all deserted him at the time of need.

Rule-III : Dash का व्यवहार Colon के साथ भी होता है। (Colon का Rule I देखें)

(6) Hyphen (योजक चिह्न, शब्द योजक)

नोट : Hyphen भी Dash की तरह एक रेखा है, लेकिन इसकी लंबाई dash से कम होती है। इसके व्यवहार से कुछ शब्द जुटकर एक शब्द हो जता है : जैसे—

jack-of-all-trades, Passer-by, man-of-words.

(7) Question Mark or Note of Interrogation (प्रश्नवाचक चिह्न ?)

इसे वाक्य के अंत में 'Full stop' की तरह लगाया जाता है।

Rule-I : इसे किसी प्रश्न को सीधे ढंग से पूछने के लिए लगाया जाता है। जैसे—

(a) What is yor name?

(b) Have you passed the 12th Class examination?

नोट : Indirect speech में प्रश्नवाचक चिह्न नहीं लगाया जाता है। प्रश्नवाचक चिह्न को इस प्रकार बदल दिया जाता है कि प्रश्नवाचक चिह्न की आवश्यकता नहीं रह जाती है। (Narration—Chapter VI देखें)

उदाहरण—

Ram asked sohan, whether he had drafted the proposal.

Rule-II : आग्रह करने के लिए " ?" का प्रयोग हो सकता है, बशर्ते कि वाक्य ऐसा हो।

Will you please come to grace the occasion? Will you kindly lend me your watch?

(8) Exclamation Mark or Note of Exclamation (विस्मयादिबोधक चिह्न)

इसका व्यवहार क्रोध, आश्चर्य, खुशी, दु:ख या अचानक किसी मनोभाव (Anger, Surprise, Joy, Sorrow or any other sudden emotion) के प्रदर्शन के लिए किया जाता है। जैसे—

Alas! Hurrah! Terrible! how wonderful! what a fine day! God bless you! What a fool he is!

इसका व्यवहार Comma की जगह Emphasis के तौर पर किया जाता है। जैसे—

Fool! you have ruined yourself!

नोट : इसका व्यवहार अभिवादन (Salutation) के लिए नहीं होता है। जैसे—Dear Sir! Dear Friend! ऐसा व्यवहार गलत है। अभिवादन के लिए Comma लगाना सही है।

जैसे—Dear Sir, Dear friend, etc.

(9) Inverted commas or Quotation Mark (उद्धरण चिह्न)

(i) Singel – '...'

(ii) double – "..."

Rule-I : Double Inverted comma का व्यवहार Direct Narration में होता है और Single Inverted commas का व्यवहार किसी वाक्य के एक अंश या शब्द के लिए होता है; जैसे—

Ram said, "Man is Mortal." One must know what is meant by 'democracy.'

Rule-II : किसी Quotation के भीतर अगर quotation है तो बाहर वाले quotation में Double Inverted Commas और भीतर में Single Inverted Comma लगाया जाता है।

Ram asked, "Do you know 'the earth is round' and the earth moves around the sun?"

(10) Apostrophe (वर्णलोप चिह्न)

Rule-I : इसका व्यवहार 'contracted word' के लिए किया जाता है। जैसे—

I've = I have, I'm = I am

Don't = Do not

The Hob'ble = The Honourable.

Rule-II : 'Possessive Case' को दर्शाने के लिए Apostrophe लगाया जाता है। जैसे—

Hari's Book—हरी की किताब, Ram's Son—राम का पुत्र

Rule-III : किसी Letter या figure का Plural बनाने के लिए व्यवहार होता है। जैसे—Add two 5's and four 2's (जोड़ो दो-पाँच को और दो-चार को)

यानी $2 \times 5 + 4 \times 2 = 18$

Rule-IV : यदि Noun Plural में हो तो Apostrophe लगाया जाता है, लेकिन उसके बाद 'S' नहीं लगाया जाता है; जैसे—

Sons' sons (बेटों के बेटे)

(11) Parentheses or Brackests (कोष्ठक चिह्न)

इसका व्यवहार किसी Phrase, Clause, Sentence को घेरे में डालकर रखना है, जो व्याकरण की दृष्टि से उस वाक्य का अंग नहीं है; जैसे—Shankar (I do not know why) refused to go. यहाँ पर I do not know why' वाक्य का अंग नहीं है। लेकिन इसे Bracket के अंदर डालकर यह जताया जा रहा है कि "मैं नहीं जानता क्यों शंकर ने जाने से इनकार किया।"

इस प्रकार के वाक्य को दो Dash देकर भी लिखा जाता है।

जैसे—Shankar - I donot know why- he refused to go.

गणित में तीन प्रकार के Brackets प्रयोग में लाए जाते हैं—( ), { }, [ ]

USE OF CAPITAL LETTES

अंग्रेजी में एक ही शब्द के एक letter को capital में तो अन्य को छोटे letter में लिखा जाता है। अंग्रेजी में capital letter लिखे जाने का कुछ नियम है। इन्हें नीचे लिखा गया है।

(1) किसी वाक्य के पहले शब्द का पहला अक्षर (letter) Capital में लिखा जाता है।
Ram is going. He ate.

(2) कविता (Poetry) के हर पंक्ति का पहला अक्षर (यानी पहले शब्द का पहला अक्षर) Capital में होता है।

(3) Proper Noun और किसी Proper Noun के Adjective का पहला अक्षर Capital में लिखा जाता है।

जैसे : India - Indian, Africa - African, Shakespeare - Shakespearean. Ram, Shyam, Delhi, Lucknow, etc.

(4) ईश्वर के नामों (देवी, देवताओं) और उनके Pronounतथा Adjective का पहला अक्षर Capital में लिखा जाता है।
It is God who made us, the Almighty Father, Durga, Kali, Prophet. His will, the Lord, etc.

(5) संक्षिप्त उपलब्धियाँ तथा Abreviated Letters. जैसे—
B.A., M.A., Ph.D., P.W.D., P.H.E.D, etc.

(6) Direct speech का पहला अक्षर Capital में लिखा जाता है।
Ram said, "He was going."
लेकिन यदि Direct speech के वाक्य का टुकड़ा हो गया हो तो सिर्फ पहले टुकड़े का पहला शब्द (उसका पहला Letter) ही Capital में लिखा जाता है। जैसे—
"I am not sure" said she "if you are guilty."

(7) Pronoun 'i' (मैं) चाहे जहाँ भी लिखा जाए सिर्फ Capital में ही लिखा जाता है।
You, Shyam and I will go.

(8) Interjection का पहला Letter हमेशा Capital में लिखा जाता है।

(9) महीनों का नाम (January, February, etc.), दिन (Monday, Tuesday, etc.), Season (Winter, etc.), titles of book (The Ramayana, English Grammer, The Bible,

etc.) किसी पुस्तक या लेख का अध्याय वगैरह, Public Institutions (The Institute of Public Adminisration, The Institution of Enginners, etc.), all important words in a heading (Life in an Indian Village), The names of the News Paper, Magazine, etc. (The Hindustan Times, The Times of India, etc.), वगैरह का पहला Letter Capital में लिखा जाता है।

(10) किसी Title तथा किसी पुरस्कार का पहला अक्षर Capital में लिखा जाता है—
Padmshri, Arjun Award

(11) कभी-कभी जोर देकर कहने या दबाव बनाने के लिए कुछ लोग किसी खास शब्द के सभी अक्षरों या पूरे वाक्य को Capaital में लिख देते हैं। व्याकरण की दृष्टि से सही नहीं रहते हुए भी लोग ऐसा करते हैं। O GOD! COME AND SAVE ME!

(12) दूसरी भाषा के शब्दों को भी लोग (जिसे अंग्रेजी भाषा में शब्द के रूप में नहीं लिया गया है) उसे Capital में लिखते हैं। "He was beaten with a Lathi (LATHI)."

❑

Chapter - VIII

TRANSFORMATION
(वाक्य परिवर्तन)

किसी वाक्य का 'वाक्य परिवर्तन' का अर्थ है कि बिना मतलब या भाव बदले वाक्य को दूसरे रूप में लिखा जाना।

इसे निम्नलिखित ढंग से किया जाता है—

(1) कुछ शब्दों को बदलकर (Changing Words)
- (a) 'too' शब्द को हटाकर, "No sooner ... than" की जगह "as soon as" लगाकर।
- (b) Degree of Comparison (तुलना) को बदलकर (Interchange of Degree of Comparison)
- (c) एक Part of Speech की जगह दूसरा Part of Speech लगाकर (Interchange of Part of Speech)

(2) वाक्यों का रूप (Forms) बदलकर—
- (a) Active से Passive या Passive से Active Voice बनाकर।
- (b) Exclamatory और Assertive वाक्यों की अदला-बदली करके।
- (c) Interrogative और Assertive वाक्यों की अदला-बदली करके।
- (d) Affirmative और Negative Sentence की अदला-बदली करके।
- (e) Direct Speech और Indirect Speech (Narration) का अदला-बदली करके।

(3) Condition, Concession और Contrast को अलग ढंग से लिखकर।

(4) एक तरह के वाक्य को दूसरे तरह से लिखकर।

नोट : Transformation सीखलाता है कि एक ही अर्थ रखनेवाले वाक्यों को अलग-अलग ढंग से लिखा जा सकता है। यह बोलने और लिखनेवालों को स्वतंत्रता प्रदान करता है, जिससे कि वह प्रभावशाली ढंग से अपनी अभिव्यक्ति कर सके।

1. कुछ शब्दों को बदलकर (Changing Words)

'Too' को हटाकर एवं 'No Sooner ... than' की जगह As soon as लगाकर 'Too' शब्द का दो अर्थ है—(i) उचित से अधिक; (ii) असमर्थता।

(i) The water is too hot. (पानी जरूरत से ज्यादा गरम है।)
The water is hotter than it should be.

(ii) You are too weak. (तुम बहुत कमजोर हो।)
You are weaker than you should be.

(iii) You are too weak to walk. (तुम इतना कमजोर हो कि चल नहीं सकते।)
You are so weak that you cannot walk.

(iv) The news is too good to be believed.
(इतनी अच्छी खबर है कि इस पर विश्वास नहीं किया जा सकता है।)
The news is so good that it cannot be believed.

(v) The sun is too strong to go out.
(सूर्य की गरमी इतनी है कि बाहर नहीं जाया जा सकता है।)
The sun is so strong that one can not go out.

(vi) He is too clever to be deceived. (वह इतना चतुर है कि ठगा नहीं जा सकता है।)
He is so clever that he can not be deceived.

Note : यहाँ पर can not (Negative Word) का उपयोग Positive Word के बदले किया गया है।

(vii) He is too cowardly not to bend. (उसमें इतनी कायरता है कि वह झुक जाएगा।)
He is so cowardly that he will bend.

Note : यहाँ पर 'Not' को Affirmative में बदल दिया गया है।

Rule:

(1) Too को हटाने के लिए "So ... that" का व्यवहार (iii) के जैसा किया जाना चाहिए।

(2) Should शब्द का प्रयोग भी यथा वाक्य संख्या (i) और (ii) के जैसा किया जाना चाहिए।

(3) Positive से Negative और Negative से Positive यथा वाक्य (vi) और (vii) के आधार पर करना चाहिए।

"no sooner ... than" (ज्यों ही)

"No sooner ... than" की जगह 'As soon as' (ज्यों ही) लगाकर 'no sooner... than' को वाक्य से निकाला जाता है। साथ ही 'As soon as' को "No sooner ... than" की जगह लगाया जाता है।

उदाहरण—

(i) No sooner said than done.
As soon as it was said, it was done.

(ii) No sooner had he arrived station, than the train took off.
As soon as he arrived station the train took off.

(iii) As soon as the sales commenced, we bought out Puja presents.
No sooner did the sales commence, than we bought out Puja presents.

• Interchange of Degrees of Comparison

किसी भी तुलनात्मक वाक्य को तीनों Degree of comparison में बदला जा सकता है। निम्नलिखित वाक्यों (तीनों degree) से इसकी जानकारी होगी। कुछ वाक्य ऐसे हैं, जिनका तीनों degree नहीं हो सकता है—

(i) Positive — No other flower is as beautiful as the rose.
Comparative — The rose is more beautiful than any other flower.
Superlative — The rose is the most beautiful flower.

(ii) Superlative — Delhi is the largest city of India.
Comparative — Delhi is larger than all cities of India.
Positive — No other city of India is as large as Delhi.

(iii) Comparative — Prince is taller than Princess.
Positive — The Princess is not as tall as the prince.
Superlative — Not Possible.

• Interchange of Part of Speech

कुछ वाक्यों से जानकारी होगी कि एक ही शब्द का भिन्न रूप व्यवहार करने पर भी अर्थ में बदलाव नहीं होता है।

(i) Verb — He succeeded in his mission.
Noun — His mission was blessed with success.
Adj — His misson was successful.

(ii) Verb — Respect your parents.
Adj — Be respectful to your parents.
Noun — Show respect to your parents.

(iii) Adj — He works intelligently.
Noun — He works with intelligence.

2. वाक्यों का रूप (forms) बदलकर

Active से Passive या Passive से Active बनाकर 'Voice' अध्याय में इस पर विस्तार से चर्चा की गई है।

• Exclamatory और Assertive वाक्यों का अदला-बदली करके

इसके लिए कोई खास नियम नहीं है। अत: हर वाक्य को अपने ढंग से Transform किया जाता है। जैसे—

(i) Exclamatory — How sweet the Song is!
Assertive — The song is very sweet.

(ii) Assertive — It is very hot and humid today.
Exclamatory — How hot and humid it is today!

(iii) Exclamatory — O, for a prize!
Assertive — I wish I had won a prize.

(iv) Exclamatory — What a fun!
Assertive — It is a great fun.

• Interchange of Interrogative and Assertive Sentences

जब कोई प्रश्न का उत्तर 'हाँ' या 'नहीं' हो तो उसी के अनुसार Interrogative से Assertive Sentence बनाया जाता है।

(i) Interrogative — Are not dogs faithful?
Assertive — Dogs are faithful.

(यहाँ पर कुत्ते को विश्वासी जानवर माना जाता है। अत: 'Dogs are faithful.' एक स्वाभाविक उत्तर है।)

(ii) Interrogative — Can day be turned into night?
Assertive — Day cannot be turned into night.

(iii) Assertive — He will never forget the incidence.
Interrogative — Will he ever forget the incidence?

(iv) Interrogative — Is man immortal?
Assertive — Man is not immortal.

(v) Interrogative — What if we happen to be late?
Assertive — It does not / does matter if we happen to be late.

(vi) Interrogative — Why waste the time?
Assertive — It is foolish to waste time.

ध्यान रहे कि सभी प्रश्नवाचक वाक्यों को Assertive Form में लाना संभव नहीं है। जैसे—Will he go? इसका उत्तर है—"वह जाएगा या नहीं जाएगा।"

इसलिए अगर इसको Assertie Form में लाना है तो दोनों संभावनाओं को लिखना होगा।

Interrogative से Assertive बनाने के लिए वाक्यों का अर्थ सही ढंग से समझकर ही किया जाना चाहिए।

• Interchange of Affirmative and Negative Sentences

Affirmative sentence को Negative sentence बनाने के कुछ नियम अवश्य हैं, लेकिन यहाँ पर भी ध्यानपूर्वक वाक्यों को पढ़कर ही Transform करना चाहिए।

Affirmative — The Razor **is blunt.**
Negative — The razor **is not sharp.**

यहाँ पर blunt का उल्टा प्रयोग कर उसके पहले 'not' लिखा गया है, जिससे कि वाक्यार्थ में बदलाव न हो।

Negtive — Sohan is not so wise as Ram.
Affirmative — Ram is wiser than Sohan.

यहाँ पर Degree of Companion का व्यवहार कर वाक्य को Affirmative बनाया गया है।

Negative — He left nothing undone.
Affirmative — He did everything.

यहाँ पर दो Negative (Nothing और Undone) को हटाया गया है।

Negative — No sooner did he see me than he fled.

Affirmative — As soon as he saw me, he fled.

यहाँ पर "No sooner ... than" की जगह 'As soon as' का प्रयोग करके Affirmative वाक्य बनाया गया है।

Negative — He is so noble that he cannot be mean.
Affirmative — He is too noble to be mean.

यहाँ पर 'too' लगाकर Affirmative बनाया गया है।

Negative — He is not without courage.
Affirmative — He has courage.

Note : Narration अध्याय में भी Negative से Affirmatie बनाने की चर्चा की गई है।

(3) Expressing Condition, Concession and Contrast

- Condition (शर्त) को अलग-अलग तरह से प्रदर्शित किया जा सकता है।

(i) If का व्यवहार करके—

If you come, I will go to your village.

(ii) If की जगह Had, Should और were लगाकर—

- Had I been there, there would have been no dispute.
- Should you go there, you would get killed.

(iii) Unless का व्यवहार करके—

Unless का अर्थ है "If ... not"
Unless you give me money, you cannot expect co-operation from me.

(iv) किसी भी Imperative का व्यवहार करके—

Take a bath in hot spring and see what happens to your skin.

(v) प्रश्नवाचक वाक्य (Interrogative Sentence) का व्यवहार करके—

Do you respect your parents ? Then they will bless you.

(vi) Conjunctional Phrase का व्यवहार करके—

In case it rains, I shall use umbrella.
But that I saw it, I could not have believed it.

(vii) Participial Phrase का व्यवहार करके—

Supposing that he does not pay you, what will you do ?

(viii) Preposition 'but' के साथ किसी Phrase या clause को Object की तरह व्यवहार करके—

- But for my help, he would have been ruined.
- But that he is a poor he would claim his due share.

ध्यान रहे कि एक ही Condition (शर्त) को दिखलाने के लिए अनेक प्रकार के वाक्यों का व्यवहार किया जा सकता है।

उदाहरण—

(i) I will buy the bull if it is quite sound.
(ii) I will not buy the bull unless it is quite sound.

(iii) I will buy the bull provided (provided that) it is quite sound.
(iv) Let the bull be quite sound, I will buy it.
(v) If the bull were to be quite sound, I should buy it.

• Expressing Concession (राहत) or Contrast (विरोधाभास)

Concession and contrast को अलग-अलग तरीकों से प्रदर्शित किया जा सकता है।

उदाहरण—

(i) Though या Although के व्यवहार से—
Though (although) Ram is unwell, he does physical work.

(ii) 'Notwithstanding' 'इसके बावजूद भी' के व्यवहार से—
Notwithstanding that he failed in his mission, he has not left trying.

(iii) 'As' के व्यवहार से—
Strong as he is, he will not be able to bend his bow.

(iv) 'However' के व्यवहार से—
However difficult the task may be, he will meet it.

(v) 'Whatever' के व्यवहार से—
Whatever be the result, he will not lose the heart.

(vi) All the same (फिर भी) के व्यवहार से—
He is poor, all the same he is a contented person.

(vii) Even if (ऐसा हो तब भी) के व्यवहार से—
Even if he is wrong we should treat him properly.

(viii) Present Participle के साथ Noun clause के व्यवहार से—
Admitting that he is right, is it possible to act on his advice ?

(ix) At the same time (फिर भी) Phrase के व्यवहार से—
He is hard up, at the same time he is generous.

(x) For all that (इसके बावजूद) के व्यवहार से—
A teacher will bless the students, for all that they may be disobedient.

(xi) Nonetheless या Nevertheless (Phrase) के व्यवहार से—
He is very rich, nonetheles he is a miser.

(xii) Indeed (सचमुच) के साथ 'but' का व्यवहार करने से—
He was ruined indeed, but he never lost heart.

(xiii) कभी-कभी 'If' के उपयोग से—
If I submit my resignation, it will be conditional.

ध्यान रहे कि एक वाक्य (Expressing Concession या Contrast) को अनेक तरह से लिखा जा सकता है। उदाहरण के तौर पर एक वाक्य को आठ प्रकार से लिखा गया है।

(i) Although he is well meaning he is unpopular.

(ii) He is unpopular in spite of being well meaning.
(iii) He is well meaning indeed, but he is unpopular
(iv) He is well meaning, nonetheless he is unpopular.
(v) He is well meaning, at the same time he is not popular.
(vi) He is well meaning, all the same he is unpopular.
(vii) Well meaning though he is, he is unpopular.
(viii) Well meaning as he is, he is unpopular.

ध्यानाकर्षण : ऊपर के तीन उदाहरणों से दिखलाया गया है कि बिना अर्थ बदले एक ही वाक्य को भिन्न-भिन्न प्रकार से लिखा जा सकता है। वैसे एक ही वाक्य को अगर भिन्न-भिन्न प्रकार से लिखा जाए तो कुछ सीमा तक अर्थ बदल सकता है, लेकिन ध्यान देकर वाक्य परिवर्तन करने से इस प्रकार की भिन्नता बहुत कम होती है।

Exercise (Transformation) - 1

'Too' को हटाकर वाक्यों का परिवर्तन

(Transform the sentence by removing 'too')

1. He is too slow to win the race.
2. He is too dull for a sportsman.
3. She is too young for the old man.
4. This tree is too high for me to climb.

Exercise (Transformation) - 2

(Related to Interchange of the degrees of comparison)
Transform the sentences as directed:

1. Shyam is as dull as Sohan. (to comparative)
2. I am better than you. (to positive)
3. Iron is more useful than most other metal. (to superlative)
4. The razor is sharper than this one. (to Positive)
5. It is better to starve than beg. (to positive)
6. No other boy is as poor as Ram. (to Comparative and Superlative)
7. The younger brother is cleverer than the elder. (to positive)

Exercise (Transformation) - 3

Transform the sentences by using 'if' and removing 'if'

1. I get wet, when I go out in the rain.
2. Provided you promise support I will help you.
3. If you read the Ramayan, you will know the Indian culture.
4. If you study hard, you will pass in first division.
5. If you go to Agra, you can see Tajmahal.

Exercise (Transformation) - 4

Interchange the Affirmative Sentences into Negative Sentences:

[Hint : doubtful - Not sure, Always-never, As soon as - no sooner ... than, All - none; Quick understanding-slow understanding, Only-none but इत्यादि का व्यवहार कर Affirmative Sentence को Negative Sentence में बदला जा सकता है। साथ ही Degree of comparison के सहारे भी Affirmative sentence को Negative sentence में बदला जाता है।]

1. As soon as the police entred the village, the thieves escaped.
   (Hint - No Sooner ... than का व्यवहार करें।)
2. Only a dishonest person can act like this. (Hint - use 'none but')
3. You alone were responsible for this. (use - none but)
4. Ram loved Sita. (Ram was not without love for Sita.)
5. You are always welcome. (Never think that you are not welcome.)

Exercise (Transformation) - 5

Interchange the Negative Sentence into Affirmative Sentence—

[Hint : No sooner -than- as soon as
No body - every body, None but a coward - the coward alone;
Not always- sometimes, Can not but - bound to
No one - every one, Never again-for the last time.

1. None but a coward alone would leave the battle field.
2. His temper did not improve with age.
3. I am not a little tired.
4. No sooner the police comes to village than the thieves will escape.
5. He cannot but come back to our fold.
6. No one can escape the mercy of God.

Exercise (Transformation) - 6

Change Assertive Sentence into Interrogative Sentence—

(1) He has a car. (2) They have got a house.
(3) You help her. (4) He sells sweets.
(5) He won a prize.

Exercise (Transformation) - 7

Change Interrogative Sentence into Assertive Sentence—

(1) What is your name? (2) Where do you live?
(3) What do you want? (4) Can he lift this box?
(5) Why did he reach late?

Examples for change of Exclamatory Sentences into [Assertive Sentence and Vice-Versa]

(1)	It is a lovely sight.	What a sight it is!
(2)	It is a good place.	What a good place it is!
(3)	It is very foolish.	How foolish!
(4)	I wish to be at home.	O, to be at home!
(5)	It is sad that he is dead.	Alas! He is dead.
(6)	They were foolish enough to throw stones.	How foolish of them to throw stones!
(7)	It is a matter of praise. that he stood first.	Bravo! He stood first.
(8)	Well done!	That was well done. You have done well.

Example for Miscellaneous:- (Condition, Concession, Using Participle, If, Conjunctional Phrase)

(1) Provided you promise support I will serve you.
If you promise support, I will serve you.

(2) Supposing that you are old, there is an old age home for you.
If you are old, there is an old age home for you.

(3) In case the court allows my petition, I will get the compensation.
If the court allows my petition, I will get the compensation.

(4) If I were to meet him, he would recognize me at once.
Should I meet him, he would recognize me at once.

(5) You will be punished for leaving the class.
You will be punished in case (a conjunctional phrase) You leave the class.

(6) If the seed is not sown in time, the crops will be spoilt.
Supposing (Participle) the seed is not sown in time, the crops will be spoilt.

(7) Had the planning been done properly, this could not have happened.
Supposing that the planning was done properly, this could not have happened.

(8) He was poor indeed, but he was happy.
Though (although) he was poor, he was happy.

(9) Admitting that he has no money, yet he dresses pretty well.
Though he has no money, he dresses pretty well.

(10) Man is never satisfied, no matter how much wealth he has.
Man is never satisfied although he may have enough wealth.

❑

PART 'B'

TRANSLATION

TRANSLATION
(अनुवाद)

अंग्रेजी में Translation (अनुवाद) किसी भी गैर-अंग्रेजी भाषा जानने वालों के लिए आवश्यक है, क्योंकि किसी प्रकार का विचार अपनी मातृभाषा में ही सुगमता से आता है।

Translation तो Grammar के पूरे अध्ययन और जानकारी के आधार पर ही किया जाता है। अगर अनुवाद सही ढंग से करना आ जाए तो अंग्रेजी भाषा पर धीरे-धीरे अधिकार हो जाएगा और मनोभाव आते ही स्वत: अनुवाद (Translation) होता जाएगा।

यहाँ Grammar की जानकारी दी गई है, जो Translation करने में मदद करेगा। इसी क्रम में वाक्यों के प्रकार की जानकारी भी आवश्यक है। वैसे किसी-न-किसी रूप में पहले भी वाक्यों के प्रकार की जानकारी दी गई है, लेकिन इसका समुचित ज्ञान होना आवश्यक है।

वाक्यों के प्रकार (Types of Sentences)

1. Assertive Sentence (कथनवाचक वाक्य) or Statement

↓

↓	↓
Assertive Sentence (सकारात्मक वाक्य) मैं जाऊँगा।	Negative Sentence (नकारात्मक वाक्य) मैं नहीं जाऊँगा।

2. Interrogative Sentence (प्रश्नवाचक वाक्य)

↓

↓	↓
Affirmative Interrogative Sentence (किसने खाया ?)	Negative Interrogative Sentence (किसने नहीं खाया ?)

3. Imperative Sentence (आज्ञावाचक वाक्य)

↓

↓	↓
Affirmative Imperative Go (जाओ)	Negative Sentence Don't Go(मत जाओ)

4. Exclamatory sentence (विस्मयादिबोधक वाक्य)

O! God! Bravo!

वाक्यों का वर्गीकरण दूसरे ढंग से भी किया जाता है।

1. Simple Sentence; 2. Compound Sentence; 3. Complex sentence

1. Simple sentence has only one subject and one predicate. In other words simple sentence is one which has only one finite Verb. (एक ही subject और एक ही Verb वाले वाक्य को simple sentence कहते हैं।

उदाहरण—

India is an independent country. Ram is going to Delhi.

2. Compound sentence consists of two or more independent clauses.

Compound sentence में दो या दो से अधिक उपवाक्य रहते हैं, जो स्वतंत्र होते हैं। अत: इसमें सभी Clause Principal या Main Clause ही होता है। दो उपवाक्यों को 'Coordinating Conjunction' (जैसे and, but, or, nor, then, yet वगैरह) से जोड़ा जाता है।

उदाहरण—India is poor but United Kingdom is rich.

यहाँ पर India का गरीब होना U.K. के धनी होने पर निर्भर नहीं करता है और दोनों उपवाक्य 'but' (conjunction) से जोड़े गए हैं।

3. Complex sentence consists of one Main Clause (Principal Clause) and one or more subordinate clauses (sub-ordinate to the main clause)

Complex sentence में एक मुख्य वाक्य होता है, जिसे Main या Principal Clause कहते हैं और इसी पर आश्रित एक या अधिक clause रहता है, जिसे—Subordinate clause कहते हैं। Sub-ordinate clause का रूप Noun या Adjective या Adverb के रूप में होता है। वैसे Clause को Noun clause या Adjective clause या Adverb clause कहते हैं।

उदाहरण (Example):

Sentence	Princiapl (Main Clasue)	Sub-odinate or Dependent Clasue
I do not know where he lives.	I do not know	where he lives.
There is rumour that he has gone mad.	There is a rumour	that he has gone mad.
I like the girl who is wearing white dress.	I like the girl	who is wearing white dress.
Patel was a person who is known as an iron man.	Patel was a person	who is known as an iron man.
I saw an elephant when I was coming to college.	I saw an elephant	when I was coming to college.

He went to the hospital Where his brother was admitted.	He went to the hospital	Where his brother was admitted.

TRANSLATION

Translation की विधि को मुख्यत: नौ भागों में बाँट सकते हैं—

1. Verb 'BE' की सहायता से (Translation by using Verb 'Be')
2. Verb 'Have' की सहायता से (Translation by using Verb 'Have')
3. 'INFINITIVE' की सहायता से Translation by using 'Infinitives')
4. THERE की सहायता से (Translation by using 'There')
5. GERUND की सहायता से (Translation by using 'Gerund')
6. सहायक क्रियाओं तथा कुछ अन्य शब्दों की सहायता से (Translation by using Auxiliary Verb and few words)
7. LET के व्यवहार से (Translation by using 'Let')
8. काल और वचन के आधार पर (वाच्य और कथन सहित) Translation based on Tense and Number including Voice and Narration.
9. विविध प्रकार से (Miscellaneous ways)

1. Translation by using Verb 'Be'

'Be'—सहायक क्रिया (Auxiliary Verb) तथा मुख्य क्रिया (Verb) के रूप में व्यापक व्यवहार होता है।

'Be' का मुख्य क्रिया के रूप में व्यवहार : To be (होना)

Present Tense	Past Tense	Past Participle
(am, is, are)	was, were	been

Present Tense

इसका रूप इस प्रकार है—

I के साथ 'am' (First person Singular Number)

We के साथ 'are' (First person Plural Number)

You के साथ 'are' (Second person Singular or Plural Number)

He/She के साथ 'is' (Third person Singular Number)

It के साथ 'is' (Third person Singular Number)

They के साथ 'are' (Third person Plural Number)

Past tense

इसका रूप इस प्रकार है।

I के साथ Was / We के साथ were

He/ She /it के साथ was
You, They के साथ were

Past Participle

'been' का व्यवहार किया जाता है।

FUTURE TENSE

'shall be' तथा 'will be' का प्रयोग होता है।

IMPORTANT NOTES—

(a) Verb 'be' का उपयोग Auxiliary Verb (सहायक क्रिया) के रूप में होता है।

जैसे : Ram is going. यहाँ पर 'is' Verb going का सहायक Verb है। इसको Tense के बहुत सारे form में देखा जा सकता है।

(b) Verb 'be' का उपयोग प्रचुरता से Passive voice में होता है। ('VOICE' Part A का Chapter V देखें।)

(c) Verb 'be', 'have' तथा 'do' FULL Verb और AUXILIARY Verb दोनों ही हैं। इसलिए इन्हें Primary Verb भी कहा जाता है। इनके रूप Irregular हैं।

Stem	'Be'	'Have'	'Do'
Present Tense	am/is/are	has/have	do/ does
Present Participle	being	having	doing
Past Tense	was/were	had	did
Past Participle	been	had	did

कुछ उदाहरणों से स्पष्टीकरण होगा—

Kind of sentence	First Person Singular Number	First Person Plural Number
Assertive (Affirmative)	I am a teacher. (मैं एक शिक्षक हूँ)	We are teachers. (हम लोग शिक्षक हैं)
	I am a peon. (मैं चपरासी हूँ)	We are peons. (हम लोग चपरासी हैं)
Assertive (Negative)	I am not a teacher.	We are not teachers.
	I am not a peon.	We are not peons.

ऊपर के शब्दों में 'not' नहीं के अर्थ में व्यवहार हुआ है। अत: ये वाक्य Negative Sentence हैं।

Interrogative (Affirmative)	Am I a teacher ?	Are we teachers ?
	Am I a peon ?	Are we Peons ?

यहाँ पर 'am' तथा 'are' को वाक्य के पहले व्यवहार करके प्रश्नवाचक वाक्य बना दिया गया है।

Interrogative (Negative)	Am I not a teacher ?	Are we not teachers ?
	Am I not a peon ?	Are we not peons ?

यहाँ पर Am या Are को वाक्य में सबसे पहले शब्द में रखते हुए कर्ता के बाद 'not' लगाने से वाक्य Interrogative (Negative) हो गया है।

इसी तरह Past Tense में was तथा were का व्यवहार करके वाक्य बनाया जाता है।

जैसे—

I was a teacher. We were teachers.

I was not a teacher. We were not teachers.

Was I a teacher ? Were we not teachers ?

Future Tense में 'shall be' तथा 'will be' के व्यवहार से ASSERTIVE तथा INTERROGATIVE वाक्य बनाए जाते हैं।

Assertive (Affirmative) He will be ready.
(Negative) He will not be ready.
Interrogative (Affirmative) Will he be ready ?
(Negative) Will he not be ready ?

IMPERATIVE SENTENCE

Verb 'be' से Imperative Sentence भी बनाया जा सकता है। जैसे—

Imperative (Affirmative) Be seated.
(Negative) Don't be nervous.

साधारणत: Imperative sentence का Interrogative में व्यवहार नहीं होता है।

EXCLAMATORY SENTENCE

'Be' का प्रयोग कभी-कभी Exclamatory Sentence में भी होता है। जैसे—

May God be with you !

May you be happy !

EXAMPLES:

Verb 'be' के रूप से बने कुछ वाक्यों को उदाहरण के तौर पर दिया जा रहा है।

ASSERTIVE (Affirmative)

1.	वह गरीब है।	He is poor.
2.	वे लोग चालाक हैं।	They are clever.
3.	मैं मजबूत हूँ।	I am strong.
4.	वे लोग बुद्धिमान हैं।	They are wise.
5.	वे लोग बुद्धिमान थे।	They were wise.
6.	तुम गलत हो।	You are wrong.
7.	मैं, तुम और वह सही है।	You, he and I are right.
		[Person Rule of sequence - Second, Third and First]
8.	हम लोग सही नहीं थे।	We were not right.
9.	जापानी लोग मेहनती होते हैं।	The Japanese are laborious.
10.	वह (पुरुष) ईमानदार था।	He was honest.
11.	वह (स्त्री) ईमानदार थी।	She was honest.
12.	वह (निर्जीव) मजबूत है।	It is strong.
13.	रमेश खूबसूरत लड़का है।	Ramesh is a handsome boy.
14.	भगवान् खुश होंगे।	God will be happy.
15.	वे लोग ईमानदार रहेंगे।	They will be honest.

ASSERTIVE (Negative)

1.	वह बदमाश नहीं है।	He is not naughty.
2.	ग्रामीण भाई धनी नहीं है।	Villagers are not rich.
3.	वह चालाक नहीं था।	He was not clever.
4.	वे लोग चोर नहीं थे।	They were not thieves.
5.	वे लोग वहाँ नहीं होंगे।	They will not be there.
6.	भगवान् खुश नहीं होंगे।	God will not be pleased.
7.	तुम मंत्री नहीं हो।	You are not minister.

INTERROGATIVE (Affirmative)

1.	क्या वह अंधा है ?	Is he blind ?
2.	क्या वे लोग नाविक थे ?	Were they sailors ?
3.	क्या भिखारी भूखे हैं ?	Are the beggars hungry ?
4.	क्या भगवान् प्रसन्न होंगे ?	Will God be pleased ?

INTERROGATIVE (Negative)

1.	क्या तुम बुद्धिमान नहीं हो ?	Are you not intelligent ?
2.	क्या राम भाग्यशाली नहीं होगा ?	Will Ram not be lucky ?
3.	क्या वह नेता नहीं होगा ?	Will he not be a leader ?

HOW और WHY लगाकर भी Verb 'be' के साथ प्रश्नवाचक वाक्य बनाया जाता है। जैसे—

1.	वह क्यों नहीं तैयार है ?	Why is he not ready ?
2.	वे लोग कैसे गरीब हैं ?	How are they poor ?
3.	वे लोग क्यों उपस्थित नहीं हैं ?	Why are they not present ?
4.	आप कैसे बेइमान नहीं हैं ?	How are you not dishonest ?

कुछ ऐसे शब्द, जो Verb 'be' की मदद से बनते हैं और वे गुणबोधक वाक्य होते हैं। जैसे—

1.	गरीब (लोग) ईमानदार होता है।	The poor is honest.
2.	माँ दयालु होती है।	The mother is kind.
3.	बच्चे नटखट होते हैं।	Children are naughty.
4.	दूध उजला होता है।	Milk is white.
5.	दही खट्टा होता है।	Curd is sour.
6.	पृथ्वी गोलाकार है।	The earth is round.
7.	सूर्य बहुत दूर है।	The sun is far-off.
8.	धुम्रपान निषेध है।	Smoking is prohibited.
9.	कुत्ता विश्वासी होता है।	Dog is faithful.

EXERCISE-1 : (Translation) Assertive (Affirmative)

मैं एक विद्यार्थी हूँ। वह एक छात्र है। वह एक छात्रा है। वह एक अभियंता है। वे लोग चोर हैं। बच्चे भूखे हैं। वे लोग प्यासे हैं। राम डरपोक है। वह बहादुर है। दिनकर राष्ट्रकवि हैं। कालिदास एक कवि थे। वे नर्तकियाँ हैं। सीता

एक नर्स है। तुम लोग गरीब किसान हो। वह एक ऑफिसर है। मेरा दोस्त वफादार है। दिलीप कुमार एक कलाकार हैं। दिल्ली दूर है। आकाश नीला है। दशरथ राम के पिता थे। सीता राम की पत्नी थी। हम लोग कामगर हैं। वे लोग नेता होंगे। वह एक शिक्षिका होगी। राम भाग्यशाली होगा। वह दिवालिया हो जाएगा। वह (निर्जीव) बहुत मजबूत है।

EXERCISE-2 : (Translation) ASSERTIVE (Negative)

गीता (लड़की) सुंदर नहीं है। राम (एक लड़का) सुंदर नहीं है। मेरा भाई डॉक्टर नहीं है। विजय और सहदेव गायक नहीं हैं। दिल्ली नजदीक नहीं है। मेरे गाँव के लोग चोर नहीं हैं। मेरा दोस्त वफादार नहीं था। वे लोग निर्दोष नहीं थे। वह दिवालिया नहीं होगा। वह भाग्यशाली नहीं होगा। अंग्रेजों की सेना वफादार नहीं थी। सीता नर्स नहीं होगी। वे लोग भूखे नहीं थे। हम लोग प्यासे नहीं थे। वे लोग बहरे नहीं हैं।

EXERCISE-3 : (Translation) INTERROGATIVE (Affirmative and Negative)

क्या वह अंधा है ? क्या वह गलत था ? क्या आपका पुत्र मेधावी है ? क्या आप खुश होंगे ? क्या भगवान् प्रसन्न नहीं होंगे ? क्या वह भगवान् है ? क्या श्याम बेईमान नहीं है ? क्या वह चोर था ? क्या वे लोग दयालु नहीं थे ? क्या साँप विषैला है ? क्या शेर क्रोधी नहीं था ? क्या यह हीरा है ? क्या यह शुद्ध सोना है ?

EXERCISE-4 : (Translation)

(Why और How के साथ Verb 'be' का प्रयोग)

आप कैसे हैं ? तुम एक शिक्षक क्यों नहीं हो ? वह कैसे धनी नहीं है ? वह क्यों गरीब है ? आप क्यों नहीं नेता हैं ? मैं कैसे एक अच्छा इनसान नहीं हूँ ? आप लोग कैसे ईमानदार नहीं हैं ? विद्यार्थीगण क्यों उदंड हैं ? विद्यार्थीगण कैसे विनम्र नहीं हैं ? वह कैसे धनी नहीं था ? वह कैसे धनी होगा ? क्या वह कल अनुपस्थित रहेगा ?

Verb 'be' का प्रयोग 'रहता है, होता है' दिखाई देनेवाले वाक्यों के लिए भी होता है। जैसे—

1.	सिनेमाघर 12 बजे तक खुला रहता है।	Cinema Hall is open till 12 O'clock.
2.	प्रधानमंत्री सरकार का प्रमुख होता है।	Prime Minister is head of the Government.
3.	कॉलेज रविवार को बंद रहता है।	Colleges are closed on Sundays.
4.	सामान्यत: वह रविवार को घर पर रहता है।	Usually he is at home on Sundays.
5.	ऐसे अवसर दुर्लभ होते हैं।	Such occasions are rare.
6.	कुछ लोग हमेशा खुश रहते हैं।	Some people are always happy.

Verb 'be' का प्रयोग वाक्यों के अंत में 'आ', 'आ है', 'आ था' दिखाई देने वाले वाक्यों में भी होता है। जैसे—

1.	मैं भूखा हूँ।	I am hungry.
2.	वे लोग भूखे थे।	They were hungry.

3.	वह भूखा होगा।	He will be hungry.
4.	मंच को सजाया गया था।	The dias was decorated.
5.	मैं थक गया हूँ।	I am tired.
6.	वे लोग गहरी नींद में थे।	They were fast asleep.
7.	वह पूरी तरह भीग गया था।	He was thoroughly drenched.
8.	वह भयभीत हो गया।	He was frightened.
9.	हम लोगों को आश्चर्य हुआ।	We were surprised.
10.	वे लोग यह खबर सुनकर अति प्रसन्न हुए।	They were overjoyed to hear this news.

Verb 'be' के Past Participle (been) का उपयोग 'have' तथा 'had' के साथ होता है। जैसे—

1.	मैं अभी-अभी अपने शिक्षक के पास गया था।	I have been to my teacher just now.
2.	क्या तुम कभी हॉगकॉग गए थे?	Had you ever been to Hongkong?
3.	शिक्षक इस विद्यालय में दस वर्षों से पढ़ा रहा है?	The teacher has been teaching in this school for ten years.
4.	शिक्षक इस विद्यालय में दस वर्षों से पढ़ा रहा था?	The teacher had been teaching in this school for ten years.

नोट—

(i) Present/Past/Future के Perfect Continuous के रूप को पढ़ें, जिसमें Verb 'be' के Past Participle 'been' का व्यवहार होता है।

(ii) Verb 'be' (is, are, was, were, shall/will be, been) का 'There' शब्द के साथ व्यवहार होता है, जिसे Translation की विधि क्रम 4 में देखा जा सकता है।

'There' साधारणत: और मुख्यत: Adverb के रूप में व्यवहार होता है। इसका शाब्दिक अर्थ "वहाँ, उस स्थान पर, उस बिंदु पर, उस मौके पर, उस बात पर, उधर आदि" के लिए व्यवहार होता है। Verb 'be' का 'There' के साथ का व्यवहार लिखित और बोलचाल में बहुत होता है।

आवश्यक रूप से 'There' का व्यवहार (Verb 'be' के साथ)

कुछ ऐसे वाक्य हैं, जिसे बिना 'there' के व्यवहार के बनाया ही नहीं जा सकता है। जैसे—

1.	ऐसे ही एक कहावत है।	There is a saying.
2.	एक राजा था।	There was a king.
3.	यह एक आपातस्थिति है।	There is an emergency.

4.	वह एक संकट काल था।	There was a crisis.
5.	बहुतायत में है।	There is plenty.
6.	क्या नजदीक में कोई दुकान है।	Is there any shop near by ?
7.	कमी है।	There is Shortage.

अगर "अन्न की कमी है" तो इसका अनुवाद दो तरह से हो सकता है;

There is a shortage of food grain. Or Food grain is in shortage.

लेकिन सिर्फ 'कमी है' का अनुवाद करना हो तो—"There is shortage" ही उपयुक्त वाक्य है।

वैसे वाक्य, जिन्हें 'There' के व्यवहार से भी बनाया जा सकता है या उन वाक्यों को बिना 'There' का व्यवहार किए भी बनाया जा सकता है। लेकिन बहुत सारे वाक्यों को There लगाकर बनाना ज्यादा अच्छा है।

जैसे—

(i) इस नियम में कोई बदलाव नहीं होगा।

There will be no change in this Rule. Or This Rule will not be changed.

(ii) चुनाव में पाँच उम्मीदवार खड़े हैं।

There are five candidates contesting the election.

Or

Five candidates are contesting the election.

(iii) एक गहने की दुकान बगल में है।

There is a jewellery shop near by. Or, A Jwellary shop is near by.

(iv) लगभग सभी ग्रामीणों के घर में गाय है।

There is a cow in every villager's house. Or, Every village house has a cow.

(v) राँची से दिल्ली जाने के लिए सीधी ट्रेनें हैं।

There are many direct trains from Ranchi to Delhi.

Or

Many trains directly go to Delhi from Ranchi.

उदाहरण—कुछ और वाक्यों को उदाहरण के तौर पर लिखा जा रहा है, जो Verb 'be' के उपयोग की कुछ अधिक जानकारी देता है।

1.	यह एक पगड़ी है।	It is a turban.
2.	वह चरवाहा है।	He is a shepherd.
3.	वह प्रकाशक है।	He is a publisher.
4.	पत्ता हरा है।	Leaf is green.
5.	वह विमान परिचारिका है।	She is an airhostess.

6.	मैं आदमी हूँ, मशीन नहीं।	I am a human being, not a machine.
7.	वह क्यों तैयार नहीं था ?	Why was he not ready ?
8.	क्या वह तैयार होगा ?	Will he be ready ?
9.	क्या वे लोग घर पर नहीं होंगे ?	Will they not be at home ?
10.	मनुष्य असहाय है।	Man is helpless.
11.	नई दिल्ली भारत की राजधानी है।	New Delhi is the capital of India.
12.	वह कल अनुपस्थित रहेगा।	He will be absent tomorrow.
13.	शराब पीना बहुत बुरी आदत है।	Drinking is a very bad habit.
14.	वे लोग दिल्ली में नहीं होंगे।	They will not be in Delhi.
15.	मेरा गाँव मुझे बहुत प्यारा है।	My village is very dear to me.
16.	मैं आपका आभारी हूँ।	I am thankful to you/ I am obliged to you.
17.	यह शुभ मुहूर्त है।	It is an auspicious time.
18.	मैं इस अभिलेख से संतुष्ट हूँ।	I am satisfied with this write-up.
19.	तुम किस कक्षा में हो ?	Which class are you in ? Or In which class are you ?
20.	आप कहाँ से हैं ?	From where are you ? Or Where are you from ?
21.	संत जेवियर्स कॉलेज कहाँ पर है ?	Where is St. Xavier's College ?
22.	दुनिया की जनसंख्या कितनी है ?	What is the world's population ?
23.	दुनिया की जनसंख्या सात सौ करोड़ है।	World's population is Seven Hundred Crores (or seven Billion)
24.	यह प्रश्न कितना महत्त्वपूर्ण है ?	How important is this question ?
25.	आगरा दिल्ली से कितना दूर है ?	How far is Agra from Delhi ?
26.	वह भरोसेमंद नहीं है।	He is not reliable.
27.	आज कौन सी तारीख है।	What date is it today ? Or What is the date today ? Or What is today's date ?
28.	क्या सबकुछ ठीक है ?	Is everything alright ? (all right)
29.	एक वर्ष में 365 दिन होते हैं।	There are 365 days in a year.
30.	अधिवर्ष में 366 दिन होते हैं।	There are 366 days in a leap year.
31.	सभी की सीमा होती है।	There is a limit to everything.

32.	शिक्षक और विद्यार्थियों के बीच कुछ गलतफहमी थी।	There was some misunderstanding between teacher and students.
33.	पेट्रोल के मूल्य में कोई कमी नहीं होगी।	There will be no reduction in petrol-price.
34.	वर्षा की कमी के कारण इस वर्ष अकाल की संभावना है।	There is a probability of femine due to scanty rain this year.

EXERCISE-5 (Translation)

1. माँ-बाप का सेवा करना मेरा कर्तव्य है। 2. श्रीनगर में बहुत ठंड रहता है। 3. कुछ भी असंभव नहीं है। 4. भगवान् सर्वशक्तिमान (Almighty या Omnipotent) है। 5. मैं लाचार (helpless) हूँ। 6. तुलसीदास रामचरित्रमानस के रचयिता (Writer or author) थे। 7. वह हमेशा बीमार क्यों रहती है ? 8. गाँव में कोई अंग्रेजी जानने वाला है, क्या ? 9. रामायण पाठ करनेवाला कौन है ? 10. भगवान् सब जगह है। (Omnipresent) 11. वर्षा होने की संभावना है। 12. चिंता करने की आवश्यकता नहीं है।

सिर्फ 'be' का प्रयोग

1. क्या वह अपने उद्देश्य में सफल होगा ?
   Will he be successful in his mission ?
2. वह हम लोगों का प्रतिनिधित्व करेगा।
   He will be our representative.
3. क्या हम लोगों का प्रतिनिधित्व वह नहीं करेगा।
   Will he not be our representative ?

(2) Verb 'Have' की सहायता से

पहले लिखा जा चुका है कि 'Have' Main और Auxiliary Verb के रूप में व्यवहार होता है। 'Has' Verb 'Have' का Singular Form है।

'Have' या 'Has' का व्यवहार 'रखना', 'पास होना' जैसे अर्थ के लिए व्यवहार होता है।

नीचे की 'तालिका' से इसकी कुछ जानकारी मिलेगी—

Person	Singular	Plural
First Person	I have a Car.	We have a Car.
Second Person	You have a Car.	You have a Car.
Third Person	He, She, etc. has a car.	They, Villagers, etc. have a car.

Past tense में इसका रूप 'Had' है तथा Future tense में इसका रूप 'Shall have' और 'Will have' है। 'Have' Verb का प्रयोग Negative तथा Interrogative वाक्यों के लिए भी होता है। Verb 'do' या 'did' Verb have के साथ प्रश्नवाचक (Interrogative) वाक्यों के लिए भी किया जाता है।)

(1) ASSERTIVE SENTENCE

1.	उसके पास एक हाथी है।	He has an elephant.
2.	उनके पास काफी धन है।	They have enough money.
3.	विद्यार्थियों को रविवार को छुट्टी रहती है।	Students have holidays on Sundays.
4.	मुझे थोड़ा बुखार है।	I have some fever.
5.	गाय को एक पूँछ होती है।	The cow has a tail.
6.	उसको धनी होने की इच्छा थी।	He had a desire to be wealthy.

EXERCISE-6 (Translation)

उसके पास एक धार्मिक (Religious) किताब है। गीता में अठारह अध्याय है। उनको साहस (Courage) है। उसके पास एक बनारसी साड़ी थी। श्याम के पास एक आम बगान (Mango orchard) है। इस घर में सोलह स्तंभ (Pillars) हैं। उसके पास एक दुधारु गाय (Milking-cow) है। बच्चों के पास जापानी खिलौने (Japnese toys) थे। हमें कल छुट्टी थी। उसे अनुभव है। उन्हें अंदाज (Assessment) था।

(2) Negative Sentences

Have या has के साथ 'No' या 'Not' लगाकर Negative Sentence बनाया जाता है। 'No' का प्रयोग 'Noun' या 'Adjective of quality' के पहले आता है, जब कि 'Not' का प्रयोग Article (a, an) और 'संख्यासूचक' शब्दों के पहले प्रयोग किया जाता है।

Negative Sentence बनाने के लिए 'Verb' 'do' या 'did' का भी have/has/had के साथ किया जाता है। उदाहरण—

(i) मेरे पास लाल कलम नहीं थी/है।
I did not have a red pen. — Past tense
I do not have a red pen. — Present tense

(ii) उसे साहस नहीं है/नहीं था।
He has no Courage. — Present
He does not have Courage. — Present
He had no Courage. — Past
He did not have Courage. — Past

(iii) मेरे पास तुम्हारे लिए समय नहीं है। I have no time for you.

(iv) इनसान के पास भगवान् के लिए समय नहीं है। Men have no time for God.
Men do not have time for God.

(v)	उनके पास अच्छी पुस्तकें नहीं हैं।	They do not have good books. They have no good books.
(vi)	उन लोगों को साहस नहीं है।	They have no Courage. They do not have courage.
(vii)	उन्हें घमंड नहीं है।	They have no pride. They did not have pride.
(viii)	उनके पास न तो साहस है और न तो धन ही है।	They have neither courage nor wealth. They do not have courage or wealth.

EXERCISE-7 (Translation)

मेरे पास न पैसा है और न सोना। उनके पास एक भी हाथी नहीं है। तुम्हें ताकत नहीं थी। उसके पास ज्ञान नहीं है। तुम्हारे पास तो कभी समय रहता ही नहीं है। तुमको सहनशक्ति (Patience) नहीं है। उस पुस्तकालय में अच्छी किताबें नहीं हैं। तुम्हें तो आग्रह करने का भी अधिकार नहीं है। उसका अपने ग्रामीण भाइयों पर नियंत्रण नहीं है। 'नहीं' कहने की हममें हिम्मत चाहिए। उसके पास बहुत धन नहीं था। हमारे पड़ोसी झगड़ालू (Quarrelsome neighbours) नहीं थे। उनके पास दिमाग (sense) ही नहीं था।

3. Interrogative Sentence

Interrogative Sentence दोनों तरह से Assertive (Positive और Negative) रूप में बनाए जाते हैं। Have, has, had को वाक्य के शुरू में लगाकर या उससे पहले Why, How वगैरह लगाकर प्रश्नवाचक वाक्य बनाया जाता है। उदाहरण—

1.	मुझे धन क्यों नहीं है ?	Why have I no wealth ?
2.	क्या आपको वहाँ कोई तकलीफ हुई ?	Did you have any trouble there ?
3.	क्या आपको वहाँ कोई तकलीफ नहीं थी ?	Did you have no trouble there ?
4.	मुकेश अंबानी को इतना धन कैसे है ?	How has Mukesh Ambani so much of wealth ?
5.	मुझे मुकेश अंबानी की तरह धन क्यों नहीं है ?	Why do I not (or why don't I) have wealth like Mukesh Ambani ?
6.	क्या उन्हें समय था ?	Had he time ?
7.	क्या उन्हें समय नहीं था ?	Had he no time ? Or Did he not have time.?

EXERCISE-8 (Translation)

(Negative and Interrogative)

आपके दिल में मेरे लिए कोई जगह नहीं थी। क्या आपके दिल में मेरे लिए कोई जगह थी ? क्या आपके दिल में मेरे लिए कोई जगह नहीं थी ? तुम्हारे दिमाग में कुछ नहीं था। क्या तुम्हारे दिमाग में कुछ था ? क्या तुम्हारे दिमाग में कुछ नहीं था ? तुम तैयार नहीं थे। क्या तुम तैयार थे ? क्या तुम तैयार नहीं थे ? सीता के पास अच्छा दोस्त नहीं था। क्या सीता के पास अच्छा दोस्त था ? क्या सीता के पास अच्छा दोस्त नहीं था ? आपके पास अच्छी घड़ी नहीं है। क्या आपके पास अच्छी घड़ी है ? क्या आपके पास अच्छी घड़ी नहीं है ? वे अच्छे लेखक नहीं थे। क्या वे अच्छे लेखक थे ? क्या वे अच्छे लेखक नहीं थे ?

• 'Have' का मुख्य क्रिया के रूप में व्यवहार

कभी-कभी 'Have' को Main Verb के रूप में भी व्यवहार किया जाता है। 'Shall' तथा 'Will' के साथ have लगाकर (यानी Shall have या will have) या have का past tense 'had' लगाकर इसे Main Verb के रूप में व्यवहार किया जाता है। Have के साथ 'ing' लगाकर इसे Participle के रूप में भी व्यवहार किया जाता है। नीचे के उदाहरणों से स्पष्ट होगा।

उदाहरण—

1.	मेरे पास एक फ्रिज होगा।	I shall have a fridge.
2.	उन्हें सफलता मिलेगी।	They will have success.
3.	तुम्हें शांति मिलेगी।	You will have peace.
4.	सोहन को एक एकड़ जमीन होगी।	Sohan will have an acre of land.
5.	जमीन देनेवालों को नौकरी मिलेगी।	Land oustees will have employment.
6.	क्या उन्हें सफलता मिलेगी ?	Will they have success ?
7.	क्या उन्हें सफलता नहीं मिलेगी ?	Will they not have success ?
8.	उन्हें कब शांति मिलेगी ?	When will they have peace ?
(नोट : Shall और will के साथ has या had का प्रयोग नहीं होता है)		
9.	वह भोजन कर रहा है।	He is having a meal.
('ing' लगाकर इसे Participle बनाया गया है)		
10.	वह भोजन कर रहा था।	He was having a meal.
11.	मैंने स्नान किया है।	I have a bath.
12.	उसने स्नान किया है।	He has a bath.

इन दोनों वाक्यों (11,12) में 'had' 'have' का Past Participle के रूप में व्यवहार किया गया है।

EXERCISE-9 (Translation)

(Use of Verb 'have' as Main Verb)

वे लोग इतनी संपत्ति क्यों रखेंगे ? हमारे देश के पास खाद्य समस्या क्यों नहीं रहेगी ? क्या तुम्हारे पास मेरे लिए समय होगा ? क्या तुम्हारे दिल में मेरे लिए जगह होगी ? वह चाय लेगा। क्या वह चाय लेगा ? क्या वह चाय नहीं लेगा ? मेरे पास आवश्यकता (Necessity) की सभी चीजें (everything) होंगी। क्या यह उन लोगों का नहीं होगा ? मैं तैयार नहीं रहूँगा, क्योंकि मेरे पास समय की कमी (Lack of time) रहेगी। भविष्य में भारत के पास पर्याप्त तेल (Petroleum-oil) होगा। भगवान् की दया से (by mercy of God) मेरे पास सबकुछ है। तुम्हारे गाँव में तुम्हारे कितने दोस्त हैं ? यहाँ हर घर में T.V है। इस गाँव में हर परिवार को एक Mobile-Phone है।

Have का प्रयोग आज्ञा, सलाह इत्यादि वाक्यों के लिए भी होता है।

उदाहरण—

1. भगवान् में विश्वास रखें।	Have faith in God.
2. हिम्मत रखो।	Have courage.
3. थोड़ी मिठाई और लीजिए।	Have some more sweets, please.
4. आनंद लो।	Have enjoyment.
5. संयम रखें।	Have patience.
6. अपनी जगह पर बैठ जाएँ।	Have your seats, please.
7. स्नान कर लो।	Have a bath.
8. गरीबों पर दया करो।	Have pity on poor.
9. दया करो।	Have mercy.
10. आराम करो।	Have rest.
11. आपका दिन शुभ हो।	Have a nice day.

EXERCISE-10 (Translation)

बड़ों का आदर करो। व्यायाम करो। एक ग्लास पानी पी लो। कुछ पैसे (Coin) रख लो। एक जीवनसाथी बना लो। शांति रखो। बाल कटवा (Cut) लो। दाढ़ी बना लो। अच्छे कपड़े पहनो। अच्छी आदतें (Habits) रखो। अच्छे दोस्त रखो। धार्मिक किताबें पढ़ो। अच्छे विचार (Thoughts) रखो। कुछ रोटी और मक्खन खा लो (bread and butter)। आपको अच्छी नींद आए।

(3) INFINITIVES की मदद से Transtation

Finite और Infinite Verb (Infinitive) के बारे में विस्तार से Verb (क्रिया) अध्याय में लिखा गया है। फिर भी यहाँ पर इतना जानना जरूरी है कि 'Verb' के पहले 'to' लगाकर 'Infinitive' बनाया जाता है और इसका Translation करने में मदद लिया जाता है। कभी-कभी 'to' के बिना भी Infinitive का व्यवहार होता है।

'Infinitive' 'to have' तथा 'to be' दोनों Verb के साथ व्यवहार होता है।

तीनों Tense (Present, Past और Future) में इसका व्यवहार होता है। Negative और Interrogative वाक्यों के लिए भी इसका व्यवहार होता है।

• INFINITIVE with Verb 'to have' Present Tense—

आवश्यकता + अनिवार्यता या बाध्यता के लिए इसका व्यवहार उपयुक्त होता है।

Example—ASSERTIVE (Present)

1. मुझे जाना है। मुझे जाना होता है। मुझे जाना पड़ता है।	I have to go
2. वह जीने के लिए खाता है।	He eats to live.
3. भारतीय किसानों को कड़ी मेहनत करनी पड़ती है।	Indian farmers have to work hard.
4. आपको काम करना है।	You have to work.
5. उन लोगों को गाँव जाना है।	They have to go to their village.

Example—Negative Sentence (Present)

1. उन लोगों को नहीं जाना है।
   They have not to go. or They don't have to go.
2. मुझे काम नहीं करना है।
   I have not to work. Or I don't have to work.
3. उसको खेलना नहीं है।
   He has not to play. Or He doesn't have to play.
4. उन लोगों को दिल्ली नहीं जाना है।
   They have not to go to Delhi. Or They don't have to go to Delhi.

Example—Interrogative Sentences (Present)

1. क्या राम को रामायण पढ़ना है ?
   Has Ram to read Ramayan ?
2. क्या उन्हें ज्यादा काम करना पड़ता है ?
   Have they to work excessively ?
3. क्या तुम्हें जाना नहीं है ?
   Have you not to go ? Or Havn't you to go ?
4. शिक्षकों को क्यों विद्यार्थियों को ज्यादा पढ़ाना पड़ता है ?
   Why have the teachers to teach the students excessively ?

5. मुझे अपनी गरीबी पर क्यों पश्चात्ताप नहीं करना पड़ता है ?
   Why do I not have to repent on my poverty ?

Example—Past Tense (Assertive Sentence)

1. मुझे रोना पड़ा। I had to weep.
2. उसे भीख माँगनी पड़ी। He had to beg.
3. उसको पढ़ना पड़ा। He had to read.
4. उसको पढ़ाना पड़ा। He had to teach.

Example—Past Tense (Negative Sentence)

1. उसे पढ़ना नहीं था।
   He had not to read. Or He did not have to read.
2. उन लोगों को दिल्ली नहीं जाना था।
   They had not to go to Delhi. Or They did not have to go to Delhi.
3. तुमको वहाँ जाना नहीं था। You had not to go there.
4. मुझे नहीं पढ़ाना था। I had not to teach.

Example—Past Tense INTERROGATIVE Sentence

1. उसे क्यों जाना पड़ा ? Why had he to go ?
2. क्या राम को झूठ नहीं बोलना पड़ा ?
   Had Ram not to tell a lie ? Or Hadn't Ram to tell a lie ?
3. मुझे क्यों रोना पड़ा था ? Why had I to weep ?
4. उन्हें जंगल को बरबाद करने की जरूरत क्या थी ?
   Why had they necessity to destroy forest ?

• **FUTURE TENSE (Assertive)**

(Subject +shall or will +have +Infinitive)

1. मुझे दिल्ली जाना होगा।
   I shall have to go to Delhi.
2. विद्यार्थियों को शिक्षकों की आज्ञा माननी होगी।
   The students will have to obey the orders of the teachers.
3. उन्हें पोखर खोदना ही होगा।
   They will have to dig ponds.
4. तुम्हें एक डॉक्टर बनना होगा।
   You will have to become a doctor.

- **Negative Sentence (Future)**
  1. ग्रामीणों को जुरमाना नहीं देना होगा। Villagers will not have to pay fine.
  2. तुम्हें काम नहीं करना पड़ेगा। You will not have to work.
  3. उन्हें दवा नहीं खानी पड़ेगी। They will not have to take medicines.
  4. सरकार को सहायता देने की आवश्यकता नहीं होगी।
     The Government will not have to help.

Interrogative Sentence (Future)

1. डॉक्टरों को क्यों झुकना पड़ेगा ? Why will the doctors have to bow down ?
2. मुझे क्यों बनारस जाना पड़ेगा ? Why shall I have to go to Varanasi ?
3. क्या मुझे उससे मदद नहीं लेनी होगी ? Shall I not have to seek his help ?
4. उसे क्यों पछताना पड़ेगा ? Why will he have to repent ?
5. उसे क्यों पछताना नहीं पड़ेगा ? Why will he not have to repent ?

EXERCISE (Translation)-11
(Related to INFINITIVE)

अंधों को भीख माँगनी (beg) पड़ती है। मुझे गाँव में रहना है। ठेकेदारों को आतंकियों को पैसा देना होता है। (आतंकी-Extrimist)। डकैतों को पुलिस के समक्ष आत्म-समर्पण करना पड़ेगा। कुछ पक्षियों को जाड़े में रूस से भारत आना पड़ता है। (आना पड़ना-Migrate)। आप लोगों को कहाँ ठहरना है ? क्या तुम्हें उसके घर पर रहना पड़ेगा ? क्या तुम्हें उसके घर पर नहीं रहना पड़ेगा ? प्रार्थी को अपनी नीति (Principle) क्यों नहीं बदलनी होगी ? राम ने अयोध्या से बाहर जाने के लिए क्यों इनकार नहीं किया ? राम ने अपने पिता की आज्ञा को क्यों स्वीकार किया ?

- **Infinitive संबधित कुछ और जानकारियाँ**

  Passive voice में भी Infinitive का व्यवहार होता है।

  उदाहरण—(सरल रूप)

  1. मेरी इच्छा है कि मुझे अकेले छोड़ दीजिए।
     I desire to be left alone.
  2. मंच को और सजाने की आवश्यकता है।
     The stage needs to be decorated further.
  3. विद्यार्थियों को शिष्टाचार सिखाना आवश्यक है।
     It is necessary for students to be taught manners.
  4. छात्रावास की पोताई की जरूरत है।
     The Hostel needs to be white-washed.
  5. जिंदगी भर काम करना बाकी रह जाता है।
     Life long the things remain to be done.
  6. कप्तान को कठिनाई के समय उपस्थित रहना चाहिए।
     The captain is required to be present during crisis.

- **(Perfect Infinitive) 'to have been' +क्रिया का तीसरा रूप**
  1. डकैतों द्वारा उसे मार देने की संभावना है।
     He is likely to have been killed by dacoits.
  2. ऐसा प्रतीत होता है कि उसे ठगा गया।
     He seems to have been cheated.
  3. ऐसा लगा कि उसे ठगा गया था।
     He seemed to have been cheated.

- **Infinitive में 'to' का प्रयोग कभी-कभी नहीं भी होता है।**

(i)	उसने मुझे ऐसा करने के लिए बाध्य किया।	He forced me do it.
(ii)	उसने मुझसे यह लिखवाया।	He made me write this.
(iii)	उन्होंने मुझे रहने दिया।	They let me stay here.
(vi)	मैंने उसे अंदर जाते देखा।	I saw him go in.
(vii)	मैंने उसे बाहर जाते देखा।	I saw her go out.

लेकिन Verb 'help' 'wait', 'change' के साथ 'to' का प्रयोग होता भी है या नहीं भी होता है।

Example—

(i) The Ramayan **helps learn** ethics Or The Ramayan **helps to learn** ethics.
(रामायण नीति शास्त्र सीखने में मदद करता है।)

(ii) All I can do is (to) wait now.
(मैं अब सिर्फ इंतजार कर सकता हूँ।)

(iii) Only thing that the farmers can do is (to) change the crop.
(किसान सिर्फ फसल-पद्धति में बदलाव कर सकता है।)

- **Let के साथ Verb में 'to' नहीं लगता है। उदाहरण—**

They let us win (Active voice)	उन्होंने हम लोगों को जिताया।
We were let win by them.(Passive voice)	हम लोगों को उनके द्वारा जिताया गया।

- **Verb 'to be' का व्यवहार भी बहुत प्रचलित है। उदाहरण—**

1.	मैं उन्हें सफल होने की कामना करता हूँ।	I wish him **to be** successful.
2.	मैं उसे इस काम के लिए योग्य मानता हूँ।	I consider him **to be** suitable for this job.
3.	क्या आप उसे बहादुर समझते हैं ?	Do you consider him **to be** a brave person ?

4.	क्या आप उसे बहादुर व्यक्ति नहीं समझते हैं?	Do you not consider him **to be** a brave person?

(4) 'There' की सहायता से अनुवाद

'There' एक बहुत ही उपयोगी शब्द है। इसे Adverb और Pronoun की तरह उपयोग किया जाता है। कुछ वाक्यों की शुरुआत में तो कुछ वाक्यों के बीच या अंत में इसका प्रयोग होता है। कुछ वाक्य तो ऐसे होते हैं, जिन्हें 'There' के बिना बनाया ही नहीं जा सकता है। (जैसे—एक राजा था—There was a king)। इसे तीनों काल (Present, Past, Future) में व्यवहार किया जाता है। इसका व्यवहार Assertive, Interrogative, आदेश और आग्रह, के लिए किया जा सकता है। इसे Verb 'be' के साथ या इसके बिना भी व्यवहार किया जाता है। मुख्यत: इस शब्द का व्यवहार किसी के अस्तित्व का संकेत करने के लिए किया जाता है। जब किसी वाक्य में स्पष्ट रूप से Subject (कर्ता) नहीं रहता है तो 'There' शब्द को ही Subject बनाकर वाक्य बनाया जाता है। कुछ वाक्यों को ध्यान से देखने से 'there' शब्द के व्यवहार की जानकारी होगी।

(1) There was a man at the door. (एक व्यक्ति दरवाजे पर था।)
यहाँ 'There' का व्यवहार कर्ता (subject) के तौर पर हुआ है।

(2) There seems to be a mistake there. वहाँ एक गलती होने जैसा लगता है।

(3) Could you put the chair **there**, please? क्या, आप कृपाकर वहाँ कुरसी रखेंगे?
(Interrogative होते हुए भी आदर सूचक वाक्य है।)

(4) They are going **there** tomorrow. वे लोग कल वहाँ जा रहे हैं।

(5) Hello **there**! Can any one hear me? काश! क्या मेरी बात कोई सुनेगा?
(विस्मयादिबोधक तथा प्रश्नवाचक)

(6) I agree with you there. मैं आपसे यहाँ (या वहाँ) सहमत हूँ।
(यहाँ पर 'there' का प्रयोग वाक्य के अंत में हुआ है।)

(7) I have been there before. मैं वहाँ पहले भी हो आया हूँ या गया हूँ।
(यहाँ पर There का व्यवहार वाक्य के बीच में हुआ है।)

(8) May I interrupt you there for a minute? क्या मैं एक मिनट के लिए आपको रोक सकता हूँ? (किसी बातचीत या कहानी में)

(9) I am always there if you need help. अगर तुम्हें मदद की आवश्यकता हो तो मैं हमेशा तैयार हूँ।

(10) Whenever he is in trouble, his friends are always there for rescue.
जब भी वह तकलीफ में हो तो उसके मित्रगण उसके बचाव के लिए तैयार हैं।

(11) Don't go there. वहाँ मत जाओ। (आदेश)

(12) Please go there. कृपाकर वहाँ जाएँ। (आग्रह)

(13) Please commit your help then and there.
कृपया अपनी सहायता की सहमति तुरंत दें। (then and there एक phrase है)

(14) There you are. He gave you a prize. उसने तुम्हें (तुम जहाँ गए थे) पुरस्कार दिया।

(15) Is there a direct flight from Ranchi to Nagpur?
क्या राँची और नागपुर के बीच कोई सीधे हवाई सेवा है? (प्रश्नवाचक)

(16) There is not enough rain to transplant paddy.
उतनी वर्षा नहीं हुई है कि धान की रोपनी हो सके। (Negative Sentence)

(17) There remains something to be done. अभी कुछ करना बाकी है।

(18) There seems nothing to worry.
(चिंता करने की कोई बात नहीं है) (यहाँ पर Verb 'be' नहीं है)

(19) There seemed to be some improvement. हालत में कुछ सुधार दिखा।

(20) There are 366 days in a leap year. वृद्धि वर्ष में 366 दिन होते हैं।

(21) There was a crowd of thousands. हजारों की संख्या में भीड़ थी।

(22) There will be no rain during this week. इस सप्ताह में वृष्टि नहीं होगी।

(23) Long ago there lived a saint in Ayodhya. बहुत पहले अयोध्या में एक संत रहता था।

(24) There! What did I tell you? वाह! मैंने तुझसे क्या कहा था?

Exercise (Translation)-12

1. तुम्हारे गाँव के पुस्तकालय में कितनी किताबें हैं? 2. भारत में कितने जिले हैं? 3. क्या भारत और चीन के बीच फिर युद्ध होगा? 4. एक सप्ताह में सात दिन होते हैं। 5. कुछ गलतफहमी हो गई थी। 6. काश! तुम वहाँ होते। 5. क्या भारत को विश्व बैंक से सहायता मिलेगी? 6. भारत में बहुत गरीब लोग हैं। 7. वहाँ मत जाओ, क्योंकि वहाँ एक साँप है। 8. आकाश में कितने तारे हैं?

(5) GERUND की सहायता से Translation (अनुवाद)

'GERUND' की चर्चा तो Verb (क्रिया) के अध्याय में की गई है। यहाँ पर विस्तार से इसका उपयोग अनुवाद करने में करेंगे।

हम यह जानते हैं कि 'Verb' में 'ing' लगाने से शब्द 'Gerund' में बदल जाता है और इसका व्यवहार कहीं-कहीं बहुत उपयुक्त होता है।

हिंदी के इस वाक्य पर ध्यान दें—

"टहलना एक व्यायाम है।" इसका अंग्रेजी में अनुवाद दो प्रकार से हो सकता है।

To walk is an exercise. (To walk - Infinitive)

Walking is an exercise. (Walking - Gerund)

यहाँ पर Infinitive और Gerund को Subject के रूप में व्यवहार किया गया है, लेकिन 'Walk' का Gerund form 'Walking' से बना वाक्य ज्यादा अच्छा है। अब कुछ और वाक्य देखें।

(1) Swimming is the best exercise. तैरना सबसे अच्छा व्यायाम है।

(2) Reading novel is his hobby. उपन्यास पढ़ना उसकी अभिरुचि (शौक) है।

(3) Laughing relieves tension. हँसने से तनाव खत्म हो जाता है।

(4) Telling lies is a sin. झूठ बोलना पाप है।

(5) Running is useful. दौड़ना लाभदायक है।

(6) Speaking Hindi is easy. हिंदी बोलना आसान है।

यदि किसी Preposition के बाद क्रिया का प्रयोग करने की आवश्यकता हो तो Verb में 'ing' जोड़कर (यानी Gerund बनाकर) व्यवहार किया जाता है। जैसे—

1. He went for buying a car.
2. He goes to ground for playing hockey.
3. He lost his life in fighting. (यहाँ fighting 'Noun' के रूप में है।)
4. He is eager for joining his service.
5. He is quick in replying.

EXERCISE (Translation)-13

1. गरीबों की मदद करना धर्म है; 2. कठिन मेहनत से सफलता मिलती है। 3. शराब पीना स्वास्थ्य के लिए प्रतिकूल है। 4. धूम्रपान वर्जित है। 5. गाली देना बुरी आदत है। 6. जुआ खेलना अपराध है। 7. मछली मारना आसान काम नहीं है। 8. अमरनाथ जाना कठिन है। 9. इंजीनियरिंग में प्रवेश पाना आजकल आसान हो गया है। 10. आम खाना मधुमेह के रोगियों के लिए खतरनाक है। 11. दिल्ली में कार चलाना कठिन है।

Translate by using Preposition and Gerund.

12. वह घोड़ा खरीदने के लिए मवेशी हाट जाएगा। 13. उसने पहुँचने में देरी की। 14. वह पढ़ाने में निपुण (expert) है। 15. वह शुद्ध अंग्रेजी लिखने में सावधानी रखता है।

(6) सहायक क्रियाओं (Auxiliary Verbs) तथा कुछ अन्य शब्दों की सहायता से अनुवाद

सहायक क्रिया (Auxiliary Verb) की चर्चा Verb (क्रिया) अध्याय में किया गया है। उसकी जानकारी पुन: देने की आवश्यकता नहीं है। सिर्फ अभ्यास (Exercise) करने की आवश्यकता है।

EXERCISE (Translation) -14

(Could, might, Could have, may have/might have
से बनाए जानेवाले वाक्य)

1. भगवान् भी उसे मदद नहीं कर सका। 2. वह शिक्षक के प्रश्न का उत्तर नहीं दे सका। 3. क्या वह 100 Kilogram का वजन उठा सकता था? 4. क्या तुम अपने प्रतिनिधि को भेज सकते थे? 5. क्या तुम अपने प्रतिनिधि को नहीं भेज सकते थे? (प्रतिनिधि–Representative)। 6. क्या आप मुझे 1000 रुपए उधार दे सकते हैं? 7. वह पैसे का भूखा होगा। 8. वह बेइमान नहीं हो सकता है। 9. प्रधानमंत्री शांतिनिकेतन आ सकते हैं। 10. वह आ गया होगा। 11. क्या आप मेरी मदद कर सकेंगे? 12. अगर कानून न होता तो मैं बाघ को मार सकता था। 13. क्या वह अंग्रेजी बोल सकता था? 14. वह मुझे भूल गया होगा।

EXERCISE (Translation) -15

1. वह काम नहीं कर पाएगा। 2. राम प्रथमश्रेणी में उत्तीर्ण नहीं हो पाएगा। 3. अब वह समय पर नहीं पहुँच सकेगा। 4. अंधे लोग देख नहीं पाते। 5. बूढ़े लोग दौड़ नहीं सकते। 6. मैं सो नहीं पाऊँगा। 7. राजा बोल नहीं पाया। 8. क्या वह अंग्रेजी सीख पाएगा ? 9. क्या अन्ना भ्रष्टाचार खत्म करवा पाएँगे ? 10. वे लोग मैदान में क्यों नहीं आ पाए ? 11. हम लोग मंजिल तक पहुँच सकेंगे। 12. बच्चे 500 मीटर की दौड़ दौड़ सकते हैं। 13. राम आपकी मदद कर पाएगा। 14. आप आराम से रह सकेंगे। 15. वर्षा होने से किसान खेती कर पाएँगे।

Exercise (Translation) -16

1. हम लोगों को नित्य प्रति योगाभ्यास करना चाहिए। 2. तुम्हें शिक्षकों का आदर करना चाहिए। 3. तुम दिल्ली अवश्य जाओ। 4. हमें संतों के उपदेश का पालन करना चाहिए। 5. तुमको चोरी नहीं करनी चाहिए। 6. पाप से दूर रहो। 7. सत्य बोलो। 8. किसी का गोपनीय पत्र नहीं पढ़ना चाहिए। 9. वृद्धों का आदर करना चाहिए। 10. किसी भी काम को निष्ठापूर्वक करना चाहिए। (with sincerity)

EXERCISE (TRANSLATION) -17

1. मंत्री महोदय को इस अवसर पर अवश्य आना चाहिए था। 2. लड़कियों को नहीं नाचना चाहिए था। 3. उन लोगों को देर से आना चाहिए था। 4. राम को दशरथ की आज्ञा का पालन नहीं करना चाहिए था। 5. उन्हें ठीक समय पर आना चाहिए था। 6. क्या उन्हें ठीक समय पर नहीं आना चाहिए था ? 7. हम लोगों को चाय नहीं पीनी चाहिए थी। 8 . उसे झूठ नहीं बोलना चाहिए था। 9. किसी को भी बिना टिकट यात्रा नहीं करनी चाहिए थी।

EXERCISE (Translation) -18

1. तुम हारोगे, इसकी मुझे उम्मीद नहीं थी। 2. मैंने नहीं सोचा था कि आज वर्षा होगी। 3. क्या आप मुझे अपने घर में एक महीने तक रहने की इजाजत देंगे ? 4. उनकी सलाह को ठुकराना एक भूल होगी। 5. मैं तुम्हें यह नौकरी लेने की सलाह दूँगा। 6. वह राम को सलाह देना चाहेगा। 7. जैसे ही घंटी बजी तो माँ ने कहा कि वह मेरा बेटा होगा। 8. क्या भारत बँगलादेश की मदद करना चाहेगा ? 9. क्या आप अमेरिका नहीं जाना चाहेंगे ? 10. बड़ा भाई, छोटे भाई को धोखा नहीं देगा। 11. वह कहना नहीं चाहेगा कि वह कहाँ जा रहा है।

EXERCISE (Translation) -19

1. वह किताब लिखने वाला है। 2. राम खेत पर जानेवाला है। 3. वह मरने वाला है। 4. मंत्रीजी उद्घाटन करनेवाले हैं। 5. पिताजी अपनी इच्छा जाहिर करनेवाले थे। 6. मैं मेडिकल कॉलेज में दाखिला लेने जा रहा था। 7. चोर चोरी करनेवाला था। 8. गंगा की सफाई होनेवाली है। 9. गाँव वाले मंदिर बनवाने के लिए चंदा जमा करनेवाले हैं। 10. मजदूर हड़ताल करनेवाले हैं।

EXERCISE (Translation) -20

1. वह पैसा लौटाना भूल जाता था। 2. उसको गाँव में रहने की आदत सी हो गई थी। 3. वह प्रतिदिन पूजा करता था। 4. क्या वह बिना टिकट यात्रा किया करता था ? 5. उसे शराब पीने की आदत नहीं थी। 6. श्याम प्रतिदिन नीम का पत्ता चबाया (Chew) करता था। 7. वह रात में देर तक पढ़ता था। 8. उसे शुद्ध हिंदी में बोलने

की आदत सी थी। 9. शहरवासी 'फ्रिज' का ठंडा पानी पीते हैं। 10. शहरी महिलाओं को अपने बच्चे को स्तनपान (breast feeding) कराने की आदत नहीं है।

EXERCISE (Translation) -21

1. शिक्षकों का उदाहरणों के साथ पढ़ाना अच्छा होगा।
2. उनका फोन करना ज्यादा अच्छा होगा।
3. तुम्हें डॉक्टर की सलाह लेना ज्यादा अच्छा होगा।
4. तुम्हें ऐसा पत्र लिख देना अच्छा होगा।
5. तुम्हारे लिए अच्छा होगा कि तुम दिल्ली न जाओ।

EXERCISE (Translation) - 22

1. क्या तुम्हें मदद की जरूरत है ? 2. क्या तुम्हें मदद की जरूरत नहीं है ? 3. तुम्हें टिकट खरीदने की जरूरत नहीं है। 4. मुझे उसकी कृपा की जरूरत नहीं है। 5. मुझे उसकी कृपा की जरूरत नहीं थी। 6. तुम्हें अपने धन-दौलत के बारे में बतलाने की जरूरत नहीं थी। 7. तुम्हें अपने पुत्र के आने का इंतजार करने की आवश्यकता नहीं थी। 8. उसे जल्दबाजी करने की आवश्यकता नहीं है। 9. उसे जल्दबाजी करने की आवश्यकता नहीं थी। 10. क्या मुझे यह करने की आवश्यकता है ? 11. उसे मुझे सहायता देने की जरूरत थी। 12. उसे मुझे सहायता देने की जरूरत नहीं थी। 13. इस फसल को पटवन की आवश्यकता नहीं है। 14. उसे अधिक पैसे की जरूरत नहीं है। 15. वह मुझे मदद न करे। 16. उसे मुझे मदद करने की आवश्यकता नहीं है।

EXERCISE (Translation) - 23

1. क्या पाकिस्तान भारत से युद्ध करने का साहस कर सकता है ? 2. क्या वह यहाँ आने का साहस कर सकता है ? 3. उसे यहाँ आने की हिम्मत नहीं है। 4. वह अपने पिता से मिलने का साहस नहीं कर सकता है। 5. उसे वहाँ रात में जाने की हिम्मत नहीं है। 6. तुमने घर पर आने का साहस कैसे किया ? 7. उसे शिक्षक से उत्तर लेने का साहस नहीं है। 8. वह पार्क में भी अकेले जाने का साहस नहीं कर सकता। 9. उसे ऐसा कहने का साहस कैसे हुआ ? 10. वह सच बोलने की हिम्मत नहीं जुटा सका। 11. उसने न्याय माँगने की हिम्मत जुटाई।

EXERCISE (Translation) - 24

1. उन्हें वहाँ जाना था। 2. उन्हें वहाँ जाना होगा। 3. उन्हें वहाँ जाना है। 4. उसे रामायण पढ़ना होगा। 5. राधा को नाचना है। 6. उन्हें खेल खेलना होगा। 7. दाई को रोज बरतन धोना पड़ता है। 8. धोबी को कपड़ा धोना पड़ता है। 9. राम को बनवास जाना पड़ा। 10. राम को धनुष तोड़ना था। 11. अर्जुन को पितामह पर वाण चलाना पड़ा। 12. डकैतों को पुलिस के समक्ष समर्पण करना पड़ा। 13. मुझे इंतजार करना पड़ा। 14. बीमार (मनुष्य) को मछली खाना पड़ा। 15. उसे वृक्ष लगाना पड़ा। 16. क्या उसे जाना था ? 17. क्या उसे जाना है ? 18. क्या उसे जाना होगा ?

(7) LET के व्यवहार से अनुवाद

'Let' अंग्रेजी का एक अनूठा शब्द है। इसका व्यवहार अनेक प्रकार से होता है। इसे क्रिया के तरह भी व्यवहार किया जाता है। Verb के तीनों form में 'Let' ही रहता है और इसका Participle 'Letting' है।

Let के साथ 's' भी कभी-कभी जुड़ता है, लेकिन इसका व्यवहार 'Passive voice' में नहीं होता है।

(i) कुछ करने देना या न करने देना या योग्य बनाने जैसे अर्थों में व्यवहार—

उदाहरण—(a) I wanted to use Ram's tractor but he would not let me.
मैं राम के ट्रैक्टर का व्यवहार करना चाहता था, लेकिन उसने नहीं माना।
(b) This ticket lets me to see three films.
यह टिकट मुझे तीन फिल्में देखने देगा।

(ii) किसी बात को होने या न होने देने जैसे अर्थों में व्यवहार—

उदाहरण—(a) He has let the dinner burn again.
उसने रात्रि भोजन फिर जला दिया।
(b) Don't let the fire go out.
आग को बाहर मत फैलने दो।

(iii) सलाह, सुझाव, प्रस्ताव इत्यादि का भाव व्यक्त करने के लिए—

उदाहरण—Let us go.—हम लोग चलें।
Let us go for swimming.—हम लोग तैरने के लिए चलें।
Let the students learn by experiments.—विद्यार्थियों को प्रयोग से सीखने दिया जाए।
Let us go to sleep.—हम लोग सोयें।

(iv) किसी वस्तु के आने-जाने या न आने-जाने जैसे अर्थों में व्यवहार—

उदाहरण—(a) Let fresh air come in.—ताजा हवा को अंदर आने दो।
(b) He was let out of prison yesterday.—उसे जेल से कल ही छोड़ा गया है।

(v) मकान, कमरा आदि को किराए पर देने के लिए व्यवहार—

उदाहरण—(a) He let out his house.—उसने अपने घर को किराए पर दे दिया।
(b) There is a shop to let.—एक दुकान किराए के लिए है।
('TO LET' किसी मकान, दुकान वगैरह को किराए पर देने की सूचना देता है।)

(vi) कुछ सोचने या याद करने की कोशिश दर्शाने के लिए—

उदाहरण—(a) Let us think over the proposal.—हम लोग प्रस्ताव पर विचार करें।
(b) Let me remember.—मुझे याद करने दो।

(vii) किसी उदाहरण देने के पहले—

उदाहरण—Let us say for example—'उदाहरण के लिए हम कहें'

(viii) दंड न देना या अपेक्षा से कम देना—

उदाहरण—(a) The judge let him off.—(जज ने उसे दंड नहीं दिया)
(b) He was expecting to go to prison but the judge let him off with a fine.
उसे जेल जाने की उम्मीद थी, लेकिन जज ने उसे सिर्फ अर्थ दंड दिया।

(ix) आदेश सूचक वाक्य में नम्रता, विनती, प्रार्थना या अनुरोध का भाव व्यक्त करने के लिए—

Please let him go.	कृपया उसे जाने दें।
Kindly let him go home.	दयाकर उन्हें घर जाने दें।

(x) कोई बात का बिल्कुल पता नहीं होने पर—

उदाहरण—We haven't decided where we are going yet, let alone booked the ticket.
हम लोगों ने अभी कहीं जाने का तय ही नहीं किया है तो टिकट खरीदने का प्रश्न ही नहीं है।

(xi) नकारात्मक वाक्य (Negative sentence) में भी Let का व्यवहार होता है। इस प्रकार के वाक्य में दूसरे 'Verb' के साथ भी Let का व्यवहार होता है उदाहरण—

Let him not go.
Don't let him go. — उसे जाने मत दो।

Let him not speak.
Don't let him speak. — उसे बोलने मत दो।

अनुवाद करते समय यह ध्यान रखना है कि ऐसे वाक्य, जिसमें खाने दो, जाने दो, हँसने दो, रोक दो या इनसे मिलते-जुलते भाव व्यक्त हों, उनके लिए 'Let' का व्यवहार करना उचित है। इस शब्द का व्यवहार नकारात्मक वाक्य के लिए होता है, लेकिन साधारणतः (व्याकरण की दृष्टि से शुद्ध रहने के बावजूद) प्रश्नवाचक वाक्यों में 'Let' का व्यवहार नहीं होता है।

EXERCISE (Translation)-25

1. हम लोग दिल्ली चलें। 2. वर्षा होने दें (it का प्रयोग करें) 3. हम लोग आम खाएँ। 4. हम लोग चाय पीएँ। 5. हम लोग ताजमहल देखने के लिए आगरा चलें। 6. हम लोग समाज सेवा में लग जाएँ। 7. उनके भाषण को ध्यानपूर्वक सुनें। 8. कृपाकर उन्हें आने दें। 9. हम लोग प्रतीक्षा करें। 10. उन्हें प्रतीक्षा न करने दें। 11. हम लोग रक्त दान करें। 12. जमीन ही नहीं है, घर बनाने की बात निराधार है। 13. नेतागण अपना राष्ट्र धर्म निभायें। 14. सामाजिक कुरीतियों के खिलाफ हम लोग आवाज उठाएँ। 15. चिट्ठी को डाला जाए। (Let the letter be dropped.) 16. हम लोग तय करें कि विद्यालय का भवन कहाँ बनाया जाए। 17. हम लोग उनकी आत्मा की शांति के लिए प्रार्थना करें। 18. हम लोग ऐसा न सोचें कि यह पुनीत काम (pious work) पूरा होगा ही नहीं। 19. बैंक में हम लोग अपनी समिति का खाता खोलवाएँ। 20. हम लोग सुख-शांति की नींव डाल दें।

(8) TENSE के आधार पर Translation (अनुवाद)

अनुवाद करने में सबसे अधिक उपयोगी आधार TENSE ही है और उसके सही व्यवहार से ही अनुवाद करना संभव होता है।

'Tense के आधार पर अनुवाद' को विस्तार से जानने के पहले 'TENSE' अध्याय को पुनः सावधानी पूर्वक पढ़ लें।

SEQUENCE OF TENSES
(कालों का क्रम)

एक ही वाक्य में पहला हिस्सा एक काल में और दूसरा हिस्सा दूसरे काल में हो सकता है। अलग-अलग काल के उपवाक्य को एक ही वाक्य में कैसे रखा जाए, इसका नियम है।

नियम 1. वाक्य का पहला भाग भूतकाल हो तो दूसरा भाग भी भूतकाल में ही होगा। अगर हिंदी के वाक्य में Principal Clause का Verb 'PAST TENSE' में हो और Subordinate clause का Verb 'Present या Future' में हो तो Subordinate clause के Verb का भी Past Tense में अनुवाद किया जाता है। उदाहरण—

1. राधा ने कहा कि वह नाचेगी। — Radha said that she would dance ('would' will का 'past' form है। 'will dance' लिखना गलत होगा)।
2. राम ने कहा कि मेरी माँ बीमार है। — Ram said that his mother was ill.
3. मैं जानता था कि राम आएगा। — I knew that Ram would come.
4. मैं नहीं जानता था कि वह विवाहित है। – I didn't know that he was married.
5. उसने बहुत मेहनत से पढ़ा, जिससे कि वह परीक्षा में सफल हो सके।
   He studied hard so that he might pass the examination.

अपवाद : इस नियम के दो अपवाद हैं—

पहला : यदि दूसरे भाग में प्राकृतिक सत्य (universal Truth) हो तो दूसरा भाग वर्तमान काल में ही रहता है। उदाहरण—

(i) The teacher said that the sun rises in the east.
    शिक्षक ने कहा कि सूर्य पूर्व में उगता है।

(ii) We knew that the earth is round.
    हम लोग जानते थे कि पृथ्वी गोल है।

(iii) The saint told that honesty is the best policy.
    संत ने कहा कि ईमानदारी सबसे अच्छा सिद्धांत है।

दूसरा : वाक्य का दूसरा भाग यदि 'than' से शुरू हो रहा हो तो 'than' के बाद का हिस्सा अर्थ के अनुसार किसी भी काल में हो सकता है। उदाहरण—

(i) I helped you more than I help my son.
    मैं अपने पुत्र की जितनी मदद करता हूँ, उससे भी अधिक मदद तुम्हें किया।

(ii) I helped you more than I helped my son.
    मैं अपने पुत्र की जितनी मदद करता था, उससे भी अधिक मदद तुम्हें किया।

नियम (1) का उपनियम—

साधारणत: Past perfect के साथ Past Indefinite का प्रयोग होता है या Past Indefinite के साथ Past perfect का व्यवहार होता है।

लेकिन ऐसे वाक्यों में, जिससे ज्ञात हो कि भूतकाल में ही दोनों क्रिया का समापन बहुत कम अंतराल में हुआ है तो दोनों क्रिया PAST INDEFINITE में रहता है। उदाहरण—

(i) Past perfect with past Indefinite.
    I had reached the school before the bell rang.

(ii) Past Indefinite with past perfect
    I reached the station after the train had started.

(iii) Past Indefinite with past Indefinite

When the class ended the students went out.
यहाँ पर क्लास का बंद होना और विद्यार्थियों का बाहर जाना कम अंतराल में हुआ, इसलिए दोनों Verb 'Past Indefinite' में हैं।

नियम-2 : अगर Principal (main clause) का Verb Present या Fature Tense में हो तो Subordinate clause का Verb किसी भी Tense में (अर्थ के अनुसार) हो सकता है। (किसी भी Tense का मतलब तीनों Tense से है) उदाहरण—

(1) Hari says that shyam is a good boy.
हरि कहता है कि श्याम अच्छा लड़का है।

(2) Hari says that shyam was a good boy.
हरि कहता है कि श्याम अच्छा लड़का था।

(3) I am sure that he will go there.
मैं विश्वस्त हूँ कि वह वहाँ जाएगा।

(4) She will say that he (another person) went there.
वह कहेगी कि वह (दूसरा कोई व्यक्ति) वहाँ गया था।

(5) She will say that she will go there.
वह कहेगी कि वह वहाँ जाएगी।

नियम-3 : अगर वाक्य के दूसरे भाग में किसी प्रकार का उद्देश्य व्यक्त किया गया हो, तब अगर पहला भाग वर्तमान काल या भविष्यत् काल में हो तो दूसरा भाग भी वर्तमान काल में ही होगा (यानी भविष्यत् काल में नहीं होगा।) उदाहरण—

(1) We eat so that we may live.
हम लोग जिंदा रहने के लिए खाते हैं।

(2) We will ask him so that we may know.
हम लोग उससे पूछेंगे, तब ही जान सकेंगे।

TENSE के भागों के आधार पर अनुवाद

Tense की जानकारी और उसके क्रम की जानकारी हासिल करने के बाद Tense के सभी बारह भागों के आधार पर अनुवाद करने का विवरण नीचे दिया जा रहा है।

PRESENT TENSE
(वर्तमान काल)

(1) Present Indefinite (Simple)

Present Indefinite Tense की क्रिया से प्राय: यह बोध होता है कि कार्य वर्तमान काल में सामान्य ढंग से होता है। इसका प्रयोग चिरंतन सत्य (Eternal truth), सिद्धांत (Principle), स्थायी कार्य (Permanent activity) इत्यादि को व्यक्त करने के लिए होता है। इसका प्रयोग भविष्य में होनेवाले कार्यक्रम, निर्णय, शर्त इत्यादि व्यक्त करने के लिए भी होता है।

पहचान : क्रिया के अंत में 'त' और 'ह' के संयोग से बनी हुई क्रिया होती है। सोता है, खाती है, हँसता है, वगैरह के क्रिया का अनुवाद Present Indefinite में होता है।

PRESENT INDEFINITE में अनुवाद के लिए Verb का पहला रूप ही रह जाता है। लेकिन कर्ता यदि Third person के Singular Number में रहें तो Verb में 's' या 'es' लगाना होता है। इसे नीचे की तालिका में दर्शाया गया है—

तलिका

Person	Singular	Plural
First person	I run. मैं दौड़ता हूँ।	We run. हम लोग दौड़ते हैं।
Second person	You run. तुम दौड़ते हो।	You run. तुम लोग दौड़ते हो।
Third person	He/She/ Sita Gita/ Ram/ Rahim runs. वह (पु.), वह(स्त्री.) वगैरह दौड़ता/ दौड़ती है।	They, Ram and Shyam etc. run. वे लोग (राम तथा श्याम वगैरह) दौड़ते हैं।

Note : ऊपर के टेबल से ज्ञात होता है कि सिर्फ Third person Singular number में ही Verb में 's' या 'es' लगाया जाता है और किसी में नहीं।

Example—

1. मैं पढ़ता हूँ। — I read.
2. हम लोग पढ़ते हैं। — We read.
3. तुम पढ़ते हो। — You read.
4. तुम लोग पढ़ते हो। — You read.
5. वह पढ़ता है। — He reads.
6. वह पढ़ती है। — She reads.
7. वे लोग पढ़ते हैं। — They read.

यहाँ पर ध्यान देना है कि Verb में 's' सिर्फ He/She (Third person Singular number) में ही लगाया गया है।

8. बच्चा रोता है। — Child cries (cry-cries).
9. बच्चे रोते हैं। — Children cry.
10. वह स्कूल जाता है। — He goes to school (go-goes).
11. वे लोग स्कूल जाते हैं। — They go to school.
12. गाय घास खाती है। — The cow eats grass.

13. गाय घास चरती है। — The cow grazes grass.
14. मेरे पिताजी दूध बेचते हैं। — My father sells milk.
15. मेरी माँ मुझे प्यार करती है। — My mother loves me.
16. क्रिकेट के खिलाड़ी कड़ी मेहनत करते हैं। — Cricketers work hard.
17. सूर्य पूरब में उगता है। — The sun rises in the east.
18. सूर्य पश्चिम में डूबता है। — The sun sets in the west.
19. खदान में काम करनेवाले पसीना बहाते हैं। — The miners sweat.
20. वह शराब पीता है। — He drinks.
21. वह दूध पीता है। — He drinks (or takes) milk.
22. गाय दूध देती है। — The cow gives milk.
23. भारत के लोग अपने देश को प्यार करते हैं। — Indians love their country.
24. वह सब्जी खरीदता है। — He purchases vegetables.

EXERCISE (Translation)-26

1. वह मैदान में दौड़ता है। 2. राम पढ़ता है। 3. राम पढ़ाता है। 4. वे लोग स्कूल जाते हैं। 5.गरीब भूख से मरता है। (dies of hunger) 6. तुम ससुराल जाते हो। 7. वे लोग हँसते हैं। 8. वे लोग रोते हैं। 9. मुर्गी अंडा देती है। 10. ट्रैक्टर खेत जोतता है। 11. ट्रैक्टर फल ढोता है। 12. ज्योतिष (Astrologer) भविष्यवाणी करता है। 13. वे लोग देश का भविष्य जानते हैं। 14. तुम हर सप्ताह दिल्ली जाते हो। 15. कार्बन-मोनोक्साइड जान ले लेता है। 16. कुत्ता भौंकता है। 17. बिल्ली दूध पीती है। 18. साँप के काटने से लोग मर जाते हैं। 19. बस धीरे-धीरे चलती है। 20. हवाई जहाज तेजी से उड़ता है। 21. वह समस्या का समाधान करता है।

PRESENT INDEFINITE
(NEGATIVE SENTENCE)
(नकारात्मक वाक्य)

नकारात्मक वाक्य बनाने के लिए do not या does not लगाया जाता है। सिर्फ Third person Singular number में does not लगता है।

Structure—Subjeet +do not /does not +Verb.

ध्यान रहे कि Negative sentence में Verb के साथ 's' या 'es' नहीं लगाया जाता है। Do not को Don't और Does not को doesn't की तरह भी लिखा या बोला जाता है।

Example—

1. मैं नहीं जाता हूँ। — I do not go. I don't go.
2. वह नहीं जाती है। — She does not go. She doesn't go.
3. तुम नहीं पढ़ते हो। — You do not read. You don't read.
4. बाघ घास नहीं खाता है। — The tiger does not eat grass.
5. गाय मांस नहीं खाती है। — The cow does not eat meat.

6. वीर मैदान नहीं छोड़ते हैं। The braves do not leave the battle field.
7. लता अब गाना नहीं गाती है। Lata does not sing now.
8. वह रविवार को नमक नहीं खाता है। He does not take salt on Sundays.
9. वे लोग अभ्यास नहीं करते हैं। They do not practise.
10. हम लोग थकते नहीं हैं। We do not get tired.

EXERCISE (Translation)-27

1. आप कभी हँसते नहीं हैं। 2. तुम कभी भाषण नहीं देते 3. तुम कभी असफल नहीं होते। 4. वे लोग लड़ते नहीं हैं। 5. उस विद्यालय का एक भी विद्यार्थी असफल नहीं होता है। 6. वह हर रोज विद्यालय नहीं जाता है। 7. सुबह वर्षा नहीं होती है। (It does not rain...) 8. आप लोग मेहनत नहीं करते हैं। 9. तुम्हारा दोस्त तुम्हें प्यार नहीं करता है। 10. बच्चे स्कूल में नहीं रोते हैं। 11. बूढ़े लोग दौड़ते नहीं हैं। 12. बकरी मांस नहीं खाती है। 13. वह अब अध्ययन (study) नहीं करता है। 14. मैं वहाँ नहीं जाता हूँ। 15. मेरे पिताजी डॉक्टर के पास नहीं जाते हैं।

PRESENT INDEFINITE
INTERROGATIVE (Assertive and Negative)

वाक्य का पहला शब्द 'Do' या 'Does' होता है। Do not या does not का छोटा रूप Don't या Doesn't भी लिखते हैं। इन नियमों को इस प्रकार दर्शाया जा सकता है।

Structure	Do/ Does + subject +Verb ?	(Interrogative-Assertive)
Or	Do/ Does + subject +NOT +Verb ?	(Interrogative - Negative)
	Don't / Doesn't + Subject + Verb ?	

(यहाँ पर अलग से Not नहीं जुड़ता है। Don't या Doesn't में 'Not' समाहित है)

Exanple—

1.	क्या मैं खाता हूँ ?	Do I eat ?
2.	क्या हम लोग खाते हैं ?	Do we eat ?
3.	क्या तुम खाते हो ?	Do You eat ?
4.	क्या तुम लोग खाते हो ?	Do you eat ?
5.	क्या वह खाती है ?	Does she eat ?
6.	क्या वह खाता है ?	Does he eat ?
7.	क्या वे लोग खाते हैं ?	Do they eat ?
8.	क्या मैं नहीं खाता हूँ ?	Do I not eat ? Or Don't I eat ?

9.	क्या हम लोग नहीं खाते हैं ?	Do we not eat ? or Don't we eat ?
10.	क्या तुम नहीं खाते हो ?	Do you not eat ? or Don't you eat ?
11.	क्या तुम लोग नहीं खाते हो ?	Do you not eat ? or Don't you eat ?
12.	क्या वह नहीं खाती है ?	Does she not eat ? or Doesn't she eat ?
13.	क्या वह नहीं खाता है ?	Does he not eat ? or Doesn't he eat ?
14.	क्या वे लोग नहीं खाते हैं ?	Do they not eat ? or Don't they eat ?
15.	क्या तुम दौड़ते हो ?	Do you run ?
16.	क्या तुम नहीं दौड़ते हो ?	Don't you run ? or Do you not run ?
17.	क्या आप अंग्रेजी जानते हैं ?	Do you know English ?
18.	क्या आप अंग्रेजी नहीं जानते हैं ?	Do you not know English ? Or Don't you know English ?
19.	क्या वे लोग धोखा देते हैं ?	Do they betray ?
20.	क्या वे लोग धोखा नहीं देते ?	Do they not betray ? or Don't they betray ?

EXERCISE (Translation)-28

1. क्या तुम रोते हो ? 2. क्या तुम नहीं रोते हो ? 3. क्या मैं हँसता हूँ ? 4. क्या वे लोग नहीं हँसते हैं ? 5. क्या ये बच्चे अंग्रेजी सीखते हैं ? 6. क्या ये बच्चे अंग्रेजी नहीं सीखते हैं ? 7. क्या ये लोग खेल में भाग लेते हैं ? 8. क्या पुलिस चोर को पकड़ती है ? 9. क्या चोर पुलिस से डरता है ? 10. क्या चोर पुलिस से नहीं डरता है ? 11. क्या हम लोग डर से भागते हैं ? 12. क्या हम लोग डर से नहीं भागते हैं ? 13. क्या बाघ शेर से लड़ता है ? 14. क्या वह थकता नहीं है ? 15. क्या वह हार मान लेती है ? 16. क्या मैं आपके दोस्त की मदद नहीं करना चाहता हूँ ? 17. क्या तुम किसी से झगड़ते नहीं हो ? 18. तुम बिल्ली क्यों पालते हो ? 19. गाय को अन्न क्यों नहीं खिलाते हो ? 20. क्या मैं अपने गाँव की सेवा करता हूँ ? 21. तुम अपने गाँव की सेवा क्यों नहीं करते ? 22. क्या वे लोग रोगियों का इलाज करवाते हैं ? 23. क्या तुम रोज प्रार्थना करते हो ? 24. प्रार्थना के समय भगवान् से क्या माँगते हो ? 25. तुम ज्यादा नमक क्यों खाते हो ? 26. क्या तुम दिन के भोजन (Lunch) के बाद थोड़े समय के लिए सोते हो ? 27. नहीं, मैं नहीं सोता हूँ। 28. क्या तुम जानते हो कि सेब खाने से क्या लाभ हैं ? 29. क्या तुम मैदान छोड़कर भाग जाते हो ? 30. नहीं, मैं सफलता के लिए हमेशा प्रयास करता हूँ।

PRESENT IMPERFECT TENSE
OR
PRESENT CONTONIOUS TENSE

जब 'क्रिया' चल ही रही हो तो वाक्य Present Imperfect Tense (यानी अभी काम पूरा नहीं हुआ है) में होता है।

पहचान : रहा है, रहा हूँ, रही हूँ, रहे हो या 'र' और 'ह' का समावेश ही इसकी पहचान है।

जिस प्रकार से Present Indefinite में 'Run' क्रिया से तालिका दी गई है, उसी क्रिया से यहाँ भी एक तालिका दी जा रही है—

तालिका

Person	Singular	Plural
First	I am running. मैं दौड़ रहा हूँ।	We are running. हम लोग दौड़ रहे हैं।
Second	You are running. तुम दौड़ रहे हो।	You are running. तुम लोग दौड़ रहे हो।
Third person	He/ She/It /Ram Shyam etc. is running. वह(पु.)/वह(स्त्री.)/यह/ राम/ श्याम/वगैरह दौड़ रहा है/ रही है।	They, Ram and Shyam etc. are running. वे लोग, राम और श्याम वगैरह दौड़ रहे हैं।

तालिका से दो बातें स्पष्ट हैं—

(i) Verb में 'ing' लगाया जाता है।

(ii) I के साथ 'am', He, She, Ram वगैरह (Singular number) के साथ 'is' और We तथा You के साथ 'are' लगाया जाता है।

Structure—

I am Verb +ing	We are Verb+ing	You are Verb + ing
He, she, it - is +Verb + ing	They, (Ram and shyam) etc.	are Verb+ ing

EXEAMPLE—

Present Imperfect (Affirmative Sentence)

1.	मैं जा रहा हूँ।	I am going.
2.	हम लोग जा रहे हैं।	We are going.
3.	तुम जा रहे हो।	You are going.
4.	तुम लोग जा रहे हो।	You are going.

5.	वह जा रहा है।	He is going.
6.	वह जा रही है।	She is going.
7.	राम जा रहा है।	Ram is going.
8.	सीता जा रही है।	Sita is going.
9.	वे लोग जा रहे हैं।	They are going.
10.	राम और रहीम जा रहे हैं।	Ram and Rahim are going.
11.	मैं, तुम और मोहन जा रहे हैं।	You, Mohan and I are going. (Person Rule of 2, 3, 1)
12.	हम लोग अध्ययन कर रहे हैं।	We are studying.
13.	वह स्कूल जा रही है।	She is going to school.
14.	रसोइया खाना बना रहा है।	Cook is cooking food.
15.	गाँव के लोग हँस रहे हैं।	The villagers are laughing.
16.	उनके बच्चे सो रहे हैं।	Their children are sleeping.
17.	लता गाना गा रही है।	Lata is singing.
18.	वह कूदने जा रहा है।	He is going to jump.
19.	मैं आजकल अंग्रेजी सीख रहा हूँ।	I am learning English these days.
20.	मंत्रीजी परसों आ रहे हैं।	The Minister is coming day after tomorrow.
21.	मैं एक ट्रैक्टर खरीदने जा रहा हूँ।	I am going to buy a tractor.
22.	प्रधानमंत्री विदेश से लौट रहे हैं।	The Prime Minister is returning from foreign.
23.	मैं एक ट्रैक्टर खरीद रहा हूँ।	I am buying a tractor.
24.	वह अगले महीने लंदन जा रहा है।	He is going to London next month.
25.	वह पागल की तरह हँसता रहता है।	He is laughing like a mad man.

EXERCISE (Translation)-29

1. राम, श्याम, सोहन एवं रोहन जा रहे हैं। 2. हम, तुम और घनश्याम जा रहे हैं। 3. मेरी मौसी कल आ रही है। 4. मेरी माँ रो रही है। 5. मैं रामायण पढ़ रहा हूँ। 6. सीता शादी करने जा रही है। 7. कुत्ता भौंक (bark) रहा है। 8. वे लोग आपस में झगड़ रहे हैं। 9. स्कूल के बच्चे कल पिकनिक (Picnic) पर जा रहे हैं। 10. शिक्षक कठिन विषय (difficult subject) पढ़ा रहे हैं। 11. मैं श्याम पर विश्वास (pinning faith) रख रहा हूँ। 12. माता-पिता आशीर्वाद देते रहते हैं। (Blessing) 13. सीता कल गहने खरीदने जा रही है। 14. भारत उन्नति

कर रहा है। (Progressing) 15. हम लोग प्रतीक्षा कर रहे हैं। 16. वह आजकल फ्रेंच (French) सीख रही है। 17. वह खुद खेत जोत रहा है। (Ploughing himself) 18. मैं तुम्हें सूचना देते रहता हूँ।

Present Imperfect - Negative Sentence

इस Tense का Negative Sentence बनाने के लिए am, is, तथा are के साथ 'NOT' लगाया जाता है। Nothing, No one वगैरह के व्यवहार से भी Negative Sentence बनाया जाता है।

EXEAMPLE—

1.	मैं नहीं जा रहा हूँ।	I am not going.
2.	हम लोग नहीं जा रहे हैं।	We are not going.
3.	तुम नहीं जा रहे हो।	You are not going.
4.	तुम लोग नहीं जा रहे हो।	You are not going.
5.	तुम नहीं जा रही हो।	You are not going.
6.	वह नहीं जा रहा है।	He is not going.
7.	वह नहीं जा रही है।	She is not going.
8.	वे लोग नहीं जा रहे हैं।	They are not going.
9.	राम, श्याम और सोहन नहीं जा रहे हैं।	Ram, Shyam and Sohan are not going.
10.	हम, तुम और सोहन नहीं जा रहे हैं।	You, Sohan and we are not going.
ऊपर के वाक्यों को Verb 'go' के first, second और third person में 'not' लगाकर Negative Sentence बनाया गया है। अब कुछ अन्य Verb के साथ 'not' लगाकर Negative sentence का उदाहरण दिया जा रहा है।		
11.	भारत उन्नति नहीं कर रहा है।	India is not progressing.
12.	वे लोग कल नहीं आ रहे हैं।	They are not coming tomorrow.
13.	वे लोग अध्ययन नहीं कर रहे हैं।	They are not studying.
14	हम लोग घर खरीदने नहीं जा रहे हैं।	We are not going to buy a house.
15.	वह भीख नहीं माँग रहा है।	He is not begging.
16.	कोई भी आगे नहीं आ रहा है।	No one is coming forward.
17.	वे लोग कुछ नहीं करने जा रहे हैं।	They are going to do nothing.

EXERCISE (Translation)-30

1. मैं नहीं खा रहा हूँ। 2. हम लोग नहीं खा रहे हैं। 3. तुम नहीं खा रहे हो। 4. तुम लोग नहीं खा रहे हो। 5. तुम नहीं खा रही हो। 6. तुम लोग नहीं खा रही हो। [क्रमांक 3 से 6 का अनुवाद एक ही होगा—You are not

eating] 7. वह नहीं खा रहा है। 8. वह नहीं खा रही है। 9. वे लोग नहीं खा रहे हैं। 10. राम, श्याम और सोहन नहीं खा रहे हैं। 11. हम,तुम और सोहन नहीं खा रहे हैं। [क्रमांक 1 से 11 तक 'eat' क्रिया से First, Second और Third Person के संयोग से Negative Sentence का अनुवाद करना है।] 12. वे लोग नहीं दौड़ रहे हैं। 13. संतगण पैसों के पीछे नहीं भागते हैं। 14. हम लोग दिल्ली नहीं जा रहे हैं। 15. भारत पाकिस्तान से क्रिकेट मैच नहीं खेल रहा है। 16. वह अपने गाँव नहीं जा रही है। 17. वह अपने ससुराल भी नहीं जा रही है। 18. हम लोग खाना खाने नहीं जा रहे हैं। 19. हम लोग गंगा नदी में स्नान नहीं कर रहे हैं। 20. हम लोग हवाई मार्ग से दिल्ली नहीं जा रहे हैं। 21. आगरा जानेवाली ट्रेन नहीं आ रही है (not arriving)। 22. भोजपुर के लोग अंग्रेजी नहीं बोल रहे हैं। 23. हम लोग राष्ट्र सेवा नहीं कर रहे हैं (not rendering)। 24. अमेरिका भारत की मदद करने नहीं जा रहा है। 25. वर्षा नहीं होने जा रही है।

Present Imperfect Interrogative Sentence
(Assertive and Negative)

Present Imperfect के वाक्यों को 'प्रश्नवाचक' बनाने का साधारण नियम है कि am, is, और are को वाक्य के पहले शब्द में व्यवहार किया जाता है। Negative वाक्य बनाने के लिए बीच में 'not' का व्यवहार किया जाता है। इसे निम्नलिखित ढंग से दरशाया जा सकता है।

Interrogative (Assertive): am, is, are + S + V ?

Interrogative (Negative): am, is, are + S + not +V ?

or aren't / isn't + S +V ?

Note : (i) aren't, isn't 'not' को हटा देता है।

(ii) अगर Where, When, Why तथा How का व्यवहार होना है तो यह प्रश्नवाचक शब्द वाक्य का पहला शब्द होता है। **उदाहरण—**

1.	क्या मैं पढ़ रहा हूँ ?	Am I reading ?
2.	क्या हम लोग पढ़ रहे हैं ?	Are we reading ?
3.	क्या तुम पढ़ रहे हो ?	Are you reading ?
4.	क्या तुम लोग पढ़ रहे हो ?	Are you reading ?
5.	क्या वह पढ़ रहा है ?	Is he reading ?
6.	क्या वह पढ़ रही है ?	Is she reading ?
7.	क्या राम पढ़ रहा है ?	Is Ram reading ?
8.	क्या उषा पढ़ रही है ?	Is Usha reading ?
9.	क्या वे लोग पढ़ रहे हैं ?	Are they reading ?
10.	क्या राम, तुम और वह पढ़ रहे हैं ?	Are you, he and Ram are reading ? (Person Rule 2, 3, 1)
11.	तुम कहाँ जा रहे हो ?	where are you going ?

12.	तुम कब जा रहे हो ?	When are you going ?
13.	तुम क्यों जा रहे हो ?	Why are you going ?
14.	तुम कैसे पढ़ रहे हो ?	How are you reading ?
15.	क्या मैं नहीं पढ़ रहा हूँ ?	Am I not reading ?
16.	क्या हम लोग नहीं पढ़ रहे हैं ?	Are we not reading ?
17.	क्या तुम/तुम लोग नहीं पढ़ रहे हो ?	Are you not reading ?
18.	क्या वह नहीं पढ़ रही है ?	Is she not reading ?
19.	क्या वह नहीं पढ़ रहा है ?	Is he not reading ?
20.	क्या वे लोग नहीं पढ़ रहे हैं ?	Are they not reading ?
21.	तुम सीखने की कोशिश क्यों नहीं करते हो ?	Why are you not trying to learn ?
22.	तुम्हारे पिता तुमको क्यों मदद नहीं कर रहे हैं ?	Why is your father not helping you ? (यहाँ पर your father 'Third Person' Singular Number है। इसलिए इसके पहले 'is' लगाया गया है)
23.	तुम गाड़ी भाड़े पर क्यों ले रहे हो ?	Why are you hiring vehicle ?
24.	तुम गाड़ी भाड़े पर क्यों नहीं ले रहे हो ?	Why are you not hiring vehicle ?
25.	तुम जा रहे हो या नहीं ?	Are you going or not ?
26.	वे लोग क्यों नहीं जा रहे हैं ?	Why are they not going ?

Note: What, Why, How, When के बाद isn't, aren't का लगाना उचित नहीं है।

EXERCISE (Translation)–31

1. आप क्या खा रहे हैं ? 2. तुम कब आ रहे हो ? 3. तुम क्यों नहीं आ रहे हो ? 4. तुम क्यों नहीं आ रही हो ? 5. वे लोग वृक्ष क्यों नहीं लगा रहे हैं ? 6. वे लोग घंटों क्यों तैर रहे हैं ? 7. क्या मंत्रीजी गाँव आ रहे हैं ? 8. क्या वह भोज दे रहा है ? 9. तुम्हें कंपनी में नौकरी क्यों नहीं मिल रही है ? 10. क्या हलवाहा (ploughman) खेत जोत रहा है ? (जोताना 'to till') 11. क्या तुम मीटिंग में भाग ले रहे हो ? 12. क्या तुम मीटिंग में भाग नहीं ले रहे हो ? 13. वे लोग ताजमहल देखने आगरा कब जा रहे हैं ? 14. मैं क्या कर रहा हूँ ? 15. तुम अपना जन्मदिन कैसे मना रहे हो ? 16. तुम कैसे आ रहे हो ? 17. क्या तुम सिनेमा का टिकट नहीं खरीद रहे हो ? 18. तुम कब तक जा रहे हो ? 19. क्या तुम बैंक से उधार (loan) ले रहे हो ? 20. क्या तुम इंजीनियरिंग कॉलेज में प्रवेश (Admission) ले रहे हो ? 21. क्या तुम मेडल लेने विश्वविद्यालय जा रहे हो ? 22. क्या वहाँ डकैत पहुँच रहे हैं ? 23. क्या बीमारी फैल रही है ? 24. क्या वह सिगरेट नहीं पी रहा है ? 25. क्या तुम विश्व भ्रमण करते रहते हो ?

PRESENT PERFECT

इस Tense की पहचान बहुत सावधानी से करनी चाहिए। यह Tense सही मायने में Present और Past के बीच का है। क्रिया का समापन Past में हुआ है, लेकिन बहुत पहले नहीं—हाल में, अभी-अभी, कुछ देर पहले, नजदीक में या इतने दिन पहले जिसका लेखा-जोखा न हो।

पहचान : चुका हूँ, चुकी हूँ, चुके हैं, चुके हो, चुका है अथवा 'या' के साथ 'हूँ' (जैसे खाया हूँ, खाया है, खायी है इत्यादि) अथवा 'आ' के साथ 'ह' (जैसे पढ़ा है, पढ़ी है इत्यादि)

इस Tense में have / has तथा Verb का तीसरा रूप (Past Participle) लगता है। नीचे की तालिका से यह स्पष्ट होगा—

'Verb- eat' (eat-ate-eaten) को आधार मानकर तालिका बनाई गई है।

तालिका

Person	Singular	Plural
First	I have eaten. मैं खा चुका हूँ।	we have eaten. हम लोग खा चुके हैं।
Second	You have eaten. तुम खा चुके हो।	you have eaten. तुम लोग खा चुके हो।
Third	He/ she/ shyam/ It has eaten. वह खा चुका/चुकी है। श्याम/यह खा चुका है	They have eaten. वे लोग खा चुके हैं। (Ram and sita have eaten). राम और सीता खा चुके हैं।

Note: सिर्फ Third person singular number में 'has' लगता है।

EXAMPLE—(ASSERTIVE SENTENCE)

1.	उसने अध्ययन किया है।	He has studied.
2.	वे लोग पढ़ चुके हैं।	They have read.
3.	तुम आ गए हो।	You have come.
4.	तुमने राम को देखा है।	You have seen Ram.
नोट : You have seen Ram yesterday—एक गलत वाक्य है, क्योंकि 'Yesterday' एक निश्चित समय बतला रहा है। अत: शुद्ध वाक्य होगा—You saw Ram yesterday. इस प्रकार ध्यानपूर्वक Present Perfect का व्यवहार करना चाहिए।		
5.	राम ने श्याम को धोखा दिया है।	Ram has betrayed Shyam.
6.	उन लोगों ने अपने कर्तव्य का पालन किया है।	They have performed their duties.

7.	मैंने पिता की आज्ञा का पालन किया है।	I have complied with the instruction of my father.
8.	तुम बाइबल पढ़ चुके हो।	You have read the Bible.
9.	बच्चे ने नाटक खेला है।	Children have staged drama.
10.	उसने एक पुत्र गोद लिया है।	He has adopted a son.

EXAMPLE (NEGATIVE SENTENCE)

Have और has के बाद 'Not' लगाकर Negative Sentence बनाया जाता है।

1.	मैंने नहीं खाया है।	I have not eaten.
2.	हम लोगों ने नहीं खाया है।	We have not eaten.
3.	तुमने/तुम लोगों ने नहीं खाया है।	You have not eaten.
4.	उस (लड़के) ने नहीं खाया है।	He has not eaten.
5.	उस (लड़की) ने नहीं खाया है।	She has not eaten.
6.	उन लोगों ने नहीं खाया है।	They have not eaten.
7.	मैंने, तुमने और उसने नहीं खाया है।	You, he and I have not eaten. (Person Rule of 2,3,1)
8.	सूर्य अस्त नहीं हुआ है।	The sun has not set.
9.	युद्ध खत्म नहीं हुआ है।	The war has not ended.
10.	उसने अपना कर्तव्य नहीं निभाया है।	He has not performed his duties.

EXERCISE (Translation)-32

(Present perfect-Assertive and Negative Sentences)

1. वह दिल्ली जा चुका है। 2. उसने रामायण पढ़ी है। 3. मैं आम खा चुका हूँ। 4. वह दौड़ चुका है। 5. उसने अपना घर तोड़ दिया है। (Demolish) 6. ग्रामीणों ने हवाई यात्रा नहीं की है। 7. वर्षा नहीं हुई है। 8. मंत्रीजी नहीं आए हैं। 9. मंत्रीजी आ चुके हैं। 10. मंत्रीजी ने अपना भाषण पढ़ दिया है। 11. मंत्रीजी अपना भाषण नहीं दे पाए हैं। 12. हम लोगों ने बैंक से पैसा ले लिया है। 13. श्याम और गीता अपना पाठ पढ़ चुके हैं। 14. वह नहीं आई है। 15. सूर्यास्त हो चुका है। 16. सूर्यास्त नहीं हुआ है। 17. सूर्य निकल गया है। 18. सूर्य नहीं निकला है। 19. छात्र स्कूल आए हैं। 20. तुम झूठ बोले हो। (To lie) 21. तुम सच नहीं बोले हो। 22. चूहों ने वृक्ष की जड़ पर दाँत मारा है। (दाँत मारना—to bite) 23. पुलिस ने चोर को नहीं पकड़ा है। (पकड़ना—Catch, caught) 24. मैंने अपना काम कर दिया है। 25. उन लोगों ने काम ठीक से नहीं किया है।

• INTERROGATIVE SENTENCES

(Assertive and Negative)

Assertive : Have / has वाक्य का पहला शब्द हो जाता है।
Have you done it ? क्या तुमने यह किया है ?

Negative : Have / Has के बाद Subject और फिर not लगाया जाता है।
Have you not done it ? क्या तुमने ऐसा नहीं किया है ?
Haven't / hasn't लगाकर भी वाक्य इस प्रकार बनाते हैं।
Haven't you done it ? Hasn't he done it ?

ध्यान रहे कि Haven't / hasn't 'HAVE ... not' तथा 'Has ... not' की जगह आता है और अलग से 'not' नहीं लिखा जाता है।

Example—

1.	क्या तुमने आम खाया है ?	Have you eaten mangoes ?
2.	क्या तुमने आम नहीं खाया है ?	Have you not eaten mangoes ? or Haven't you eaten mangoes ?
3.	क्या आप खा चुके हैं ?	Have you eaten ?
4.	क्या आप नहीं खाये हैं ?	Have you not eaten or Haven't you eaten ?
5.	क्या सीता अपना काम कर चुकी है ?	Has sita done her work ?
6.	क्या सीता ने अपना काम नहीं किया है ?	Has sita not done her work ? Or Hasn't Sita done her work ?
7.	क्या उन लोगों ने भगवान् को धन्यवाद दिया है ?	Have they thanked God ?
8.	क्या उन लोगों ने भगवान् को धन्यवाद नहीं दिया है ?	Have they not thanked God ? Or Haven't they thanked God ?
9.	क्या वह परीक्षा में उत्तीर्ण हुआ है ?	Has he passed the examination ?
10.	क्या वह परीक्षा में उत्तीर्ण नहीं हुआ है ?	Has he not passed the examionation ? Or Hasn't he Passed the examination ?

EXERCISE (Translation)-33

1. क्या तुमने भगवान् को देखा है ? 2. क्या तुम दिल्ली गए हो ? 3. क्या तुम दिल्ली कभी नहीं गए हो ? 4. क्या तुमने गंगा नदी में स्नान किया है ? 5. क्या तुमने गंगा नदी में कभी स्नान नहीं किया है ? 6. क्या तुमने कार खरीदी है ? 7. क्या तुमने कार नहीं खरीदी है ? 8. क्या तुमने झूठी गवाही नहीं दी है ? (to give false witness) 9. क्या राम ने पुस्तकालय की सभी पुस्तकें पढ़ ली हैं ? 10. क्या गीता ससुराल गई है ? 11. क्या

तुमने दरवाजा बंद किया है ? 12.क्या तुमने दरवाजा बंद नहीं किया है ? 13. तुम कब आए हो ? 14. तुम किस प्रयोजन से बनारस गए हो ? 15. तुम यहाँ क्यों आए हो ? 16. क्या तुमने जंगल में बाघ देखा है ? 17. क्या उसने सच कहा है ? 18. क्या उसने सच नहीं कहा है ? 19. तुम यहाँ कैसे आए हो ?

• FOR और SINCE का प्रयोग

इनके प्रयोग की चर्चा पहले भी की जा चुकी है। फिर भी याद रहे कि 'for' किसी 'period' को जताता है, जबकि 'since' किसी 'point of time' को। Present Perfect Tense में भी 'For' और 'Since' का व्यवहार होता है। यह भी ध्यान रहे कि Verb 'be' का Past Participle 'been' का प्रयोग भी 'for' और 'since' के साथ होता है।

Example—

<table>
<tr><td>1.</td><td>(a) मैं चार दिनों से बीमार हूँ।</td><td>I have been ill for four days.</td></tr>
<tr><td></td><td>(b) मैं पंद्रह अगस्त से बीमार हूँ।</td><td>I have been ill since 15th August.</td></tr>
<tr><td>2.</td><td>मैं सुबह दस बजे से व्यस्त हूँ।</td><td>I have been busy since 10 O'clock.</td></tr>
<tr><td>3.</td><td>मैंने सुबह से काम नहीं किया है।</td><td>I have not worked since morning.</td></tr>
<tr><td colspan="3">(ध्यान रहे 'मैं सुबह से काम नहीं कर रहा हूँ ' का अनुवाद - Present Perfest continuous में होगा - I have not been working since morning)</td></tr>
<tr><td>4.</td><td>वह यहाँ पर गत रविवार से नहीं है।</td><td>He has not been here since last Sunday.</td></tr>
<tr><td>5.</td><td>वह यहाँ पंद्रह दिनों से नहीं है।</td><td>He has not been here for fifteen days.</td></tr>
<tr><td colspan="3">(यहाँ पर ध्यान दें कि 'गत रविवार' को 'since last Sunday' से अनुवाद किया गया है। यहाँ पर Last Sunday 'point' निश्चित समय (time) दर्शाता है। जब कि दूसरे वाक्य में पंद्रह दिन—एक Period बताता है, अत: इस वाक्य में 'for' लगाया गया है।)</td></tr>
<tr><td>6.</td><td>सीता गत महीने से बीमार है।</td><td>Sita has been suffering from fever since last month.</td></tr>
<tr><td colspan="3">(यहाँ पर 'since' एक निर्धारित समय दर्शाता है)</td></tr>
<tr><td>7.</td><td>सीता एक महीने से बीमार है।</td><td>Sita has been suffering from fever for a month (यहाँ for a month—एक Period बताता है)</td></tr>
<tr><td>8.</td><td>हम लोग 1947 से आजादी का आनंद ले रहे हैं।</td><td>We have been enjoying our freedom since 1947.</td></tr>
<tr><td>9.</td><td>हम लोग पैंसठ वर्षों से आजादी का आनंद ले रहे हैं।</td><td>We have been enjoying our freedom for sixty five years.</td></tr>
</table>

10.	तुम कब से व्यस्त हो ?	Since when you have been busy ?
11.	तुम कितने दिनों तक व्यस्त रहे हो ?	For how many days you have been busy ?

EXERCISE (Translation)-34

1. वह पाँच दिनों से अनुपस्थित है। 2. वह बुधवार से अनुपस्थित है। 3. मेरे पिताजी चार महीनों से बीमार हैं। 4. मेरे पिताजी 2011 से बीमार हैं। 5. आप महीना भर व्यस्त रहे हैं। 6. आप 15 अगस्त से व्यस्त हैं। 7. तुम बहुत दिनों से उपस्थित नहीं हो। 8. तुम कितने दिनों से उपस्थित हो ? 9. तुम कितने दिनों से उपस्थित नहीं हो ? 10. तुम इतने दिनों से क्यों उपस्थित नहीं थे ? 11. तुम इतने दिनों से क्यों उपस्थित हो ? 12. तुम कब से बीमार हो ? 13. तुम कितने दिनों से बीमार हो ? 14. तुम कितने दिनों से तकलीफ में हो ? 15. तुम कब से तकलीफ में हो ?

• Present Perfect में INFINITIVE का प्रयोग

Infinitive के प्रयोग के बारे में पहले भी चर्चा हुई है। फिर भी संक्षेप में यह याद रखना है कि Principal Verb के बाद दूसरे Verb में 'to' लगाकर Infitive के रूप में व्यवहार किया जाता है। जैसे—to go, to eat, to dance, to run, to read etc.

Example—

1.	वह अध्ययन करने गया है।	He has gone to study.
2.	वह दुश्मनों को मारने गया है।	He has gone to kill enemies.
3.	तुम लोग यहाँ खाना खाने आए हो।	You have come here to eat.
4.	राधा नृत्य करने कोलकाता गई है।	Radha has gone to Kolkata to dance.
5.	धोनी क्रिकेट खेलने ऑस्ट्रेलिया गया है।	Dhoni has gone to Australia to play Cricket.
6.	वह वेद पढ़ने बनारस गया है।	He has gone to Varanasi to read Vedas.
7.	वे लोग युद्ध करने गए हैं।	They have gone to fight a war.
8.	क्या तुम तैरने गए हो ?	Have you gone to swim ?
9.	क्या तुम तैरने नहीं गए हो ?	Have you not gone to swim ?
10.	उनकी इच्छा है कि तुम्हें मदद करें।	They have a desire to help you.

EXERCISE (Translation)-35

1. वह खाना पकाने (to cook) गई है। 2. राम तैराकी सीखने गया है। 3. तुमने इस काम को किस प्रकार से करने का सोचा है ? 4. सरकार ने किसानों की आय बढ़ाने के लिए क्या सोचा है ? 5. क्या तुमने दिल्ली में घर खरीदने के लिए सोचा है ? 6. क्या तुम्हारे पास कार खरीदने का पैसा नहीं है ? 7. तुमने इस प्रतियोगिता में प्रथम

स्थान पाने के लिए क्या किया है ? 8. तुमने इस काम को समाप्त करने की कोशिश नहीं की है। 9. तुम्हें डॉक्टर बनने के लिए बहुत पढ़ाई करनी है। 10. क्या तुमने सफलता पाने के लिए सतत प्रयास किया है ? 11. हाँ, मैंने सफलता के लिए बहुत परिश्रम किया है। 12. उसे प्रधानमंत्री बनने की चाह है। 14. उसने एक गाय शुद्ध दूध पीने के लिए खरीदी है। 15. वह दक्षिण भारत हिंदी के प्रचार के लिए गया है।

PRESENT PERFECT CONTINUOUS

इसकी पहचान है कि क्रिया (काम) भूतकाल में शुरू हुई और अभी (वर्तमान) भी चल ही रही है। पहचान के तौर पर 'करते आ रहा है', 'पढ़ाते आ रहा है', 'जाते जा रहा है'..............वगैरह।

'Have been' के साथ Verb में 'ing' लगाकर या 'Has been' के साथ Verb में 'ing' लगाकर (यथा 'for' या 'since' के साथ) वाक्य बनाया जाता है।

इसे नीचे लिखी सारणी में 'Teach' Verb को आधार मानकर दरशाया गया है—

तालिका

Person	Singular Number	Plural Number
First	I have been teaching. मैं पढ़ाते आ रहा हूँ।	We have been teaching. हम लोग पढ़ाते रहे हैं।
Second	You have been teaching.	You have been teaching.
Third	He She } has been teaching. Ram	They have been teaching.

ध्यान दें कि सिर्फ Third Person Singular Number (He, She, Ram, Shyam वगैरह) को छोड़कर सभी Subject के साथ 'Have been' ही लगता है।

EXAMPLE

1.	मैं खाता रहा हूँ।	I have been eating.
2.	हम लोग खाते रहे हैं।	We have been eating.
3.	तुम/तुम लोग खाते रहे हो।	You have been eating.
4.	वह खाता रहा है।	He has been eating.
5.	वह खाती रही है।	She has been eating.
6.	सोहन खाता रहा है।	Sohan has been eating.
7.	वे लोग खाते रहे हैं।	They have been eating.
8.	मैं और वह खाते रहे हैं।	He and I have been eating.

9.	मैं इस स्कूल में दो वर्षों से पढ़ाता रहा हूँ।	I have been teaching in this school for two years.
10.	मैं इस स्कूल में सन् 2010 से पढ़ा रहा हूँ।	I have been teaching in this school since 2010.
11.	सुशील कुमार पंद्रह वर्षों से कुश्ती लड़ रहा है।	Sushil Kumar has been wrestling for fifteen years.
12.	सुशील कुमार बचपन से ही कुश्ती लड़ते रहा है।	Sushil Kumar has been wrestling since his childhood.
13.	वह सुबह से दौड़ रहा है।	He has been running since morning.
14.	मैं दस साल से नीम का पौधा लगा रहा हूँ।	I have been planting neem trees for ten years.
15.	लोग दो घंटों से नारा लगा रहे हैं।	People are shouting slogans for two hours.

EXERCISE (Translation)-36

1. सीता महीनों से अपने पति के घर लौटने का इंतजार कर रही है। 2. सीता गत फरवरी से अपने पति के घर लौटने का इंतजार कर रही है। 3. तुम खाते रहे हो। 4. वह इस स्कूल में पाँच वर्षों से पढ़ रहा है। 5. वह इस स्कूल में सन् 2007 से पढ़ रहा है। 6. वह दौड़ती रही है। 7. वह घंटों से हँसती रही है। 8. वह सुबह से हँसती रही है। 9. सोहन इस कारखाने में दस साल से काम कर रहा है। 10. सोहन इस कारखाने में सन् 2002 से काम कर रहा है।

• **Negative Sentence**

Have not been+ Verb+ing }
Has not been+ Verb+ing } Structure

Have या Has के बाद 'not' लगाकर Present Perfect Continuous का वाक्य बनाया जाता है।

Example—

1.	मैं शाम से नहीं सो रहा हूँ।	I have not been sleeping since evening.
2.	वह इस स्कूल में दस वर्षों से नहीं पढ़ा रहा है।	He has not been teaching in this school for ten years.
3.	वह इस स्कूल में 2002 से नहीं पढ़ा रहा है।	He has not been teaching in this school since 2002.

4.	वे लोग इस भोजनालय में नहीं खाते रहे हैं।	They have not been taking meals in this restaurant.
5.	वह गीता नहीं पढ़ते रहा है।	He has not been reading the Gita.

• INTERROGATIVE SENTENSE

(Affirmative and Negative)

Have या Has को वाक्य का पहला शब्द बनाकर प्रश्नवाचक वाक्य बनाया जाता है।

Example—

1.	क्या वह इस स्कूल में दस वर्षों से पढ़ा रहा है?	Has he been teaching in this school for ten years?
2.	क्या वह इस स्कूल में दस वर्षों से नहीं पढ़ा रहा है?	Has he not been teaching in this school for ten years?
3.	क्या वह इस स्कूल में 2002 से पढ़ा रहा है?	Has he been teaching in this school since 2002?
4.	क्या वह इस स्कूल में 2002 से नहीं पढ़ा रहा है?	Has he not been teaching in this school since 2002?
5.	क्या वे लोग राष्ट्र की सेवा करते रहे हैं?	Have they been serving the nation?
6.	क्या वे लोग राष्ट्र की सेवा नहीं करते रहे हैं?	Have they not been serving the nation?
7.	क्या तुम सुबह से व्यायाम कर रहे हो?	Have you been exercising since morning?
8.	क्या तुम सुबह से व्यायाम नहीं कर रहो हो?	Have you not been exercising since morning?
9.	क्या तुम लोग वर्षों से सोते रहे हो?	Have you been sleeping for years?
10.	क्या तुम लोग वर्षों से सोते नहीं रहे हो?	Have you not been sleeping for years?
11.	क्या तुम लोग भगवान् भरोसे जीते रहे हो?	Have you been living on the mercy of God?

EXERCISE (Translation)-37

1. क्या राम दस दिनों से इंतजार कर रहा है? 2. क्या राम दस दिनों से इंतजार नहीं कर रहा है? 3. क्या राम 10 जनवरी से इंतजार कर रहा है? 4. क्या राम 10 जनवरी से इंतजार नहीं कर रहा है? 5. क्या वे लोग वर्षों से बनारस जाते रहे हैं? 6. क्या हम लोग गरीबों की मदद नहीं करते रहे हैं? 7. क्या हिंदू हजारों वर्षों से शिव की आराधना (worshipping) नहीं करते रहे हैं? 8. क्या भारत के किसान गरीबी से लड़ते रहे हैं? (Struggling

against poverty). 9. क्या तुम सुबह से हारमोनियम बजाते रहे हो ? (Playing on harmonium). 10. क्या तुम दस वर्षों से तबला बजाते रहे हो ? (Playing on tabla).

What/ When/ Why/ Where/ How के प्रयोग से भी Present Perfect Continuous Tense का वाक्य बनाया जाता है।

Example—

1.	आप क्या करते रहे हैं ?	What have you been doing ?
2.	आप क्यों करते रहे हैं ?	Why have you been doing ?
3.	आप क्यों नहीं करते रहे हैं ?	Why have you not been doing ?
4.	आप कैसे करते रहे हैं ?	How have you been doing ?
5.	आप कब से करते रहे हैं ?	Since when have you been doing ?
6.	आप कहाँ जाते रहे हैं ?	Where have you been going ?
7.	वह कहाँ जाती रही है ?	Where has she been going ?
8.	उनके बच्चे क्यों रोते रहे हैं ?	Why have their children been weeping ?
9.	आप कब से उनकी मदद कर रहे हैं ?	Since when have you been helping them ?
10.	सरकार क्यों किसानों की मदद नहीं कर पा रही है ?	Why has the Government not been helping farmers ?

EXERCISE (Translation)-38

1. आप सुबह से शाम तक क्यों सोते रहे हैं ? 2. आप कब से मंदिर में पूजा करते रहे हैं ? 3. राम क्यों आगरा जाते रहा है ? 4. बच्चा क्यों रोता रहा है ? 5. आप क्या सोचते रहे हैं ? 6. क्या वर्षों से अन्ना उपवास करते रहे हैं ? 7. वे लोग किस ढंग से खेती करते रहे हैं ? 7. क्यों भारत सरकार इस संबंध में राज्य सरकारों को पत्र लिखते रही है ? 8. आप क्यों नहीं ग्रामीणों की मदद करते रहे हैं ? 9. क्या आप अपना कर्तव्य निभाते रहे हैं ? (discharging responsibilities) 10. आप अपना कर्तव्य क्यों नहीं निभाते रहे हैं ?

'PAST TENSE'

PAST INDEFINITE: कोई कार्य भूतकाल में समाप्त हो जाने के अनुवाद के लिए Past Indefinite (सामान्य भूतकाल) का प्रयोग होता है। इसकी पहचान वाक्य के अंत में "था, थी, थे, अथवा आ, ई, ए," अक्षर का होना है। वाक्य के अंत में 'थ' शब्द भी इसकी पहचान है। लेकिन Past Perfect Tense में भी वाक्य के अंत में 'थ' अक्षर आता है। इन दोनों को समझना जरूरी है। इसकी जानकारी 'Past Perfect Tense' के तहत दी गई है।

'Past Indefinite' में वाक्य बनाने के लिए 'कर्ता' के बाद Verb का दूसरा (Past) रूप व्यवहार किया जाता है और उसके बाद अन्य शब्दों को जोड़ा जाता है।

"Subject + V-2 + ..."

Example—

1.	मैं आया।	I Came.	Verb का रूप
2.	हम लोग आए।	We came.	Come-Came-Come
3.	तुम/ तुम लोग आए।	You came.	Go-Went-Gone
4.	वह आया।	He came.	Say-Said-Said
5.	वह आई।	She came.	Laugh-Laughed-Laughed
6.	यह (निर्जीव पदार्थ) आया।	It came.	Forget-Forgot-Forgotten
7.	वे लोग आए।	They came.	Rise-Rose-Risen
8.	वह गया।	He went.	Set-Set-Set
9.	वह गई।	She went.	Eat-Ate-Eaten
10.	वे बोले।	They said.	Rule-Ruled-Ruled
11.	तुम हँसे।	You laughed.	Die-Died-Died
12.	मैं भूल गया/ मैं भूल गया था।	I forgot.	Ring-Rang-Rung
13.	मैंने खाया/खाया था।	I ate.	Kill-Killed-Killed
14.	सीता गई/गई थी।	Sita went.	Fill-Filled-Filled
15.	सूर्य निकला।	The sun rose.	Remain-Remained-Remained
16.	सूर्य डूबा।	The sun set.	Ask-Asked-Asked
17.	मैं उसके पास गया।	I went to him.	Learn-Learned-Learnt
18.	उन लोगों ने रोटी खाई।	They ate bread.	Lie-Lied-Lied
19.	उन लोगों ने भात खाया।	They ate rice.	
20.	वह पटना गया था।	He went to Patna.	
21.	अंग्रेज भारत पर राज करते थे।	Britishers Ruled India.	
22.	तुमने गरीबों की मदद की।	You helped the Poor.	
23.	मैंने एक चिट्ठी लिखी थी।	I wrote a letter.	
24.	उसने एक पशु को मार दिया/ या मार दिया था।	He killed an animal.	

25.	घंटी बजी।	The bell rang.
26.	उन लोगों ने किताब फाड़ डाली। (फाड़ना-Tear up)	They tore up the book.
27.	पिछले सप्ताह उनकी मृत्यु हो गई।	He died last week.
28.	वह गुस्से से चिल्लाई।	She shouted angrily.
29.	भगवान् ने हम सबों को बचाया।	God saved us.
30.	मैंने यह किताब पढ़कर सीखा।	I learnt it by reading book.
31.	उसकी आँख में आँसू आ गए।	His eyes filled with tears.
32.	'सुनामी' ने पूरा शहर बरबाद कर दिया।	The 'Tsunami' destroyed the whole city.
33.	दो घंटे तक विचार विमर्श होते रहा।	The consultation continued for two hours.
34.	वह चुप रहा।	He remained silent.
35.	उसने अपनी कक्षा में प्रथम स्थान पाया।	He stood first in his class.
36.	उसने मुझसे झूठ बोला।	He lied to me.
37.	मैंने लालटेन बुझाई।	I blew out the lantern.
38.	मैंने भगवान् से पूछा।	I asked God.
39.	गया गया गया। [(गया (नाम का व्यक्ति) गया (शहर) गया।]	Gaya went to Gaya.
40.	वह मुँह के बल जमीन पर गिरा।	He fell on his face on the ground.

(Verb का Form 'क्रिया' PART 'C' में देखें)

EXERCISE (Translation)-39

1. वह गया। 2. वे लोग गए। 3. सभी लोग चले गए। 4. वह बहुत रोया। 5. मैं गहरी नींद में सोया। 6. मैंने उसे प्यार किया। 7. उसने प्रार्थना की। 8. भूकंप से गाँव बरबाद हो गया। 9. गाँव के लोग सभा में गए थे। 10. गाय मर गई। 11. बच्चे चिल्लाए। 12. भारत ने न्यूजीलैंड को हराया। 13. राम ने रावण को मारा। 14. मैंने उस पर विश्वास खो दिया। 15. कवि (Poet) ने चाँद पर कविता लिख दी। 16. अधिकतर विद्यार्थी असफल रहे। 17. उसने अपने उद्देश्य की प्राप्ति की (to succeed in mission) 18. उसने प्रथम पुरस्कार पाया। 19. उसे बहुत ज्यादा पैसे की आवश्यकता थी। 20. करीब 5000 लोग सभा में उपस्थित थे।

• USE of INFINITIVE in Past Indefinite

जैसा हम पहले जान चुके हैं कि 'Verb' के पहले 'to' लगाकर Infinitive बनाते हैं और वाक्य में व्यवहार करते हैं। Infinitives का व्यवहार Past Indefinite में भी होता है।

Example—

1.	भारत ने मैच जीतना चाहा।	India wanted to win the match.
2.	वह मरना चाहता था।	He desired to die.
3.	वे लोग सभा में भाग लेने आए थे।	They came to attend the meeting.
4.	दूल्हा कन्या को देखना चाहता था।	The groom wanted to see the bride.
5.	राम ने लंका पर जीत के लिए युद्ध किया।	Ram fought the war to win over Lanka.
6.	वह दिल्ली छोड़ना चाहता था।	He wanted to leave Delhi.
7.	वह दिल्ली में रहना चाहता था।	He wanted to live in Delhi.
8.	उसने सूदखोरों से छुटकारा पाने के लिए पूरी कोशिश की।	He tried his level best to get rid of money lenders.
9.	वह यहाँ आया ही था लौट जाने के लिए।	He came here to return.
10.	माता-पिता की इच्छा थी कि उनका पुत्र डॉक्टर बने।	His parents desired his son to become a doctor.

EXERCISE (Translation)-40

1. उसने प्रथम श्रेणी में सफलता के लिए प्रयास किया। 2. रावण राम के हाथों मरना चाहता था। 3. व्यापारी मुनाफा कमाने के लिए लोगों को ठगता था (मुनाफा- Profit, ठगना-to cheat) 4. नर्स रोगियों की सेवा करना चाहती थी। 5. बाघ किसी जानवर को मार कर खाना चाहता था। 6. धूप से बचने के लिए उसने छाता खरीदा। 7. खेत जोतने के लिए किसान ने ट्रैक्टर खरीदा। 8. मैंने ज्ञानवर्धन के लिए गीता और बाइबल पढ़ा। (ज्ञानवर्धन के लिए to enhance knowledge) 9. श्याम बिना पानी में गए ही तैरना सीखना चाहता था। 10. वह खाने के लिए जीना चाहता था। 11. वह जीने के लिए खाना चाहता था।

• NEGATIVE SENTENCE (नकारात्मक वाक्य) (PAST INDEFINITE)

Subject के बाद 'did not' लगाकर Negative Sentence बनाया जाता है।

तीनों Person में 'did not' ही लगाया जाता है और Verb का Present Form (V-1) व्यवहार किया जाता है।

STRUCTURE

'Subject + did not + Verb -1 + ...'

Example—

1.	उसने नहीं पढ़ा।	He did not read.
2.	तुम स्कूल नहीं गए।	You did not go to school.
3.	मैंने खाना नहीं खाया।	I did not eat.
4.	हम लोग गेंद खेलने नहीं गए।	We did not go to play football.
5.	भारत की सेना बँगलादेश के जवानों को नहीं मारना चाहती थी।	The Indian army did not want to kill the soldiers of Bangaldesh.
6.	उन लोगों ने जीतने की कोशिश नहीं की।	They did not try to win.
7.	वह जान नहीं पाया कि उसे क्या करना है।	He did not know what to do.
8.	मैं उसे जान से मारना नहीं चाहता था।	I did not want to kill him.
9.	मंत्रीजी सभा में नहीं आए।	The Minister did not come to the meeting.
10.	आपका पत्र मुझे नहीं मिला।	I did not receive your letter.
11.	मैंने आज का अखबार नहीं पढ़ा।	I did not read today's paper.

EXERCISE (Translation)-41

1. उसने नहीं देखा। 2. हम लोग नहीं हँसे। 3. वे लोग नहीं रोये। 4. हम लोग थके नहीं। (did not get tired) 5. किसानों ने वैज्ञानिक ढंग से खेती नहीं की। 6. राम ने बाघ नहीं मारा। 7. उन लोगों ने मुझे गाली नहीं दी। 8. उन लोगों ने मेरी प्रशंसा नहीं की। 9. मैंने कॉलेज में बाइबल नहीं पढ़ा। 10. किसानों ने भीख नहीं माँगी। 11. हिंदू मुसलमानों से नफरत नहीं करते थे। (नफरत करना–hate)

• INTERROGATIVE SENTENCE (प्रश्नवाचक वाक्य) (PAST INDEFINITE)

'Did' वाक्य का पहला शब्द होता है। Negative Interrogative में भी 'Did' पहला शब्द रहता है। वाक्य का Structure इस प्रकार होता है।

(i) Did + Subject + Verb -1 ?

(ii) Did + Subject + not+ Verb-1 ?
Or
Didn't + subject + Verb-1 ?

('Did' और 'Not' को एक साथ करके Didn't का व्यवहार करते हैं।)

Example—

1.	क्या उसने पढ़ा ?	Did he read ?
2.	क्या वे लोग शहर गए ?	Did they go to city ?

3.	क्या किसानों ने ट्रैक्टर खरीदा ?	Did farmers purchase tractors ?
4.	क्या उसने नहीं पढ़ा ?	Did he not read ? or Didn't he read ?
5.	क्या वे लोग शहर नहीं गए ?	Did they not go to city ? or Didn't they go to city ?
6.	क्या किसानों ने ट्रैक्टर नहीं खरीदा ?	Did the farmers not purchase tractor ? or Didn't the farmers purchase tractor ?
7.	क्या तुमने गाली दी ?	Did you abuse ?
8.	क्या तुमने गाली नहीं दी ?	Did you not abuse ? or Didn't you abuse ?

- **What/When/ How/Where/Why के प्रयोग के साथ प्रश्नवाचक वाक्य**

इन शब्दों का प्रयोग 'Did' के पहले किया जाता है। इसके अलावा Structure पहले की तरह ही रहता है।

What,when,	Did	Subject	Verb-I ?	------
how, where,	Did	Subject	Not	Verb-I ?
why	Didn't	Subject	Verb - I ?	-----

Example—

1.	उसने क्या किया ?	What did he do ?
2.	तुम क्या करना चाहते थे ?	What did you want to do ?
3.	तुम क्या नहीं करना चाहते थे ?	What did you not want to do ? Or What didn't you want to do ?
4.	तुम कब आए ?	When did you come ?
5.	अतिथिगण कब आए ?	When did the guests come ?
6.	तुमने कार कब खरीदी ?	When did you purchase car ?
7.	उसने कैसे परीक्षा की तैयारी की ?	How did he prepare for the examination ?
8.	तुम कैद से कैसे भाग गए ?	How did you escape from the prison ?
9.	तुम कहाँ गए ?	Where did you go ?
10.	अवकाश प्राप्त के बाद तुमने कहाँ अपना घर बसाया ?	Where did you establish after your retirement ?
11.	तुम लंदन क्यों गए ?	Why did you go to London ?
12.	तुम लंदन क्यों नहीं गए ?	Why did you not go to London ? Or Why didn't you go to London ?

EXERCISE (Translation)-42

1. तुमने क्या किया ? 2. तुमने क्या नहीं किया ? 3. उसने क्या चुराया ? 4. भारत की क्रिकेट टीम कब लौटी ? 5. उसने ऑक्सफोर्ड विश्वविद्यालय में कब प्रवेश किया ? 6. वह जेल से कब भागा ? 7. पुलिस ने तुमको कब पकड़ा ? 8 तुमने कैसे प्रथम स्थान प्राप्त किया ? 9. क्या तुम प्रथम स्थान नहीं प्राप्त कर पाए ? 10. तुम क्यों प्रथम स्थान प्राप्त नहीं कर पाए ? 11. तुम कहाँ चले गए ? 12. वह कहाँ छिप गया ? 13. तुम क्यों परीक्षा में असफल रहे ? 14. क्या तुम परीक्षा में सफल हो गए ? 15. क्यों तुम परीक्षा में सफल नहीं हुए ? 16. तुमने क्या किया कि तुम्हें पुलिस ने पकड़कर जेल भेजा ? 17. तुमने जेवरात चुराने की कोंशिश क्यों की ? 18. चीन ने लद्दाख पर कब कब्जा किया ? 19. भारत ने अमेरिका का प्रस्ताव क्यों स्वीकार नहीं किया ? 20. भारत को कब आजादी मिली ?

• 'USED TO' का व्यवहार

भूतकाल में 'आदत' या 'खास काम करने की इच्छा' इत्यादि को दर्शाने के लिए 'Used to' एक MODAL AUXILIARY की तरह व्यवहार किया जाता है। (Can, Could, May, Might etc. भी Modal Auxiliary हैं।)

Example—

1.	मैं सुबह टहला करता था।	I used to walk in the morning.
2.	वह रोज तैरा करता था।	He used to swim every day.
3.	वे लोग रामायण पढ़ा करते थे।	They used to read the Ramayana.
4.	वह सुबह देर से जागता था।	He used to get up late in the morning.
5.	वह पान खाया करता था।	He used to chew beatle.
6.	तुम शराब पीते थे।	You used to drink.
7.	वे लोग चोरी करते थे।	They used to steal.
8.	मुझे अंग्रेजी बोलने की आदत थी।	I used to speak English.
9.	उसे झूठ बोलने की आदत है।	He is used to lying.

• 'USED To' का Negative और Interrogative Sentence में कम व्यवहार होता है। फिर भी इसकी जानकारी आवश्यक है।

Example—

1.	मैं टहला नहीं करता था।	I used not to walk or I did not (or didn't) use to walk.
2.	रीता गाना नहीं गाया करती थी।	Rita used not to sing or Rita didn't use to sing.
3.	वह तुम्हें क्यों पीटता रहता था ?	Why he used to beat you ?

4.	राम क्यों वहाँ जाया करता था ?	Why Ram used to go there ?
5.	क्या राम पढ़ाया करता था ?	Did Ram use to teach ?

Note : Present Tense में 'Use to' का प्रयोग नहीं होता है। 'वह जाता है' या 'वह जाया करता है' का अनुवाद 'He goes' होगा, न कि 'He uses to go' इसी प्रकार 'I use to go' भी गलत वाक्य है। लेकिन Present tense में भी used to का व्यवहार होता है। जैसे—I am used to smoking; We are used to swimming etc. (Verb में ing लगाकर और used to उसके पहले लिखकर)

EXERCISE (Translation)-43

1. तुम्हें चाय पीने की आदत थी। 2. क्या तुम्हें चाय पीने की आदत थी ? 3. क्या तुम्हें चाय पीने की आदत नहीं थी ? 4. मुझे कार चलाने की आदत है। 5. मुझे खाना पकाने का शौक है। 6. क्या उसे खाना पकाने का शौक था ? 7. क्या उन्हें खाना पकाने का शौक नहीं था ? 8. क्या वह सुबह टहला करता था ? 9. क्या वह शराब नहीं पीता था ? 10. क्या उसे चाय पीने की आदत थी ? 11. क्या उसे चाय पीने की आदत नहीं थी ?

• 'PAST IMPERFECT OR PAST CONTINUOUS (अपूर्ण भूतकाल)'

'कोई काम (क्रिया) भूतकाल में हो रहा था'—यह इस Tense की पहचान है। काम पूरा हुआ या नहीं, इसकी जानकारी ऐसे वाक्यों से नहीं होती है। इसीलिए इसको अंग्रेजी में Imperfect और हिंदी में अपूर्ण भूतकाल कहते हैं। इसकी पहचान 'रहा था,' रही थी—यानी 'रह' और 'थ' से बने वाक्य इसमें होते हैं।

Structure—Subject + was/were + V- ing

I (First person Singular number) तथा He, she, Sita, it, etc. (Third person Singular number) में 'was' लगाकर तथा अन्य सभी के साथ 'were' लगाकर वाक्य बनाया जाता है। Verb में ing जोड़ा जाता है।

तालिका (Verb 'PLAY')

Person	Singular	Plural
First Person	I was playing.	We were playing.
Second Person	You were playing.	You were playing.
Third Person	He/She/Ram/Shyam It etc. was playing.	They were playing. Ram and Shyam were playing.

Example—

1.	मैं खा रहा था।	I was eating.
2.	हम लोग खा रहे थे।	We were eating.
3.	तुम/तुम लोग खा रहे थे।	You were eating.

4.	वह खा रहा था/रही थी।	He/She was eating.
5.	श्याम खा रहा था।	Shyam was eating.
6.	वे लोग खा रहे थे।	They were eating.
7.	वह, मैं और तुम खा रहे थे।	You, he and I were eating.(Person Rule of 2, 3, 1).
8.	जगदीश गाना गा रहा था।	Jagdish was singing.
9.	उसकी बहन सिलाई कर रही थी।	His sister was sewing.
10.	वह सिसक रहा था।	He was sobbing.
11.	घनश्याम रेडियो सुन रहा था।	Ghanshyam was listening to radio.
12.	वह लाभ ले रहा था।	He was reaping the benefit.
13.	गायें चर रही थीं।	The cows were grazing.
14.	हम लोग मंत्रीजी का इंतजार कर रहे थे।	We were waiting for the minister.
15.	गांधीजी चरखा चला रहे थे।	Gandhiji was spinning.
16.	वह अपने किए हुए कर्म पर पछता रहा था।	He was repenting on his deeds.
17.	वह धन जमा कर रहा था।	He was collecting money/ wealth.
18.	वह पाप कर रहा था।	He was sinning.
19.	शिक्षक विद्यार्थी को पीट रहा था।	The teacher was beating student.
20.	वह अंग्रेजी व्याकरण सीख रहा था।	He was learning English-grammar.
21.	वह सबकुछ भूल रहा था।	He was forgetting everything.

EXERCISE (Translation)-44

1. लड़कियाँ नाच रही थीं। 2. वह एक उपन्यास (Novel) लिख रहा था। 3. नाथेश्वर मिश्रा अंग्रेजी पढ़ा रहे थे। 4. वे सभी रो रहे थे। 5. वह अपने पिता का दाह-संस्कार कर रहा था। 6. वह गंदगी को दरी के अंदर रख रहा था। 7. तारे चमक रहे थे। 8. लोग खान-पान की सामग्री में मिलावट कर रहे थे। (मिलावट करना—adultering) 9. वह पैदल ही बाजार जा रहा था। 10. वह दुकान बंद कर रहा था। 11. सोनार गहना बना रहा था। 12. वह पक्षियों को मार रहा था। 13. वह गाय से दूध निकाल रहा था (गाय से दूध निकालना—Milking Cow)। 14. वह गंगा में स्नान कर रहा था। 15. वह चाय पी रहा था। 15. वह अपनी प्यास खत्म कर रहा था (प्यास खत्म करना—to quench thirst)। 16. वह पुस्तक की हरेक पंक्ति पढ़ रहा था। 17. वह गहराई से पढ़ रहा था (गहराई से पढ़ना—to read between the lines)। 18. वह खेत में ट्रैक्टर चला रहा था (जोतना—to plough)। 19. वह नदी में तैर रहा था। 20. वह अपनी दाढ़ी बना रहा था (दाढ़ी बनाना—to shave)।

• NEGATIVE and INTERROGATIVE SENTENCES

Negative sentence बनाने के लिए was या were के बाद 'NOT' जोड़ दिया जाता है।

Example—

1.	वह नहीं रो रहा था।	He was not weeping.
2.	सीता नहीं नाच रही थी।	Sita was not dancing.
3.	वे लोग कुछ नहीं कर रहे थे।	They were not doing anything. Or The were doing nothing.
4.	हम लोग दिल्ली नहीं जा रहे थे।	We were not going to Delhi.
5.	वे लोग भूखे नहीं मर रहे थे।	They were not starving.

• Interrogative (Assertive and Negative)

वाक्य बनाने के लिए वाक्य को was/were से शुरू किया जाता है।

Example—

1.	क्या वह खा रहा था ?	Was he eating ?
2.	क्या वह नहीं खा रहा था ?	Was he not eating ? Or Wasn't he eating ?
3.	क्या लड़के हल्ला कर रहे थे ?	Were the boys making a noise ?
4.	क्या लड़के हल्ला नहीं कर रहे थे ?	Were the boys not making a noise ? Or Weren't the boys making noise ?
5.	क्या हम लोग गणित के प्रश्नों का हल नहीं कर रहे थे ?	Were we not solving the problems of Mathematics ?

• कब, क्यों, कैसे, क्या, कहाँ इत्यादि रहने पर वाक्यों की बनावट

<table>
<tr><td>when</td><td rowspan="5">was/were</td><td rowspan="5">Subject</td><td rowspan="2">not</td><td rowspan="2"></td></tr>
<tr><td>why</td></tr>
<tr><td>How</td><td>या</td><td>V-ing ?</td></tr>
<tr><td>What</td><td rowspan="2">not के बिना</td><td rowspan="2"></td></tr>
<tr><td>Where</td></tr>
</table>

Example—

1.	वह कब जा रहा था ?	When was he going ?
2.	तुम कब पढ़ रहे थे ?	When were you reading ?
3.	राम कब संत जेबियर्स कॉलेज में पढ़ रहा था ?	When was Ram studying in St. Xavier's college ?
4.	वे लोग क्यों हल्ला कर रहे थे ?	Why were they shouting ?
5.	वे लोग क्यों संघर्ष नहीं कर रहे थे ?	Why were they not struggling ?
6.	गाँव के विद्यार्थी किस प्रकार से परीक्षा की तैयारी कर रहे थे ?	How were the village students preparing for the examination ?
7.	तुम कैसे उस गंदे शहर में रह रहे थे ?	How were you living in such a dirty city ?
8.	वे लोग क्या कर रहे थे ?	What were they doing ?
9.	तुम क्या नहीं कर रहे थे ?	What were you not doing ?
10.	वह कहाँ व्यापार कर रहा था ?	Where was he doing his business ?
11.	वे लोग कहाँ से आ रहे थे ?	Where from were they coming ?

ध्यान दें : अगर Past Imperfect जैसे लगने वाले वाक्य में 'समय' का (कब से, कितनी देर से इत्यादि) समावेश हो जाए तो उसका अनुवाद Past Perfect Continuous Tense में किया जाता है।

EXETCISE (Translation)–45

1. वे लोग नहीं मान रहे थे (मानना—to agree) 2. हम लोग रास्ते में नहीं रुक रहे थे। 3. हम लोग बाधा नहीं डाल रहे थे (बाधा डालना—to obstruct) 4. नेताजी भाषण नहीं दे रहे थे। 5. वे लोग हल्ला कर रहे थे और बैठ नहीं रहे थे। 6. बच्चे पतंग नहीं उड़ा रहे थे। (पतंग उड़ाना—flying kite) 7. वे लोग कब आ रहे थे ? 8. तुम लोग कब कॉलेज में अध्ययन कर रहे थे ? 9. तुम लोग वहाँ क्यों जा रहे थे ? 10. तुम लोग वहाँ क्यों नहीं जा रहे थे ? 11. वे लोग दिल्ली कैसे जा रहे थे ? (ट्रेन से या कार से या हवाई जहाज से) 12. सुभाषचंद्र बोस आजादी किस प्रकार से हासिल करने के लिए प्रयास कर रहे थे ? 13. वे लोग किस प्रकार की संस्था चला रहे थे ? 14. तुम लोग क्या बेच रहे थे ? 14. वे लोग कहाँ भवन निर्माण कर रहे थे ? 16. क्या वे लोग भवन निर्माण नहीं कर रहे थे ? 15. चुनाव के लिए धन कहाँ से आ रहा था ?

• Infinitive का प्रयोग

पहले भी बतलाया गया है कि Verb के पहले 'to' लगाकर Infinitive बनाते हैं और इसका व्यवहार main Verb को Supplement करने के लिए किया जाता है।

Example—

1. वह फुटबॉल खेलने जा रहा था।
   He was going to play football.
2. वे लोग युद्ध के मैदान में दुश्मनों को मारने जा रहे थे।
   They were going to battle field to kill the enemies.
3. वह अपनी कक्षा में प्रथम स्थान पाने के लिए प्रयास कर रहा था।
   He was trying to get first position in his class.
4. क्या वह अपने बीमार मित्र को देखने नहीं जा रहा था?
   Was he not going to see his ailing friend?
5. भारत अन्न की कमी को पूरा करने के लिए कृषि पर ध्यान दे रहा था।
   India was stressing on agriculture to overcome the shortage of food grains.

EXERCISE (Translation)-46

1. मैं भगवान् के दर्शन के लिए साधना कर रहा था (साधना करना—to meditate)।
2. मैं प्रतिदिन पाँच किलोमीटर दौड़ता था, जिससे कि फौज में जा सकूँ (जा सकना—to join)।
3. तुम अपने व्यापार से कितना रुपया बचाना चाहते थे?
4. राम इसलिए तेजी से दौड़ रहा था कि वह तुम्हें पीछे छोड़ दे।
5. क्या राम श्याम को परास्त करने की योजना बना रहा था?

• PAST PERFECT TENSE (पूर्ण भूत काल)

कोई काम (क्रिया) भूतकाल में पूर्ण (समाप्त) हो जाने को दर्शाने वाला वाक्य इस Tense के अंदर आता है। लेकिन इसके व्यवहार में शक बना रहता है। एक ही वाक्य को Present Perfect, Pas Indefininte तथा Past Perfect में होने का संशय बना रहता है।

Past Perfect Tense का form बहुत सरल है। क्योंकि Subject के तीनों Person (singuler तथा Plural) में 'had' लगाकर Verb के तीसरे रूप के योग से वाक्य बनाया जाता है।

Subject + had + Verb-3

संशय : एक उदाहरण से समझकर निवारण किया जा सकता है।

उदाहरण : मैं गया हूँ। मैं गया था।

I have gone. / I had gone. / I went.

जहाँ पर 'ह' अक्षर का व्यवहार हो, तो Present Perfect लगाने में ज्यादा हिचक नहीं होनी चाहिए। लेकिन 'मैं गया था' का अनुवाद 'I went' भी हो सकता है और 'I had gone' भी। (ध्यान देने की बात यह है कि अगर किसी खास समय में काम खत्म होने को दर्शाया गया हो तो Past Perfect ज्यादा उपयुक्त है)। उदाहरण के तौर पर 'मैं कल गया था' को लिया जाए (यहाँ 'कल' ही क्रिया समाप्त हो गई है, अत: 'I had gone yesterday' ज्यादा उपयुक्त होगा, लेकिन व्यवहार में 'I went only yesterday' भी लाया जा सकता है।

इस संशय के निवारण के बाद यह जानना जरूरी है कि 'Past Perfect Tense' का व्यवहार मुख्यतः भूतकाल में दो क्रिया के संपन्न होने पर किया जाता है। जो क्रिया पहले समाप्त होती है, उसे 'PAST PERFECT' में और बाद में समाप्त होनेवाली क्रिया को 'PAST INDEFINITE' में लिखा जाता है। लेकिन वाक्य में पहले कौन Tense आएगा, यह निश्चित नहीं है। यानी Past Perfect या Past Indefinite में से कोई भी पहले लिखा जा सकता है।

Example—

1. डॉक्टर के आने के पहले ही रोगी मर चुका था।
   The patient had died before the doctor came.
   (रोगी पहले मरा, इसलिए Past Perfect Tense रोगी के मरने के साथ लगा। डॉक्टर बाद में आया, अत: डॉक्टर के आने के लिए Past Indefinite लगाया गया है।)
2. मेरे स्टेशन पहुँचने के पहले ही ट्रेन खुल चुकी थी।
   The train had started before I reached the station. or
   I reached the station after the train had started.

ध्यान दें : 'The train had started' दोनों वाक्य में है, क्योंकि ट्रेन पहले खुली थी। लेकिन 'The train had started' एक वाक्य में पहले आया है और दूसरे वाक्य में बाद में आया है। अत: यह दर्शाता है कि दोनों क्रिया के क्रम में आने का कोई नियम नहीं है।

3. घंटी बजने के पहले मैं स्कूल पहुँच चुका था।
   I had reached the school before the bell rang. or
   The bell rang after I had reached the school.
4. लोग जगे, लेकिन चोर पहले ही भाग चुका था।
   People woke up but the thief had fled away.
5. मेरे जगने के पहले सूर्य उग चुका था।
   The sun had risen before I woke up.

Note : जब दो क्रिया के समाप्त होने के समय में बहुत कम अंतर हो तो दोनों क्रिया PAST INDEFINITE में होती है।

Example—

1. घंटी बजते ही विद्यार्थी अपनी कक्षा में चले गए।
   When the bell rang the students entered their class room.
2. डकैतों ने जैसे ही गोली दागी, खून बहने लगा।
   As soon as the Dacoits fired shots the blood gushed out.
3. जब राम ने श्याम को पीटा, वह गाली देने लगा।
   When Ram beat (past tense of beat—उच्चारण बेट) shyam began to abuse.
4. जब भारत ऑस्ट्रेलिया से हार गया तो भारतीय दर्शक स्टेडियम छोड़कर चले गए।
   When Australia defeated India the Indian audience left the stadium.

5. खाने के पहले उसने अपना मुँह धोया।
He washed his mouth before he ate.

EXERCISE (Translation)-47

1. जब माँ घर लौटी तो बच्चे सो चुके थे।
2. वर्षा होने के पहले दादाजी घर पहुँच चुके थे।
3. शिक्षक की कक्षा में जाने के पहले हल्ला-गुल्ला बंद हो गया था।
4. जब मैं दिल्ली पहुँचा तो मेरे माता-पिता पटना के लिए रवाना हो गए थे।
5. मेरे स्टेशन पर पहुँचने के पहले ही ट्रेन खुल चुकी थी।
6. उनके जगने के पहले सूर्य उग चुका था।
7. उसने स्नान किया और फिर पूजा की।
8. जब वर्ग समाप्त हुआ, तब विद्यार्थी चले गए।
9. जैसे मैं स्टेशन पहुँचा, ट्रेन खुल गई।
10. जैसे ही साँप ने काटा, वह मर गया।

[**Note** : 7 से 10 तक में सिर्फ Past Indefinite Tense का व्यवहार होगा।]

• Past Perfect Tense एक Verb से बना वाक्य

ऊपर के वाक्यों में हम लोगों ने एक ही वाक्य में दो 'Verb' का व्यवहार किया है। लेकिन Past Perfect Tense का व्यवहार सिर्फ एक Verb के साथ भी होता है। ऐसी क्रिया, जो बहुत पहले समाप्त हो चुकी हो, उन वाक्यों में had लगाकर वाक्य बनाया जा सकता है।

Example—

1.	इसके पहले मैंने दिल्ली नहीं देखी थी।	I had not seen Delhi before.
2.	उसने पहले ही आमंत्रण भेज दिया था।	He had already sent invitation.
3.	वह पहले ही भोजन कर चुका था।	He had taken his food.
4.	मैंने उसे पत्र लिखा था।	I had written him a letter.
5.	इसके पहले मैंने हवाई जहाज पर सवारी नहीं की थी।	I had not travelled by aeroplane before.
6.	मैं लंदन गया था।	I had gone to London.
7.	वह मर चुका था।	He had died.
8.	वह सो चुका था।	He had slept.
9.	उसने दरवाजा तोड़ा था।	He had broken the door.
10.	उसने परीक्षा पास नहीं की थी।	He had not passed the examination.

EXERCISE (Translation)-48

1. बस पहले ही जा चुकी थी। 2. वह परीक्षा पास कर चुका था। 3. वे लोग यहाँ पहुँच गए थे। 4. ट्रेन पहले ही खुल चुकी थी। 5. मंत्रीजी ने भवन की नींव डाल दी थी। 6. मैं कभी कश्मीर नहीं गया था। 7. सूर्य डूब चुका था। 8. यूनियन के प्रतिनिधि कंपनी के प्रबंध निदेशक से मिल चुके थे। 9. उन्हें नकारात्मक जवाब मिल चुका था। 10. उन्होंने शराब पी ली थी।

• Past Perfect Tense और Present Perfect Tense का समानांतर व्यवहार

पहले लिखा जा चुका है कि इन दोनों Tense के व्यवहार में वाक्य की समझदारी से ही संशय कुछ हद तक दूर हो सकता है। कुछ वाक्यों को गौर से देखने पर संशय दूर होगा।

	Present Perfect	Past Perfect
1.	वह दस दिनों से बीमार है।	वह दस दिन तक बीमार था।
	He has been ill for ten days.	He had been ill for ten days.
2.	राम ने 1998 से सेना में सेवा दी है।	राम ने 1998 से सेना में सेवा दी थी।
	Ram has served the army since 1998.	Ram had served the army since 1998.
3.	मैं बीस वर्षों से वकील हूँ।	मैं बीस वर्षों से एक वकील रहा था।
	I have been a lawyer for ten years.	I had been a lawyer for ten years.
4.	उसने दस वर्षों से मांस नहीं खाया है।	उसने दस वर्षों से मांस नहीं खाया था।
	He has not eaten meat for ten years.	He had not eaten meat for ten years.
5.	वह बचपन से ही लकवाग्रस्त है।	वह बचपन से लकवाग्रस्त था।
	He has remained paralysed since his childhood.	He had remained paralysed since his childhood.

Note : समय सूचक वाक्यों में दोनों Tense (Present Perfect और Past Perfect) का व्यवहार होता है।

• Negative Sentence

'Had' के बाद 'Not' लगाकर Negative Sentence बनाया जाता है।

Structure—Subject + had + not + V3

Example—

1.	वह कभी लंदन नहीं गया था।	He had not gone to London ever. or He had never gone to London.
2.	उसने चीन की दीवार नहीं देखी थी।	He had not seen the Chinese wall.

3.	उसने कभी शराब नहीं पी।	He had not drunk ever.
4.	उसने बाइबिल नहीं पढ़ा था।	He had not read the Bible.
5.	वह पाँच दिनों से सोया नहीं था।	He had not slept for five days.
6.	वह पंद्रह अगस्त से नहीं सोया था।	He had not slept since 15th August.

- **Interrogative Sentence: (Assertive and Negative)**

Structure—

Had + Subject + V-3 ?
Had + Subject + Not + V-3 ?

Example—

1. क्या तुम्हारे पहुँचने के पहले ट्रेन खुल चुकी थी ?
   Had the train left before you reached ?
2. क्या इसके पहले तुमने हवाई यात्रा की थी ?
   Had you travelled by plane before this one ?
3. क्या तुम्हारे पिता तुम्हारे आने के पहले मर चुके थे ?
   Had your father died before you came ?
4. क्या तुम्हारे पिता तुम्हारे आने के पहले नहीं मर चुके थे ?
   Had your father not died before you came ?
5. क्या तुम पटना गए थे ?
   Had you gone to Patna ?
6. क्या तुम पटना नहीं गए थे ?
   Had you not gone to Patna ?
7. क्या गांधीजी बचपन से सत्यवादी थे ?
   Had Gandhiji been truthful since his childhood ?
8. क्या गांधीजी बचपन से सत्यवादी नहीं थे ?
   Had Gandhi ji not been truthful since his childhood ?
9. क्या वह पहले मुंबई गया था ?
   Had he gone to Mumbai before ?
10. क्या वह पहले मुंबई नहीं गया था ?
    Had he not gone to Mumbai before ? or
    Hadn't he gone to Mumbai before ?

• प्रश्नवाचक शब्दों से Past Perfect Tense का वाक्य

Structure—

When, How, Why, Where, What	had	Subject	V3 ?
	had	Subject	not/V3 ?
	Hadn't	subject	V3 ?

Example—

1.	वह कब गया था ?	When had he gone ?
2.	वह कब नाची थी ?	When had she danced ?
3.	तुम कैसे परीक्षा में सफल हो गए थे ?	How had you passed the examination ?
4.	वे लोग यहाँ कैसे आए थे ?	How had they come here ?
5.	तुम वहाँ क्यों गए थे ?	Why had you gone there ?
6.	तुम वहाँ क्यों नहीं गए थे ?	Why had you not gone there ? or Why hadn't you gone there ?
7.	वे लोग कहाँ से आए थे ?	Where from had they come ?
8.	वे लोग कहाँ गए थे ?	Where had they gone ?
9.	तुमने स्कूल जाने के पहले क्या खाया था ?	What had you eaten before you went to school ?
10.	तुम यहाँ क्या करने आए थे ?	What for had you come here ?
11.	क्या उसने अपने स्नान घर में स्नान किया था ?	Had he had a bath in his bath room ? or Had he bathed in his bath room ?

EXERCISE (Translation)-49

1. तुम लंदन नहीं गए थे। 2. क्या तुम लंदन गए थे ? 3. क्या तुम लंदन नहीं गए थे ? 4. उसने गीता नहीं पढ़ी थी। 5. क्या उसने गीता पढ़ी थी ? 6. क्या उसने गीता नहीं पढ़ी थी ? 7. तुमने पाँच दिनों से खाना नहीं खाया था। 8. क्या तुमने पाँच दिनों से खाना नहीं खाया था ? 9. क्या तुम्हारे पहुँचने के पहले ट्रेन नहीं खुल चुकी थी ? 10. अपनी पोती की शादी देखने के पहले ही वे मर चुके थे ? 11. आम पकने के पहले बच्चों ने आम तोड़ लिया था (तोड़ना—to Pluck) 12. वह कब आया था और कहाँ चला गया ? 13. वह किसलिए आया था और क्या करके चला गया ? 14. उन लोगों ने चोरी नहीं की थी। 15. क्या उन लोगों ने चोरी की थी ? 16. क्या उन लोगों ने चोरी नहीं की थी ? 17. वह टूट गया था, लेकिन झुका नहीं (टूट जाना—to break)। 18. क्या वह सोने की दुकान गया था ? 19. क्या उसने वहाँ पर सोने की चोरी की थी ? 20. क्या उसने हीरे की चोरी की थी ? 21. क्या उसने सोने की चोरी नहीं की थी ? 22. क्या वह चार फीट ऊँची कूद नहीं लगा पाया था ? 23. क्या वह चार फीट भी नहीं कूद पाया था ?

24. क्या वह चार फीट कूद पाया था? 25. पितामह ने सभी को आशीर्वाद दिया था, लेकिन दुर्योधन ने उन्हें प्रणाम नहीं किया। 26. क्या वह चयनित नहीं हो पाया था? (चयनित होना—to qualify) 27. क्या वह चयनित हो पाया था? 28. उसने गोली दागी थी। 29. क्या उसने गोली दागी थी? 30. क्या उसने गोली नहीं दागी थी? 31. क्या वह मर चुका था? 32. क्या वह नहीं मरा था? 33. क्या उन लोगों ने गंगा में स्नान किया था? 34. क्या उन लोगों ने गंगा में स्नान नहीं किया था? 35. नाव डूबी नहीं थी (डूबना—to sink)। 36. क्या नाव डूब गई थी? 37. क्या नाव नहीं डूबी थी? 38. क्या उन्होंने पुरस्कार जीता था? 39. क्या उन्होंने पुरस्कार नहीं जीता था? 40. क्या राम ने रावण को मारा था? 41. क्या राम ने रावण को नहीं मारा था?

• PAST PERFECT CONTINUOUS TENSE (अपूर्ण भूतकाल)

इस Tense से ऐसा बोध होता है कि भूतकाल में कोई काम (क्रिया) बहुत समय तक चलता रहा था।

Structure—

Subject + Had been + V- ing

Subject चाहे किसी भी Person या Number में हो Structure एक ही रहता है।

साधारणत: इस Tense के साथ समय लगा रहता है। Past continuous और Past Perfect continuous के व्यवहार में कुछ संशय रहता है। लेकिन भूतकाल में काम होने या करने में 'समय' लग जाने से Past Perfect Continuous का व्यवहार ज्यादा उपयुक्त है। कुछ उदाहरणों से यह स्पष्ट होगा।

Example—

<table>
<tr><td>1.</td><td>मैं दौड़ रहा था।
I was running.</td><td>मैं दो घंटों से दौड़ रहा था।
I had been running for two hours.</td></tr>
<tr><td>2.</td><td>मैं लिख रहा था।
I was writing.</td><td>मैं लिखता रहा था।
I had been writing.</td></tr>
<tr><td colspan="3">'लिख रहा था' और 'लिखता रहा था' में कुछ अंतर है। अत: अनुवाद भी उसी के अनुरूप किया गया है।</td></tr>
<tr><td>3.</td><td>वर्षा हो रही थी।
It was raining.</td><td>दो दिनों से वर्षा हो रही थी।
It had been raining for two days.</td></tr>
<tr><td>4.</td><td>वे लोग अध्ययन कर रहे थे।
They were studying.</td><td>वे लोग दस साल से अध्ययन कर रहे थे।
They had been studying for ten years.</td></tr>
<tr><td>5.</td><td>वे लोग स्कूल में पढ़ा रहे थे।
They were teaching in the school.</td><td>वे लोग स्कूल में 2005 से पढ़ा रहे थे।
They had been teaching in the school since 2005.</td></tr>
<tr><td>6.</td><td>वह चार दिनों से बीमार था।
He was ill for four days</td><td>वह चार दिनों से बीमार था/ सोमवार से बीमार था।
Or He had been ailing (or He was ailing for four days suffering from illness) for four days/since Monday.</td></tr>
</table>

ऊपर के उदाहरण से Past Tense के अलग form में Translation करने में कुछ संशय निराकरण होता है। अब कुछ ऐसा उदाहरण दिया जा रहा है, जिसका अनुवाद Past Perfect continuous में ही होता है।

Example—

1.	वह दो घंटों से बोल रहा था।	He had been speaking for two hours.
2.	वह दस बजे से बोल रहा था।	He had been speaking since 10 o'clock.
3.	बच्चे बहुत समय से खेल रहे थे।	Children had been playing for a long time.
4.	रीता एक घंटे से पत्र लिख रही थी।	Rita had been writing a letter for an hour.
5.	तुम्हारे पिता दो घंटे से गाना सुन रहे थे।	Your father had been listening to music for two hours.
6.	मैच पाँच दिनों से चल रहा था।	The match had been going on for five days.
7.	सीता रीता को शाम से ही चिढ़ा रही थी।	Sita had been teasing Rita since evening.
8.	किसान सुबह से खेत जोत रहा था।	The farmer had been ploughing land since morning.
9.	मैं पाँच दिनों से वहाँ जा रहा था।	I had been going there for five days.
10.	मैं U.P.S.C. की परीक्षा में तीन वर्षों से शामिल हो रहा था।	I had been appearing in the examination conducted by U.P.S.C for last three years.

• **Negative Sentence—**

Structure—Subject + had + not + been + V-ing

(had not की जगह hadn't का भी व्यवहार होता है।)

Example—

1. वे लोग कुछ वर्षों से मदद नहीं कर रहे थे।
   They had not been helping for few years.
2. वे लोग गत वर्षों से मदद नहीं कर रहे थे।
   They had not been helping since last year.
3. श्री रामानंद सिंह इस स्कूल में पाँच वर्षों से नहीं पढ़ा रहे थे।
   Sir Ramanand Singh had not been teaching in this school for five years.
4. मधुमेह से पीड़ित होने के बाद वह पाँच साल से चीनी नहीं खा रहा था।
   Being a diabetic he had not been taking sugar for five years.
5. वह 2010 से कॉलेज नहीं जा रहा था।
   He had not been going to college since 2010.

• Interrogative Sentence (Affirmative & Negative)
Structure—

Affirmative - Had + Subject + been + V-ing ?
Negative - Had + Subject + not + been + V-ing ?

Example—

1.	क्या तुम अंग्रेजी पढ़ते रहते थे ?	Had you been reading English ?
2.	क्या तुम अंग्रेजी नहीं पढ़ते रहते थे ?	Had you not been reading English ? Or Hadn't you been reading English ?
3.	क्या तुमने साल भर से परीक्षा की तैयारी की थी ?	Had you been preparing for the examination for a year ?
4.	क्या तुमने साल भर से परीक्षा की तैयारी नहीं की थी ?	Had you not been preparing for the examination for a year ? Or Hadn't you been preparing for the examination for a year ?
5.	क्या तुमने 2010 से ही परीक्षा की तैयारी की थी ?	Had you been preparing for the examination since 2010 ?

EXERCISE (Translation)-50

1. वह सोता रहता था। 2. वे लोग खाते रहते थे। 3. कई घंटों से वर्षा हो रही थी। 4. सोहन उस विद्यालय में पाँच वर्षों से पढ़ रहा था। 5. क्या सोहन उस विद्यालय में पाँच वर्षों से पढ़ रहा था ? 6. क्या सोहन उस विद्यालय में पाँच वर्षों से नहीं पढ़ रहा था ? 7. मैं पाँच वर्षों से इसके लिए चेष्टा कर रहा था। 8. संयुक्ता दस दिनों से बीमार थी। 9. संयुक्ता गत सोमवार से बीमार थी। 10. क्या वह विद्यालय में पढ़ाने जाया करता था ? 11. क्या वह विद्यालय में पढ़ाने नहीं जाया करता था ? 12. वह शराब पीया करता था। 13. वह बचपन से ही शराब पीता था। 14. क्या वह बचपन से ही शराब पीता था ? 15. क्या वह बचपन से शराब नहीं पीता था ? 16. सरकार किसानों के लिए कुछ नहीं कर रही थी। 17. क्या सरकार किसानों के लिए कुछ नहीं कर रही थी ? 18. राजा अकबर मस्जिद के साथ-साथ मंदिर भी बनवाया करता था। 19. आप यहाँ पर पाँच साल से काम कर रहे थे। 20. शिक्षकों को छह माह से वेतन नहीं मिल रहा था। 21. क्या शिक्षकों को छह माह से वेतन नहीं मिल रहा था ? (not getting wages—वेतन नहीं मिल रहा था) 22. क्या वे लोग यहाँ यदा-कदा आते रहते थे। (यदा-कदा—Now and then) 23. क्या वे लोग यहाँ यदा-कदा भी नहीं आते रहते थे ? 24. क्या माँ ने बच्चों को आशीर्वाद देना बंद कर दिया था ? (not blessing-आशीर्वाद नहीं देना)। 25. तुम इतने दिनों से काम क्यों नहीं कर रहे थे ? 26. अंग्रेज भारत पर दो सौ वर्षों से राज करते आ रहे थे ? 27. क्या अंग्रेज भारत में दो सौ वर्षों से राज कर रहे थे ? 28. क्या अंग्रेज भारत में दो सौ वर्षों से राज नहीं कर रहे थे ?

FUTURE TENSE

कुछ आधुनिक व्याकरणाचार्यों (Modern Grammarians) का मानना है कि Future Tense होता ही नहीं है। Tense सिर्फ Present और Past ही है। किसी भी Verb का Future Tense नहीं होता है। Shall और will (Modal Auxiliaries) लगाकर भविष्य में होनेवाले क्रिया की जानकारी दी जाती है। फिर भी हम लोग Future में होनेवाले क्रिया को 'Future Tense' में मानकर ही अनुवाद करते हैं।

FUTURE INDEFINITE
Or
Simple Future Tense (सामान्य भविष्यत् काल)

अगर किसी वाक्य से ऐसा प्रतीत हो कि भविष्य में 'क्रिया' का सामान्य रूप से संपादन होगा तो उन वाक्यों का अनुवाद Subject (कर्ता) के साथ shall/will लगाकर Verb के पहले form (Present) के साथ किया जाता है।

Structure—

Subject + Shall/will +V-1

'Shall'—First Person (Singular तथा Plural दोनों) के साथ लगता है।

'Will'—Second और Third Person (Singular तथा Plural दोनों) के साथ लगता है।

ध्यान : अगर जोर देकर कुछ कहना हो, या निश्चय/आज्ञा/निषेध का बोध हो तो 'Shall' तथा 'will' का व्यवहार उलट जाता है।

पहचान : ग, गा, गे, गी···वगैरह से अंत हुआ वाक्य।

Example—

1.	मैं खाऊँगा।	I shall eat.
2.	हम लोग खाएँगे।	We shall eat.
3.	तुम/तुम लोग खाओगे।	You will eat.
4.	वह खाएगा/खाएगी।	He/She will eat.
5.	वे लोग खाएँगे/खाएँगी।	They will eat.
6.	मैं (अवश्य) खाऊँगा।	I will eat.
7.	वह (अवश्य) खाएगी।	She shall eat.
8.	हम लोग (अवश्य) नाचेंगे।	We will dance.
9.	रीता नाचेगी।	Rita will dance.
10.	मैं (अवश्य) आऊँगा।	I will come.
11.	वह काम करेगा।	He will work.

12.	तुम आज अपना काम पूरा करोगे।	You will finish your work today.
13.	तुम एक दिन में उपन्यास पढ़ लोगे।	You will read the novel in a day.
14.	आप आज दिल्ली जाएँगे।	You will go to Delhi today.
15.	पका हुआ आम धरती पर गिरेगा।	The ripe mango will fall on the ground.

- **Negative Sentence—**

Structure : Subject + Shall/ will not +V-1
(Nothing या Never भी not की जगह लगाया जाता है)

Example—

1.	तुम नहीं जाओगे।	You will not go.
2.	मैं पश्चात्ताप नहीं करूँगा। (जोर देकर)	I will not repent.
3.	वह प्रश्न नहीं पूछेगा।	He will not ask question.
4.	वह उत्तर नहीं देगा।	He will not answer.
5.	तुमको वह जाने नहीं देगा।	He will not allow you to go. Or He will not let you go.
6.	मेरी इच्छा के विरुद्ध कुछ नहीं होगा।	Nothing will happen against my wishes.
7.	वह कभी नहीं आएगा।	He will never come.
8.	रास्ते में कोई बाधा नहीं आएगा।	Obstruction will not come in the way.
9.	किसी प्रकार की गलती नहीं होगी।	There will be no mistake.
10.	वह कोई गलती नहीं करेगा।	He will not commit any mistake.

- **INTERROGATIVE SENTENCE (Assertive and Negative)**

Structure—

Assertive - shall/will + Subject + V-1 ?

Negative - Shall/will + Subject +not + V-1 ?

Or

Shan't (शांट)/ Subject + V-1 ?

Or

Won't (वॉन्ट) / Subject + V-1 ?

Shall not का short form-shan't
Will not का short form-won't

Example—

1.	क्या वह आएगा ?	Will he come ?
2.	क्या वह नहीं आएगा ?	Will he not come ? Or Won't he come ?
3.	क्या मैं आऊँगा ?	Shall I come ?
4.	क्या मैं नहीं आऊँगा ?	Shan't I come ? Or Shall I not come ?
5.	क्या वर्षा होगी ?	Will it rain ?
6.	क्या वर्षा नहीं होगी ?	Won't it rain ? or Will it not rain ?
7.	क्या तुम मेरी मदद करोगे ?	Will you help me ?
8.	क्या तुम मेरी मदद नहीं करोगे ?	Will you not help me ? Or Won't you help me ?
9.	क्या तुम लोग बाइबिल पढ़ोगे ?	Will you read the Bible ?
10.	क्या तुम लोग बाइबिल नहीं पढ़ोगे ?	Will you not read the Bible ? Or Won't you read the Bible ?
11.	क्या आप इस कॉलेज में पढ़ाएँगे ?	Will you teach in this college ?

EXERCISE (Translation)-51

1. वह खाना खाएगा। 2. क्या वह खाना खाएगा ? 3. क्या वह खाना नहीं खाएगा ? 4. वृक्ष से पत्ता गिरेगा। (पत्ता—Leaves, गिरना—fall) 5. क्या वृक्ष से पत्ता गिरेगा ? 6. क्या वृक्ष से पत्ता नहीं गिरेगा ? 7. वह पटना नहीं जाएगा। 8. क्या वह पटना जाएगा ? 9. क्या वह पटना नहीं जाएगा ? 10. बच्चा सोएगा। 11. वह जग जाएगा। 12. वे लोग नहीं जगेंगे। 13. भारत तरक्की करेगा। 14. भारत तरक्की नहीं करेगा। 15. क्या भारत तरक्की करेगा ? 16. क्या भारत तरक्की नहीं करेगा ? 17. वह परीक्षा में असफल होगा। 18. वह परीक्षा में सफल होगा। 19. क्या वह परीक्षा में सफल नहीं होगा ? 20. क्या वह परीक्षा में सफल होगा ? 21. नागपुर महाराष्ट्र की दूसरी राजधानी होगी। 22. इस सड़क पर दुर्घटना होगी। 23. आग से पूरा गाँव जल जाएगा। 24. वह प्रयास करेगा। 25. फसल बरबाद हो जाएगा।

• INFINITIVE का प्रयोग

Structure—

Subject + Shall/Will + V-1 + Infinitive + ...

Example—

1.	वह परीक्षा में सफल होने का प्रयास करेगा।	He will try to succeed in the examination.
2.	वह यहाँ पढ़ने आएगा।	He will come here to Study.
3.	वह यहाँ पढ़ाने आएगा।	He will come here to teach.
4.	क्या वह चोरी करने जाएगा ?	Will he go to steal ?
5.	भारत की टीम जीतने के लिए खेलेगी।	The Indian team will play to win.

EXERCISE (Translation)-52

1. वह मछली मारने नदी जाएगा। 2. मैं विश्वविद्यालय में प्रथम स्थान पाने के लिए प्रयास करूँगा। 3. मैं दौड़ में भाग लेने के लिए दिल्ली जाऊँगा। 4. राम भरोसे सिंह उत्पात करने के लिए अयोध्या जाएगा। (उत्पात करना—to create disturbance) 5. वे लोग अनुसंधान करने के लिए लंदन जाएँगे। 6. वे लोग यहाँ क्या करने आएँगे ? 7. वे लोग यहाँ क्यों आएँगे ? 8. कितने लोग यहाँ आएँगे ? 9. भोज में क्या खिलाया जाएगा ? 10. वह क्यों बंदूक से ग्रामीणों को मारेगा ? 11. तुम अँधेरे में क्यों दौड़ लगाओगे ? 12. डॉक्टर सभी रोगियों को दवा खिलाकर ठीक कर देगा। 13. अमेरिका किसकी मदद करेगा ?

What, why, how, where, when (प्रश्नवाचक शब्द) के व्यवहार से अनुवाद—

Structure—Interrogative words+shall /will+V-1 ?

Example—

1.	वह कहाँ जाएगा ?	Where will he go ?
2.	वह क्यों आएगा ?	Why will he come ?
3.	वह क्या बोलेगा ?	What will he speak ?
4.	वह कैसे बोलेगा ?	How will he speak ?
5.	वे लोग क्यों नहीं जाएँगे ?	Why will they not go ?
6.	मैं क्यों कोशिश करूँगा ?	Why shall I try ?
7.	मैं क्यों नहीं कोशिश करूँगा ?	Why shall I not try ?
8.	वे लोग हरिद्वार कैसे जाएँगे ?	How will they go to Haridwar ?
9.	तुम अपने साथ क्या ले जाओगे ?	What will you carry with you ?
10.	तुम उसे क्यों पीटोगे ?	Why will you beat him ?
11.	रीता किसकी सहायता करेगी ?	Whom will Rita help ?

EXERCISE (Translation)-53

1. तुम कहाँ जाओगे? 2. तुम कहाँ से आए हो? 3. तुम क्या खाओगे? 4. तुम क्या पढ़ोगे? 5. क्यों जाओगे और कहाँ जाओगे? 6. तुम क्यों असफल हुए? 7. तुम गाय कहाँ से खरीदोगे? 8. तुम किस विश्वविद्यालय में पढ़ोगे?

• USE OF Present Indefinite with Future Indefinite Tense

हिंदी में एक वाक्य के दोनों उपवाक्य Future Tense में हो सकते हैं, लेकिन अंग्रेजी में यह वर्जित है। आश्रित उपवाक्य Simple Present Tense (Indefinite) में होता है।

Example—

	हिंदी	अंग्रेजी
1.	यदि तुम जाओगे, तो वह तुम्हारी मदद करेगा।	If you go, he will help you.
2.	अगर तुम ध्यान से पढ़ोगे तो तुम अपनी कक्षा में प्रथम स्थान पाओगे।	If you labour hard, you will stand first in the class.
3.	अगर आप ऑपरेशन कराएँगे, तो ठीक हो जाएँगे।	If you get operated, you will get cured.
4.	अगर तुम गरीबों की सेवा करोगे, तो भगवान् तुम्हें आशीर्वाद देगा।	If you serve the poor, God will bless you.
5.	अगर तुम कोल इंडिया का 'शेयर' खरीदोगे तो तुम्हें बहुत लाभांश मिलेगा।	If you buy the shares of Coal India Ltd., you will get high dividend.

EXERCISE (Translation)-54

1. अगर तुम गाँव जाओगे, तो ईमानदार लोगों से भेंट होगी। 2. तुम अगर आगरा जाओगे, तो ताजमहल देखोगे। 3. अगर तुम वैज्ञानिक ढंग से खेती करोगे तो तुम्हें बहुत लाभ होगा। 4. अगर बल्लेबाज ठीक से बल्ला चलाएगा, तो भारत ऑस्ट्रेलिया को हरा देगा। 5. अगर तुम रोज छह घंटा पढ़ोगे तो प्रथम श्रेणी में उत्तीर्ण होगे। 6. अगर भिखारी को तुम एक रुपया दोगे, तो भगवान् तुम्हें एक लाख देगा। 7. अगर पाठ याद नहीं करोगे, तो शिक्षक तुम्हें पीटेगा। 8. अगर इंद्र भगवान् की पूजा होगी, तो वर्षा अवश्य होगी। 9. अगर लक्ष्मी प्रसन्न होगी, तो तुम धनी हो जाओगे। 10. यदि तुमने जवाब नहीं दिया, तो लोग तुम्हें दोषी मानेंगे। 11. अगर वर्षा की कमी हुई, तो भारत में अन्न की कमी हो जाएगी।

• FUTURE CONTINUOUS (अपूर्ण भविष्यत् काल)

भविष्य में किसी समय पर कोई क्रिया (काम) जारी रहेगी तो इसे व्यक्त करने के लिए Future Continues Tense (अपूर्ण भविष्यत् काल) का प्रयोग होता है।

Structure—

Subject + shall/will +be + V- ing.

पहले जैसे लिखा जा चुका है कि 'Shall' First Person के लिए तथा will 'Second एवं Third Person' के लिए लगाया जाता है।

पहचान : क्रिया के अंत में जहाँ 'ता रहेगा', 'ती रहेगी'...वगैरह रहे, वहाँ इस Tense का व्यवहार होता है।

Example—

1.	मैं प्यार करता रहूँगा।	I shall be loving.
2.	हम लोग प्यार करते रहेंगे।	We shall be loving.
3.	वह प्यार करता रहेगा।	He will be loving.
4.	वह प्यार करती रहेगी।	She will be loving.
5.	वे लोग प्यार करते रहेंगे।	They will be loving.
6.	लड़की नाचती रहेगी।	The girl will be dancing.
7.	वह अपनी किताब पढ़ता रहेगा।	He will be reading his book.
8.	वे लोग कॉलेज जाते रहेंगे।	They will be going to college.
9.	किसान खेत जोतते रहेंगे। (अवश्य)	The Farmer shall be ploughing land.
10.	सीता सोती रहेगी।	Sita will be sleeping.
11.	अन्नाजी सत्याग्रह करते रहेंगे।	Annaji will be continuing. 'Satyagrah.'

- **Negative Sentence—**

Structure—

Subject +Shall/will + not + be +(V) ing

Example—

1.	वह गाता नहीं रहेगा।	He will not be singing.
2.	वे लोग रोते नहीं रहेंगे।	They will not be weeping.
3.	हम लोग कुछ भी नहीं करेंगे।	We shall not be doing anything. Or We shall be doing nothing.

(Note—'Shall not' की जगह Shan't तथा 'will not' की जगह won't भी लिखा जा सकता है। Shan't का व्यवहार यदा-कदा ही होता है)

• INTERROGATIVE SENTENCE

(Affirmative और Negative)

Structure—

Affirmative—Shall/will + subject + be + V-ing ?

Negative—Shall/will + Subject + not + be + V-ing ?

Or

Shan't/ won't + Subject + be + V-ing ?

Interrogative words: What, Why, When, How, Where, Whom

Structure—

Interrogative words + Shall/Will + Subject + be + V-ing ?

Interrogative words + Shall/Will + Subject + not + be + V-ing ?

Example—

1.	क्या वह पढ़ता रहेगा ?	Will he be reading ?
2.	क्या वह नहीं पढ़ता रहेगा ?	Will he not be reading ? Or Won't he be reading ?
3.	क्या वे लोग रोते रहेंगे ?	Will they be weeping ?
4.	क्या वे लोग नहीं रोते रहेंगे ?	Will they not be weeping ? Or Won't they be weeping ?
5.	क्या तुम/तुम लोग खेलते रहोगे ?	Will you be playing ?
6.	क्या तुम/तुम लोग खेलते नहीं रहोगे ?	Will you not be playing ? Or Won't you be playing ?
7.	क्या मैं बैठा रहूँगा ?	Shall I be sitting ?
8.	क्या मैं बैठा नहीं रहूँगा ?	Shall I not be sitting ? Or Shan't I be sitting ?
(Note—Shan't is not very Commonly used)		
9.	क्या हम लोग खेत जोतते रहेंगे ?	Shall we be ploughing land ?
10.	क्या हम लोग खेत नहीं जोतते रहेंगे ?	Shall we not be ploughing land ?
11.	क्या वह नाचती रहेगी ?	Will she be dancing ?
12.	क्या वह नाचती नहीं रहेगी ?	Will she not be dancing ? Or Won't she be dancing ?
13.	सोहन क्या करता रहेगा ?	What will Sohan be doing ?

14.	सोहन क्या नहीं करता रहेगा ?	What will Sohan not be doing ?
15.	बेटी अपने पिता के घर क्यों आती रहेगी ?	Why will the daughter be coming to her father's house ?
16.	बेटी अपने पिता के घर क्यों नहीं आती रहेगी ?	Why will the daughter not be coming to her father's house ?
17.	वे लोग कब आते रहेंगे ?	When will they be coming ?
18.	तुम कैसे आते रहोगे ?	How will you be coming ?
19.	वह कहाँ से आते रहेगी ?	Where from will she be coming ?
20.	वे लोग किनसे मिलते रहेंगे ?	Whom will they be meeting ?

EXERCISE (Translation)-55

1. वह स्कूल जाती रहेगी। 2. वह स्कूल नहीं जाती रहेगी। 3. क्या वह स्कूल जाती रहेगी ? 4. क्या वह स्कूल नहीं जाती रहेगी ? 5. बच्चे रोते रहेंगे। 6. बच्चे नहीं रोते रहेंगे। 7. क्या बच्चे रोते रहेंगे ? 8. क्या बच्चे नहीं रोते रहेंगे ? 9. किसान अपना कर्ज अदा करते रहेंगे (कर्ज अदा करना—to pay back loan) 10. किसान अपना कर्ज अदा नहीं करते रहेंगे। 11. क्या किसान अपना कर्ज अदा करते रहेंगे ? 12. क्या किसान अपना कर्ज अदा नहीं करते रहेंगे ? 13. वे अपने साथ क्या लाते रहेंगे ? 14. वह अपने साथ क्यों सोना लाते रहेगा ? 15. वह कब से गाँव आता रहेगा ? (कब से—Since when) 16. प्रतिदिन लड़की इतनी दूर कैसे आते रहेगी ? 17. वे लोग कहाँ से आते रहेंगे ? (कहाँ से—Where from) 18. मैं कब तक परीक्षा देता रहूँगा ? (कब तक—how long) 19. तुम अगले रविवार को क्या करते रहोगे ? 20. क्या तुम रोते रहोगे ? 21. तुम क्यों रोते रहोगे ? 22. तुम क्यों नहीं रोते रहोगे ? 23. बैंक कर्ज देते रहेगा। 24. लेकिन लोग कर्ज नहीं चुकाते रहेंगे। 25. सोनार (Goldsmith) सोना बेचता रहेगा। 26. रसोइया खाना बनाता रहेगा। 27. लोग भोजन करते रहेंगे। 28. धरती अपनी धुरी (Axis) पर घूमती रहेगी। 29. क्या धरती अपनी धुरी पर नहीं घूमेगी ? 30. वे लोग मजा मारते रहेंगे।

• FUTURE PERFCT TENSE (पूर्ण भविष्यत् काल)

भविष्यत् काल में जिस क्रिया (काम) के समाप्त हो जाने की संभावना हो, उसमें Future Perfect Tense का प्रयोग होता है।

Structure—Subject + shall/ will + have + V - 3

पहचान : वाक्य में चुकेगा, चुकेगी, चुकेंगे, चुकूँगी, चुका/चुका होना¨ वगैरह शब्द रहता है।

Example—

1.	मैं खा चुका होऊँगा।	I shall have eaten.
2.	हम लोग खा चुके होंगे।	We shall have eaten.
3.	वह खा चुका होगा।	He will have eaten.

4.	वह खा चुकी होगी।	She will have eaten.
5.	वे लोग खा चुके होंगे।	They will have eaten.
6.	तुम/तुम लोग खा चुके होंगे।	You will have eaten.

इस Tense का व्यवहार शर्तयुक्त वाक्यों में भी होता है। नियमानुसार (जैसा पहले लिखा जा चुका है।) शर्त वाले उपवाक्य Present Indefinite में होता है। नीचे लिखे उदाहरणों से यह स्पष्ट होगा।

7. सोहन आएगा 7A. मैं पहले ही पत्र लिख चुका होऊँगा। 7B. सोहन के आने के पहले ही मैं पत्र लिख चुका होऊँगा।
   इन तीन वाक्यों का अनुवाद इस प्रकार से हो सकता है।
   (7) Sohan will come (7A) I shall have written the letter before. (7B) I shall have written the letter before sohan comes.
   (Verb 'come' को Present Indefinite में व्यवहार किया गया है)
8. मेरे आने के पहले मेरा पुत्र सो चुका रहेगा।
   My son will have slept before I come.
9. डॉक्टर के आने के पहले वृद्ध मनुष्य मर चुका होगा।
   The old man will have died before the doctor comes.
10. परीक्षा शुरू होने के पहले वह पूरी तैयारी कर चुका होगा।
    He will have prepared well before examination commences.
11. उसके पहुँचने के पहले ही ट्रेन स्टेशन से जा चुकी होगी।
    The train will have left the station before he reaches.

• Negative Sentence—

Structure—

Subject + shall/ Will +not + have + V-3

Or

Subject + shan't or won't + have + V-3

Example—

1. वे नहीं खा चुके होंगे।
   They will not have eaten or They won't have eaten.
2. तुम्हारे पहुँचने के पहले वह नहीं जा सकी होगी।
   She will not (won't) have gone before you reach.
3. मैं तब तक मर नहीं गया होऊँगा।
   I shall not have died by then. Or I shan't have died by then.

INTERRIGATIVE SENTENCE—

Affirmative - Shall/will + subject + have + V3 ?

Negative - Shall/will + subject + not +have + V3 ?

Or

Shan't/won't + Subject + have + V3 ?

Interrogative words: What, Why, When, How, Where, Whom

Structure—

Interrogative words + shall/will + subject + have + V3 ?

Interrogative words + shall/will + subject + Not + have + V3 ?

Example—

1.	क्या वे लोग खा चुके होंगे ?	Will they have eaten ?
2.	क्या वे लोग नहीं खा चुके होंगे ?	Will they not have eaten ? Or Won't they have eaten ?
3.	क्या तुम्हारे पहुँचने के पहले वह जा चुका होगा ?	Will he have gone before you reach ?
4.	क्या तुम्हारे पहुँचने के पहले वह नहीं जा चुका होगा ?	Will he not have gone before you reach ? Or Won't he have gone before you reach ?
5.	वे लोग क्या पढ़े होंगे ?	What will they have read ?
6.	वे लोग क्यों पढ़े होंगे ?	Why will they have read ?
7.	वे लोग क्यों नहीं पढ़े होंगे ?	Why will they not have read ?
8.	वे लोग क्या पढ़े होंगे ?	What will they have read ?
9.	वे लोग कैसे पढ़े होंगे ?	How will they have read ?
10.	वे लोग किनसे मिले होंगे ?	Whom will they have met ?
11.	वे लोग कहाँ गए होंगे ?	Where will they have gone ?

EXERCISE (Translation)-56

1. मैं प्यार कर चुकूँगा। 2. हम लोग प्यार कर चुकेंगे। 3. तुम प्यार कर चुकोगे 4. तुम लोग प्यार कर चुकोगे। 5. वह प्यार कर चुकेगा। 6. वे लोग प्यार कर चुकेंगे। 7. सरकार अनाज बाँटेगी, पर गरीब लोग पहले ही मर चुकेंगे। 8. वह आएगा, लेकिन मैं पहले ही जा चुकूँगा। 9. वर्षा होगी, लेकिन फसल पहले ही मर चुकी होगी। 10. युद्ध समाप्त होगा, लेकिन हजारों लोग पहले ही मर चुके होंगे। 11. क्या बैंक करोड़ों रुपए सूद के तौर पर कमा चुकी होगी ? 12. वह क्या कर चुका होगा ? 13. वह क्या नहीं कर चुका होगा ? 14. वह कहाँ तक

जा चुकी होगी ? 15. तुम अगले माह तक इस काम को क्यों समाप्त नहीं कर सके होगे ? 16. मेरे पहुँचने के पहले तुम विजयी हो चुके होगे। 17. क्या मेरे पहुँचने के पहले तुम विजयी हो चुके होगे ? 18. क्या मेरे पहुँचने के पहले तुम विजयी नहीं हो चुके होगे ? 19. तुम रामायण क्यों नहीं पढ़ चुके होगे ? 20. तुम बाइबल क्यों पढ़ चुके हो ? 21. तुम दिल्ली कैसे पहुँच चुके होगे ? 22. किसान क्यों नहीं धान की रोपनी कर चुका होगा ? (धान की रोपनी करना—to transplant paddy) 23. वर्षा के पहले तालाब सूख चुका होगा। 24. बुढ़ापा आने के पहले उसके दाँत टूट चुके होंगे ? 25. 'राम कथा वाचक' क्यों नहीं अपना उपदेश दस बजे रात तक खत्म कर चुका होगा ?

• FUTURE PERFECT CONTINUOUS

अगर वाक्य से ऐसा बोध हो कि कार्य भविष्य में कुछ समय तक जारी रहेगा तो अनुवाद Future Perfect Continuous में किया जाता है।

Note—ध्यान दें कि Future Tense में Since का व्यवहार नहीं होता है। इसकी जगह 'from' का व्यवहार होता है—'since' का नहीं।

Structure—

Subject + shall/ will + have been + Ving

Example—

1.	वह खाता हुआ रहेगा।	He will have been eating.
2.	तुम दौड़ते हुए रहोगे।	You will have been running.
3.	वे लोग संघर्ष करते रहेंगे।	They will have been struggling.
4.	मैं उस स्कूल में पढ़ाता रहूँगा।	I shall have been teaching in that school.
5.	मैं उस स्कूल में 2020 से पढ़ाता रहूँगा।	I shall have been teaching in that school from 2020.

(**Note**—'क्रिया' लिखने के दिन से पहले, यानी भूत काल में नहीं हो सकती है। अत: Since की जगह from लगाया गया है।)

• Negative Sentence—

Structure—

Subject + Shall/will + not + have been + Ving.

Note—'Have not been' का व्यवहार गलत है। 'not' बीच में न होकर have been के पहले आता है।

Example—

1. मजदूर दो घंटे से काम नहीं करता रहेगा।
   (इसका अर्थ यह है कि मजदूर दो घंटे तक ही लगातार काम करेगा।)
   Labour will not have been working for two hours.
2. वह एक घंटे से अधिक नहीं पढ़ाते रहेगा।
   He will not have been teaching for more than an hour.

• **Interrogative Sentence—**
(Assertive and Negative)
Structure—

Assertive: Shall/will + subject + have been + Ving ?
Negative: Shall/will + subject + not have been + Ving ?
Or
Shan't/won't + subject + have been + Ving ?

Example—

1. क्या व्याख्याता दो घंटों तक बोलता रहेगा ?
   Will the lecturer have been speaking for two hours ?
2. क्या जापानी आर्मी वर्षों तक लड़ती रहेगी ?
   Will the Japnese army have been fighting for years ?
3. क्या भारतवासी आर्थिक आजादी के लिए पचास साल तक लड़ता रहेगा ?
   Will the Indians have been fighting for fifty years to achieve economic freedom ?
4. पत्नी क्यों अपने पति के लिए कुछ वर्षों तक इंतजार नहीं करेगी ?
   Why will the wife not have been waiting for the husband for few years ?
5. क्या संघर्ष वर्षों तक चलता रहेगा ?
   Will the struggle have been continuing for years ?

EXERCISE (Translation)-57

1. तुम अपना काम वर्षों तक करते रहोगे। 2. तुम अपना काम वर्षों तक नहीं करते रहोगे। 3. क्या तुम अपना काम वर्षों तक करते रहोगे ? 4. क्या तुम अपना काम वर्षों तक नहीं करते रहोगे ? 5. क्या तुम अपना काम 2020 से नहीं करते रहोगे ? 6. क्यों पुलिस रात भर पंहरा नहीं देती रहेगी ? 7. वह इस काम को खत्म करने के लिए आगामी माह से काफी प्रयास करता रहेगा। 8. क्या तुम जीवन भर संघर्ष करते रहोगे ? 9. क्या लता चार दिनों तक गाना गाती रहेगी ? 10. मैं अगले माह से आपका इंतजार नहीं करता रहूँगा।

(i) 9. विविध प्रकार से (Miscellaneous ways) Translation

(ii) I. BY USING SUBJECTS IN DIFFERENT FORMS

हम लोग यह जान चुके हैं कि किसी भी वाक्य में Subject (कर्ता) सबसे पहले आता है। लेकिन इसका मतलब यह नहीं है कि सिर्फ Noun या Pronoun ही Subject में रहे। इसकी जानकारी भी अनुवाद करने के लिए अवश्यक है।

(i) Noun as subject:

Horse runs. (घोड़ा दौड़ता है।)

Sita eats. (सीता खाती है।)

यहाँ पर कर्ता घोड़ा और सीता है। इसी प्रकार किसी अन्य प्रकार का 'Noun' भी Subject के रूप में आ सकता है।

(ii) Pronoun as Subject:

We read. (हम लोग पढ़ते हैं।)

Everyone has a book. (सभी के पास किताब है।)

यहाँ पर 'we' तथा 'everyone' Pronoun है। इसी प्रकार किसी अन्य प्रकार का 'Pronoun' भी Subject के रूप में आ सकता है।

(iii) Adjective as subject:

(a) The rich are happy. धनी प्रसन्न हैं।

(b) The old are helpless. बूढ़े लाचार हैं।

(c) The sick are helpless. रोगी लाचार हैं।

(d) Are the sick helpless? क्या रोगी लाचार होते हैं?

(e) The poor are unhappy. गरीब लोग दु:खी हैं।

नोट—The rich, The poor, The sick वगैरह Adjective हैं और पूरे समुदाय का प्रतीक हैं। अत: ये Singular में होते हुए भी इनका Verb Plural में होता है और इन्हें 'Subject' के रूप में व्यवहार किया जाता है।

'The Poors' are unhappy या 'The riches' are happy लिखना गलत है।

इस प्रकार के Adjective में 'THE' लगाना जरूरी है, जिससे यह ज्ञात हो सके कि यह वाक्य पूरे गरीब, बीमार, धनी समुदाय का द्योतक है।

(iv) INFINITIVE (Verb के पहले 'TO' लगाकर) as subject

To swim is the best exercise. तैरना सबसे अच्छा व्यायाम है।

To steal is a sin. चोरी करना पाप है।

To learn English is easy. अंग्रेजी सीखना सरल है।

To understand the Gita is difficult. गीता समझना कठिन है।

ऊपर के वाक्यों में Verb के पहले 'to' लगाकर 'Infinitive' बनाकर उसे 'Subject' की तरह व्यवहार किया गया है।

(v) GERUND (Verb में 'ing' लगाकर) as 'subject'

Swimming is the best exercise. तैरना सबसे अच्छा व्यायाम है।
Stealing is a sin. चोरी करना पाप है।
Learning English is easy. अंग्रेजी सीखना सरल है।
Killing tiger is a crime. बाघ को मारना गुनाह है।
Understanding the Gita is difficult. गीता समझना कठिन है।
उपरोक्त Gerund को Subject के रूप में व्यवहार किया गया है।

EXERCISE (Translation)-58

1. अंधे लोगों को नहीं दिखता है। 2. गूँगे न बोल पाते हैं और न सुन ही पाते हैं। 3. क्या धनी लोगों को शांति है ? 4. क्या गरीबों को सतुष्टी नहीं है ? 5. क्या धनी लोग ईमानदार होते हैं ? 6. क्या गरीब लोग ईमानदार होते हैं ? 7. क्या गरीब लोग ईमानदार नहीं होते हैं ?

(INFINITIVE और GERUND की मदद से अनुवाद करें)

8. दौड़ना भी एक व्यायाम है। 9. सिगरेट पीना लाभदायक नहीं है। 10. सिगरेट पीना हानिकारक है। 11. शराब पीना मृत्यु को बुलावा देना है। 12. धार्मिक पुस्तकें पढ़ना शांति प्रदान करता है। 13. आँसू बहाने से कुछ नहीं होता है, परिश्रम करना चाहिए। 14. ईमानदारी से धन अर्जन भी एक धर्म है। 15. दान देना एक पुण्य कार्य है। 16. गरीबों की मदद करना भगवान् की सेवा है। 17. सच बोलना महानता का परिचायक है।

(vi) Phrase as Subject:

[साधारणत: लोग यह समझते हैं कि 'Phrase' और 'Idiom' एक ही है। लेकिन दोनों में कुछ अंतर हैं। Phrase कुछ Words से बने होते हैं, जो वाक्य का एक भाग है। 'Idiom' तो मुहावरे होते हैं, जिनकी खास जानकारी लोगों को होती है और उसका व्यवहार भी अपने रूप में होता है। यहाँ 'Phrase' को Subject के रूप में व्यवहार पर प्रकाश डालेंगे।]

ध्यान दें—Subject के रूप में प्रश्नवाचक शब्दों से Phrase बनाया जाता है, लेकिन वाक्य प्रश्नवाचक नहीं होता है। अत: वाक्य के अंत में Full Stop (.) लगता है न कि प्रश्नवाचक (Note of Interrogation) चिह्न (?)

Example—

1.	क्या पढ़ें, इसकी जानकारी नहीं है।	What to read is not known.
2.	कहाँ जाएँ, एक प्रश्न है।	Where to go is a question.
3.	कैसे धन अर्जन करें, यह एक समस्या है।	How to earn wealth is a problem.
4.	नेताओं के चरित्र को कैसे जानें यह एक कठिन समस्या है।	How to know the character of the leaders is a difficult problem.
5.	कौन जीतेगा पता नहीं।	Who will win is not known.
6.	वह कहाँ-कहाँ जाएगा, किसी को पता नहीं है।	Where will he go is not known to anyone.

7.	वह कहाँ जाता है, किसी को पता नहीं।	Where he goes is not known to anyone.

इन वाक्यों में प्रश्नवाचक शब्दों के साथ कुछ शब्द मिलकर Phrase की तरह व्यवहृत है।

EXERCISE (Translation)-59

1. खेत में क्या बोएँ (Sow), यह एक समस्या है। 2. कितना खाद (Fertilizer) डालें, यह भी मालूम नहीं। 3. कौन-कौन आएगा, इसकी जानकारी नहीं है। 4. कहाँ से काम शुरू करें, यह पता नहीं है। 5. भारत को सच्ची आजादी कब मिलेगी, यह कोई नहीं बता सकता है। 6. वे लोग कब चले गए, मुझे याद नहीं। 7. उनके पिताजी कब आएँगे, उन्हें पता नहीं है। 8. यहाँ कब तक ठहरें, यह पता नहीं (How long to stay here) 9. कैसे और कहाँ योगाभ्यास करें, यह एक समस्या है। 10. भारत में गरीबी कैसे मिटाई जाए, एक कठिन समस्या है।

(vii) CLAUSE (उपवाक्य) AS SUBJECT

एक उपवाक्य संपूर्ण वाक्य का एक भाग होता है। उपवाक्य स्वयं एक वाक्य है, लेकिन इससे पूरा अर्थ (meaning) नहीं निकलता है।

उदाहरण के तौर पर इन दो वाक्यों को देखें—

(a) What she does is not known.

'वह क्या करती है, इसकी जानकारी नहीं है' यहाँ पर 'What she does' एक उपवाक्य है, लेकिन इससे पूरा अर्थ नहीं निकलता है। अगर ऐसा लिखा जाता 'What does she do ?' तो यह एक पूर्ण प्रश्नवाचक वाक्य होता। लेकिन यहाँ पर 'What she does' एक उपवाक्य के रूप में व्यवहृत है और उसमें 'is not known' जोड़ देने से वाक्य पूरा हो जाता है और अर्थ भी स्पष्ट हो जाता है।

(b) Why she weeps is a mystery.
वह क्यों रोती है, यह एक रहस्य है।

इस वाक्य में 'why she weeps' एक उपवाक्य है।

यहाँ पर 'What she does' तथा 'why she weeps' उपवाक्य हैं, जिन्हें Subject के रूप में व्यवहार किया गया है।

Example—

1.	वह क्या करती है, मुझे जानकारी है।	What she does is known to me.
2.	वह क्या करती है, मुझे जानकारी नहीं है।	What she does is not known to me.
3.	मंत्रीजी कब आएँगे, पता नहीं है।	When minister will come is not known.
4.	राम ने जो लिखा, वह स्पष्ट है।	What Ram wrote is clear.
5.	राम ने जो लिखा, वह स्पष्ट नहीं है।	What Ram wrote is not clear.
6.	पृथ्वी गोल है, यह सभी लोग जानते हैं।	That the earth is round is known to all.
7.	वह हत्यारा है, सभी जानते हैं।	That he is a murderer is known to everyone.

8.	वह कहाँ जाएगा, किसी को पता नहीं।	Where he will go is not known to anyone.
9.	इस गाँव के डकैत लोग जंगल में रहते हैं, इसकी जानकारी सभी ग्रामीणों को है।	That the Dacoits of this village live in Jungle is known to all the villagers.
10.	वह आपका हमेशा आदर करता रहेगा, यह सच नहीं है।	That he will continue to respect you forever is not true.

EXERCISE (Translation)-60

1. तुम जिस प्रकार का पाप करते हो, मुझे जानकारी है। (पाप करना—Committing sin) 2. वह दोषी है, यह सबको पता है। 3. वह निर्दोष है, इसकी जानकारी पुलिस को है। 4. तुम कहाँ जाओगे, यह किसी को पता नहीं है। 5. डॉक्टर किस तरह का ऑपरेशन करेगा, इसकी जानकारी तो उसे ही है। (ऑपरेशन करना—to Conduct surgery) 6. भगवान् ही जानता है कि अपराधी कौन है। 7. तुम जहाँ भी जाओ, पुलिस तुम्हें खोज लेगी। 8. वह जहाँ भी जाएगी, उसका प्रेमी वहीं पहुँच जाएगा। 9. तुलसीदासजी ने जो लिखा, वह सत्य है। 10. गांधीजी ने जो सपना देखा, उसे आज के भ्रष्ट नेताओं ने पूरा नहीं किया।

II. BY USING RELATIVE CLAUSES

कुछ ऐसे वाक्य होते हैं, जिनमें वस्तुत: दो Subject रहते हैं।

उदाहरण के लिए इस वाक्य को देखें—

'The boy who is playing is my son'

इस वाक्य को दो भाग में बाँटकर देखें—

a) The boy is my son.

b) Who is playing.

यहाँ पर 'my son' को 'Who' शब्द (Relative Pronoun) से describe किया गया है तथा 'who is playing' RELATIVE CLAUSE है।

Example—

1.	जो बच्चे खेल रहे थे, वे मेरे भतीजे हैं।	The boys who were playing are my nephews.
2.	जो लोग सभा में आए थे, वे मेरे समर्थक हैं।	Those who attended the meeting were my supporters.
3.	जो पुस्तकें टेबल पर हैं, वे मेरी हैं।	The books which (or that) are on the table are mine.
4.	जो कठिन परिश्रम करते हैं, उन्हें सफलता मिलती है।	Those who work hard get success.
5.	जो व्यक्ति चोरी करता है, उसे सजा मिलती है।	The person who steals gets punishment.

अब एक-दूसरे प्रकार के वाक्य को देखें—

'मैंने जो कल घड़ी खरीदी, वह बहुत कीमती है।'

इस वाक्य का अनुवाद तीन तरह से किया जा सकता है—

(a) The watch I bought yesterday is very costly.
(b) The watch that I bought yesterday is very costly.
(c) The watch which I bought yesterday is very costly.

यहाँ पर निर्जीव पदार्थ के लिए 'Relative Pronoun' का प्रयोग नहीं भी किया जा सकता है।

इस प्रकार सजीव (व्यक्ति) के लिए whom, who, that और बिना किसी Relative Pronoun से भी वाक्य बनाया जा सकता है।

जैसे—'जिस व्यक्ति से मैं कल मिला था, वह आज आया है।'

इस वाक्य का अनुवाद चार प्रकार से हो सकता है—

(a) The person I met yesterday has come today (Translation without Relative Pronoun)
(b) The person whom I met yesterday has come today.
(c) The person who I met yesterday has come today.
(d) The person that I met yesterday has come today.

इन वाक्यों में 'Whom' who' और 'that' Relative Pronoun हैं।

EXERCISE (TRANSLATION)-61

1. जिस लड़के ने कक्षा में प्रथम स्थान पाया, वह मेरा पुत्र है। 2. जो गीता का पाठ पढ़ रहा था, वह एक महान् विद्वान् था। 3. जो पाप करता है, उसे भगवान् सजा अवश्य देता है। 4. जो मकान नया बना है, वह मेरा है। 5. जो अयोध्या जाता है, उसे रामकथा याद आ जाती है। 6. जो मथुरा जाता है, उसे कृष्ण याद आते हैं। 7. जो आगरा जाता है, उसे शाहजहाँ और मुमताज का प्रेम याद आ जाता है। 8. जो ईमानदार होता है, उसे समाज में सम्मान मिलता है। 9. जो किसान वैज्ञानिक ढंग से खेती करता है, उसे लाभ होता है। 10. (इस वाक्य को चारों प्रकार से अनुवाद करें)—जिस लड़की से राम प्यार करता है, वह (लड़की) उसे (राम) को पसंद नहीं करती है।

III. PREPOSITION का विशेष रूप में व्यवहार कर अनुवाद

हम लोग 'Parts of speech' के तहत 'PREPOSITION' अध्याय में इसकी जानकारी हासिल कर चुके हैं। यहाँ पर कुछ विशेष अवस्था में अनुवाद करने के लिए 'preposition' के व्यवहार पर कुछ चर्चा करेंगे—

(i) 'Whom' के पहले Preposition लगता है। जैसे—

(a) 'जिस मित्र के साथ तुम यात्रा कर रहे थे, उसने पत्र लिखा है।'

'The friend with whom you were travelling has written the letter.'

(**Note**—'Whom' के बाद 'you'-relative Pronoun लगा है)

(b) क्या तुम उस व्यक्ति को जानते हो, जिससे उसने बात की।

Do you know the man to whom he spoke?

(**Note**—whom के बाद he-relative Pronoun लगा है)

(ii) अगर preposition को Verb के बाद लगाते हैं तो 'who' या 'that' के साथ किसी 'relative Pronoun' का प्रयोग Verb के बाद नहीं होता है।

'जिस मित्र के साथ तुम यात्रा कर रहे थे, उसने पत्र लिखा है।'

'The friend who you were travelling with has written the letter.'

यहाँ पर 'travelling' के बाद preposition 'with' लगा है और whom की जगह who लगा है। 'with' एक preposition है, जिसके बाद कोई relative Pronoun नहीं लगा है। हिंदी में वाक्य एक ही है, लेकिन अनुवाद दूसरे ढंग से भी किया जाता है।

इस वाक्य का अनुवाद और भी दो प्रकार से हो सकता है।

"The friend that you were travelling with has written the letter."

"The friend you were travelling with has written the letter."

यहाँ पर 'with' के बाद Relative Pronoun नहीं लगाया गया है।

EXERCISE (Translation)-62

1. जिस व्यक्ति की उसने मदद की थी, वह आज फिर आया है। 2. जिस कार को तुमने खरीदा था, वह अच्छी नहीं है। 3. जिस किताब को तुमने खरीदा, उसमें कबीर की कविताएँ नहीं हैं। 4. जिस कमरे में तुम रहते हो, वह हवादार नहीं है। 5. जिस लड़की के साथ तुम यात्रा कर रहे थे, वह एक मेडिकल कॉलेज की छात्रा है। 6. जिस घर में तुम रहोगे, वह हवादार और आरामदायक है। 7. जिस देश में मैं रहता हूँ, वह महान् है। 8. जिस आलमारी में तुमने रुपया रखा था, वह खुली हुई थी। 9. वैसा युवक, जिसकी ऊँचाई छह फीट होती है, उसको सेना में बहाल किया जाता है। 10. जिस जमीन की कीमत एक करोड़ हो, उसे बेईमान लोग ही खरीद सकते हैं।

IV. TRANSLATION BASED ON CONCEPT OF "DEFINING AND NON-DEFINING RELATIVE CLAUSES"

Relative Clauses के दो भाग होते हैं। इनको एक रेखाचित्र से समझाया गया है।

RELATIVE CLAUSE

↓

DEFINING ↓ | NON- DEFINING ↓

DEFINING	NON- DEFINING
Example— The boy who stood first in the class has come today. (i) यहाँ पर 'boy' जिसने कक्षा में प्रथम स्थान पाया है, को 'who stood first'—define या Identify करता है। (ii) यहाँ पर Comma का व्यवहार नहीं हुआ।	**Example—** Sita, who is a good dancer, will dance to day. (i) इस वाक्य में 'who is a good dancer' अपने antecedent 'sita' को define नहीं करता है। Sita तो पहले से ही defined है। (ii) इस Relative Clause के पहले और बाद में भी Comma है।

हम लोग यहाँ पर दोनों प्रकार (Defining तथा Non-Defining) के Relative Clouse को उदाहरणों से समझने का प्रयास करेंगे।

(i) Ganpati, who is the most prosperous farmer, is absent today.
(गणपति, जो सबसे अधिक प्रगतिशील किसान है, आज अनुपस्थित है।
यहाँ "who is the most prosperous farmer" एक Non- Defining Relative Clause के रूप में व्यवहृत है।

(ii) (a) My brother, who lives in London, is coming tomorrow.
(Non - Defining)

(b) My brother who lives in London is coming tomorrow.
(Defining)

दोनों वाक्य में सभी शब्द एक ही हैं, लेकिन सिर्फ (,) Comma लगने से वाक्य का अर्थ बदल गया है। वाक्य (a) का मतलब है कि वक्ता को सिर्फ एक भाई है और वाक्य (b) का मतलब है कि वक्ता के कई भाई हैं और उनमें से एक आ रहा है।

EXERCISE (Translation)-63

1. जो लड़के खेल रहे हैं, वे मेरे गाँव के हैं। 2. मेरी बहन, जो दिल्ली में रहती है, परसों (dayafter tomorrow) आ रही है। 3. मेरी बहन जो दिल्ली में रहती है, परसों आ रही हैं। 4. सीता, जिसे तुम भेंट देते हो, तुमसे नफरत करती है। 5. दिनकर, जिनके साथ मैं कुछ दिन रहा था, राष्ट्र कवि थे। 6. मेरा गाँव, जहाँ मेरा जन्म हुआ, एक आदर्श ग्राम है। 7. जो व्यक्ति तुमसे संबंध रखता है, वह पापी है। 8. उनकी पुस्तकें, जो फट गई हैं, बेकार हैं। 9. ताजमहल जो आगरा में स्थित है, दुनिया के अनेक आश्चर्यों (wonders) में से एक है। 10. वह चिट्ठी, जो तुमने एक माह पहले भेजी थी, अभी तक नहीं मिली है। 11. देवघर, जो विश्वविख्यात धर्म स्थान है, भागलपुर से सिर्फ 90 कि.मी. दूर है।

V. QUESTION TAGS व्यवहार से अनुवाद

पहले भी प्रश्नवाचक वाक्यों के अनुवाद का उल्लेख किया गया है। यहाँ पर हम लोग Question Tag (?) का व्यवहार ऐसे वाक्यों के लिए दर्शाना चाहते हैं, जहाँ वक्ता अपने विचार, अनुमान आदि को प्रश्न पूछते हुए व्यक्त करता है। इस प्रकार का वाक्य बोलचाल में ज्यादा व्यवहृत होता है।

इस वाक्य पर ध्यान दें—

तुमने ऐसा किया है न ?

You have done so, haven't you ?

⟵↓⟶	⟵↓⟶
Assertive or Imperative	Interrogative

ऐसे वाक्यों को दो भागों में बाँटा जा सकता है। पहला भाग Assertive या Imperative है। इसके तहत

वक्ता अपना विचार या अनुभव बतलाना चाहता है और इसकी पुष्टि मात्र के लिए एक प्रश्न पूछने के लिए संक्षेप में Anomalous Finite को 'not' के साथ Short form में लिखा या बोला जाता है।

जैसे—

Do + not = don't	Does not = doesn't
Did + not = didn't	is not = isn't

ध्यान देने की बात है कि इन सभी को short form में (not) की जगह n't लगाकर बनाया जाता है। लेकिन अपवाद के रूप में Am, shall और will हैं—

am + not... ? = aren't I ... ?
shall + not = shan't.
will + not = won't.

नियम (1)—

Question Tag लगाने के कुछ नियम हैं।

नियम-1 : सबसे महत्त्वपूर्ण नियम यह है कि Assertive और Interrogative का विपरीत रूप होता है। यानी अगर Assertive 'positive' में हो तो Interrogative Part 'Negative' में होता है तथा Vice-versa.

(i) (a) He is right, isn't he ?
वह ठीक (सही) है न ?
(b) He is not right, is he ?
क्या वह ठीक नहीं है ?

(ii) (a) I am right, aren't I ?
मैं ठीक (सही) हूँ न ?
(b) I am not right, am I ?
क्या मैं ठीक (सही) नहीं हूँ ?

नियम (2)—

नियम (1) 'Let' के साथ बने हुए वाक्यों में लागू नहीं होता। साधारणत: Negative Assertion नहीं किया जाता है। 'Positive' Assertion के साथ Interrogative भाग भी 'positive' में ही रहता है।

जैसे—

Positive Assertion	Positive Interrogative
Let us leave,	Shall we ?
Let me leave,	Shall I ?
Let them go,	Will they ?

'Let' से बने वाक्यों में Interrogative part में सिर्फ Shall या Will लगाकर बनाया जाता है।

नियम (3)—

(a) सजीव (पुरुष, औरत वगैरह) किसी भी रूप में हो (यानी Statement में—everyone of us, either of us, neither of us, all of us, none of us, one of us, anyone of us वगैरह)

तो Question (Interrogative) Tag का Subject 'WE' होता है।

जैसे—

Anyone of us has not seen Delhi, have we?
Most of us have read the Gita, haven't we?

(b) लेकिन 'us' की जगह 'you' रहे तो Question tag के Subject में you लगता है।

जैसे—

Most of you have read the Gita, haven't you?
Most of you have not read the Gita, have you?

(C) लेकिन 'us' की जगह 'them' रहे तो Question Tag का Subject 'they' लगता है। अगर no one, anyone, someone, every one, everybody, somebody या nobody Assertive statement में रहे तो Question tag का subject 'they' होता है।

Most of them don't read the Gita, do they?
Most of them have read the Gita, haven't they?
Nobody has read the Gita, have they?

नियम (4)—

निर्जीव पदार्थ (जैसे—everything, something, nothing वगैरह)

Question Tag के subject के रूप में 'it' का प्रयोग होता है—'they' का नहीं। जैसे—

Something could be done, could it?
Everything was clear to him, isn't it?

नियम (5)—

Dare और need के लिए विशेष ध्यान देना आवश्यक है, क्योंकि ये दोनों क्रियाएँ Auxiliary और 'Full' Verb के रूप में व्यवहार होते हैं।

जैसे—

DARE—

(a) He dare not go to his village, dare he?
(यहाँ पर dare में 's' नहीं लगाया गया है, क्योंकि इसका व्यवहार Auxiliary Verb के रूप में किया गया है।)

(b) He doesn't dare to go his village, does he?
(यहाँ पर dare full Verb के रूप में व्यवहार किया गया है।)

(c) He dares to go to his village, doesn't he?
(यहाँ भी 'dare' full Verb के रूप में व्यवहृत है, अत: इसके साथ 's' जोड़ा गया है।)

NEED—

(a) He need not go to his village, need he?

(यहाँ पर need में 's' नहीं लगाया गया है, क्योंकि इसका व्यवहार Auxiliary Verb के रूप में किया गया है।

(b) He doesn't need to go to his village, does he?
(यहाँ पर 'need' full Verb के रूप में व्यवहार किया गया है।)

(c) He needs to go to his village, doesn't he?
(यहाँ भी 'need' को Full Verb के रूप में व्यवहार किया गया है, अत: इसके साथ 's' लगाया जाता है।)

नियम-6 : यदि Assertive (मूल कथन) में 'used to' हो तो Question Tag में 'Usedn't या didn't का प्रयोग होगा। यदि मूल कथन में 'Usedn't हो तो Question tag में 'used' का व्यवहार होता है।
जैसे—

I used to go to kolkata, usedn't I?
I used to go to Kolkata, didn't I?
(क्या मैं कलकत्ता जाया करता था?)
He used to go to Kolkata, usedn't he?
He usedn't go to Kolkata, used he?

EXAMPLE (Question Tag से संबंधित)

1. I am honest, aren't I? (ध्यान दें—I के पहले भी aren't लगा है)
2. We are honest, aren't we?
3. You are honest, aren't you?
4. He is honest, isn't he?
5. She is honest, isn't she?
6. They are honest, aren't they?

[ऊपर के सभी वाक्यों का (1 से 6) हिंदी अनुवाद है। क्या [मैं, हम लोग, तुम (Singular and Plural), वह (पु., स्त्री.) वे लोग ईमानदार हूँ/ है/हैं।]

7. I am not (aren't) honest, am I?
8. We are not (aren't) honest, are we?
9. You are not (aren't) honest, are you?
10. He is not (isn't) honest, is he?
11. She is not (isn't) honest, is she?
12. They are not (aren't) honest, are they?

[ऊपर के वाक्यों (7 से 12) का हिंदी अनुवाद है—क्या (मैं, हम लोग, तुम-पु., स्त्री., वे लोग) ईमानदार नहीं हूँ, है, हैं।]

13. I went there, didn't I?
14. We went there, didn't we?
15. You went there, didn't you?

16. He went there, didn't he ?
17. She went there, didn't she ?
18. They went there, didn't they ?

इसी प्रकार Past Indefinite के negative form में 'didn't' ही लगाया जाता है।

19. The girls knew knitting, didn't they ?
20. My brother came to meet me, didn't he ?
21. They laughed at villagers, didn't they ?
22. Lata will be here, won't she ?
23. I shall be here, shan't I ?
24. Prime Minister may not come, may he ?
25. They have to go to Delhi, haven't they ?
26. She threatened her husband, didn't she ?
27. She had threatened her husband, hadn't she ?
28. The beggar was weeping, wasn't he ?
29. The teacher laughed at me, didn't he ?
30. The students could pass, couldn't they ?
31. Indian women don't smoke, do they ?
32. Please do us a favour, won't you ?
33. He has little knowledge, has he ?
34. We should respect our teachers, shouldn't we ?
35. We ought to respect our teachers, oughtn't we ?
36. Anyone can come to the meeting, can't they ?
37. No one can interfere, can they ?
38. This was not for villagers, was it ?
39. One can't beat him, can one ?
40. You can't steal, can you ?
41. He dare not laugh at me, dare he ?
42. He need not go there, need he ?
43. He dares to beat me, doesn't he ?
44. He does not need my help, does he ?
45. The dacoits dared to enter the house, didn't they ?
46. We need not go there, need we ? Or do we ?
47. We don't need to go there, do we ?
48. Someone might come, mightn't they ?
49. Anything can be purchased, can't it ?

50. Boys are studying well, aren't they ?

इन सभी वाक्यों का हिंदी अनुवाद शब्दानुसार "···है न, हूँ न" हैं न जैसा होगा। यह ध्यान देने की बात है कि ऐसे प्रश्नवाचक वाक्य व वक्ता के मंतव्य को प्रश्न के रूप में दर्शाते हैं।

EXERCISE (Translation)-64

1. मैं पढ़ सकता हूँ न? 2. हम लोग पढ़ सकते हैं न? 3. तुम पढ़ सकते हो न? 4. तुम लोग पढ़ सकते हो न? 5. वह पढ़ सकता है न? 6. वह पढ़ सकती है न? 7. वे लोग पढ़ सकते हैं न? 8. मैं नहीं पढ़ सकता हूँ न? 9. हम लोग नहीं पढ़ सकते हैं न? 10. तुम नहीं पढ़ सकते हो न? 11. तुम लोग नहीं पढ़ सकते हो न? 12. वह नहीं पढ़ सकता है न? 13. वह नहीं पढ़ सकती है न? 14. वे लोग नहीं पढ़ सकते हैं न? 15. तुमने खाना पकाया है न? 16. तुमने खाना नहीं पकाया है न? 17. वे लोग सुबह से खेल रहे हैं न? 19. श्याम ने अंग्रेजी पढ़ी है न? 20. वर्षा हो रही है न? 21. अमेरिका भारत को मदद करेगा न? 22. भारत अफगानिस्तान को आर्थिक सहायता देगा न? 23. नर्तकी ने नाच नहीं किया था न? 24. लता वहाँ गाना गाने आई थी न? 25. वह एक कोने में बैठा था न? 26. मंत्रीजी ने भाषण नहीं दिया था न? 27. वे लोग प्रदर्शनी करने दिल्ली तो गए थे न? 28. आजादी के लिए भारतवासियों ने कुर्बानी दी थी न? 29. भारत की क्रिकेट टीम ऑस्टेलियाई टीम से बुरी तरह से हार गई थी न? 30. श्याम और राम आराम कर रहे थे न?

प्रासंगिक अनुवाद (Translation of paragraph)

बोलचाल या किसी प्रसंग पर लिखने में अधिकतर सभी प्रकार के अनुवाद का व्यवहार एक साथ होता है। 'कथन विधि' (Narration) और 'वाच्य ' (Voice) पर भी उचित ध्यान रखना होगा। यह जरूरी है कि पाठक किसी विषय या प्रसंग का अनुवाद करने का अभ्यास करें। व्याकरण का ध्यान रखा जाना जरूरी है।

इस संदर्भ में कुछ उदाहरणों पर ध्यान देने के साथ-साथ अभ्यास करने से लाभ होगा। इस प्रकार के अभ्यास से लेख, पत्र लेखन, संक्षेपीकरण तथा विस्तारण करने में भी सहायता मिलेगी।

Example (उदाहरण)-1 : Translate into English

हिंदी माध्यम से अंग्रेजी सीखना

किसी भी विदेशी भाषा को मातृभाषा के माध्यम से ही सीखना चाहिए। आज बहुतेरे धन-संपन्न लोग अपने बच्चों को अंग्रेजी माध्यम से अंग्रेजी सिखाना पसंद करते हैं। ऐसा करने से लोग अपने बच्चों को यह विश्वास दिलाना चाहते हैं कि उनके बच्चे इंग्लिश स्कूल में पढ़ते हैं। ऐसा सोचना भ्रामक है। अंग्रेजी से अंग्रेजी सीखा ही नहीं जा सकता है। साथ ही अंग्रेजी से अंग्रेजी सीखने वाले बच्चे व्याकरण की अनदेखी करते हैं और गलत अंग्रेजी लिखते हैं। बोलने में भी व्याकरण का खयाल किए बगैर गलत अंग्रेजी बोलते हैं। लोग अंग्रेजी की मानसिकता से भ्रमित है। आचार्य विनोबा भावे स्पष्ट शब्दों में कहा करते थे कि मातृभाषा को अलग रखकर दूसरी कोई भी भाषा नहीं सीखी जा सकती है। अंग्रेजी से अंग्रेजी सीखने वाले लोग किसी भी भाषा पर अधिकार प्राप्त नहीं कर पाते हैं। भावनाएँ तो मातृभाषा से ही आती हैं। लेकिन अंग्रेजी पर क्रमशः अधिकार बढ़ते जाने से भावनाएँ स्वतः अंग्रेजी में अनुवाद होती जाती है। विदेशी भाषा सीखने के पहले मातृभाषा की साधारण जानकारी आवश्यक है। बहुत सारे राज्यों में मातृभाषा के साथ-साथ अंग्रेजी भी पढ़ाई जाती है। इससे बच्चों पर दबाव बढ़ता है। पाँचवीं कक्षा तक तो

सिर्फ मातृभाषा, गणित और स्वास्थ्य की पढ़ाई होनी चाहिए। तत्पश्चात् अंग्रेजी की पढ़ाई शुरू होनी चाहिए। इस विचार से कुछ लोग सहमत नहीं भी हो सकते हैं।

Learning English Thtrough Hindi

Any foreign language should be learnt through Vernacular. These days, rich people like to get their children learn English through English. By doing so they try to impress on their children that they are receiving education in English school. Such thinking is misplaced. Learning English through English without the help of vernacular is not possible. In addition the children learning English through English neglect grammar and therefore, write wrong English. While speaking also they do not care for grammar and speak wrong English. People are Obsessed with English. Acharya Vinoba Bhave used to say in unambiguous words that the vernacular can't be kept aside for learning a foreign language. Those who learn English through English do not master any language. Any thought comes in the Vernacular only. Such thoughts are automatically translated into English with gradual learning of English. Before learning any foreign language it is essential to have understanding of Vernacular. In many states children are taught English along with vernacular. Thereby children are under stress. Till class Vth only Vernacular, Arithmetic and Hygiene should be taught.Thereafter English should be introduced. Such thoughts may receive objection from some people.

Example (उदाहरण)–2 : Translate into English and give a title

धन एक साधन है, लेकिन स्वास्थ्य के बिना धन का कोई महत्त्व नहीं है। अतः ऐसा कहा गया है कि 'स्वास्थ्य ही धन है।' इस लोकोक्ति का अर्थ बहुत व्यापक है। कल्पना कीजिए कि एक व्यक्ति के पास करोड़ों रुपए हैं? लेकिन वह हमेशा बीमार रहता है। वह न ठीक से भोजन कर पाता है और न ही चल-फिर सकता है। उसके भोजन पर बहुत सारी पाबंदियाँ हैं। वह मिठाई खाने के लिए तरसता रहता है। अगर 100-200 मीटर चल ले तो थक जाता है। अगर 10-15 मिनट चल ले तो सीने में दर्द होने लगता है। कभी-कभी वह बेहोश होकर गिर भी जाता है। उसकी एक बार 'बाई-पास' सर्जरी भी हो चुकी है। फिर भी वह बीमार ही रहता है। दूसरी ओर एक खेतीहर-मजदूर है। उसे जिस प्रकार का भोजन मिले खाकर संतुष्ट हो जाता है और फिर काम पर लग जाता है। रात में अच्छी नींद सोता है और सवेरे से ही अपने मवेशी की सेवा में लग जाता है, और फिर अपने खेत पर चला जाता है। कभी-कभी शहर जाकर सिनेमा देख आता है। उसे बहुत मजा आता है। अब आप बताइए कि आप धनी होकर बीमार होना या गरीब रहकर स्वस्थ होना चाहेंगे।

'Health is Wealth'

Wealth is one of the means. But wealth without health is no worth. Therefore, it is said 'Health is Wealth'. This proverb has wide acceptability. Imagine a man with crores of rupees but remains sick all the time. He cannot eat the choicest food and cannot even walk properly. There are restrictions on his diet. His desire for taking sweets remains unfulfilled. He gets tired just after walking for 100-200 metres. In case he walks for ten-fifteen minutes he develops chest pain. Sometimes he falls and becomes senseless. He has undergone 'bye-pass surgery' once, but he is sick all the time. On the other hand there is a farm-worker who works for the daylong. He is fully satisfied with any kind of food he takes and soon after joins his work. He has a sound sleep in the night and cares his cattle in the early morning and then starts day with working in his farm. Sometimes he goes to a nearby city or Bazar and enjoys watching a movie. Now you tell whether you would like to be a rich with sickness or poor with good health.

Example (उदाहरण)-3 : Translate into English

अनुशासन

'अनुशासन' शब्द को शब्द-कोशों में अनेक प्रकार से लिखा गया है। इस 'शब्द' को जिस प्रकार से भी समझा जाए, इसके मूल में 'नियमों के अनुसार चलना' है। यहाँ पर नियम का दायरा बहुत बड़ा है। इसके तहत कानून के अलावा सामाजिक और अलिखित नियम भी सन्निहित हैं। अनुशासन जीवन के सभी क्षेत्रों तथा संस्थाओं में समान रूप से आवश्यक है—विद्यालय, कार्यालय, गाँव, कारखाना, खदान, रेलवे स्टेशन, मैदान-ए-जंग जैसी सभी जगहों पर। आज सबसे अधिक अनुशासन की आवश्यकता राजनीति से जुड़े लोगों को है। अनुशासन का पहला सूत्र है—ईमानदारी और कर्तव्यनिष्ठा। अनुशासनहीनता के कारण ही आज भारत जैसे विकासशील देशों में भ्रष्टाचार पनप रहा है। लोग भ्रष्टाचार को हटाने के बारे में बोलते हैं; लेकिन उनमें से बहुत लोग खुद भ्रष्ट हैं। भ्रष्टाचार को रोकने के लिए सिर्फ कानून की आवश्यकता नहीं है। इससे भी अधिक लोगों में संस्कार पैदा करना जरूरी है। लेकिन कुछ भ्रष्टाचारियों को खुली जगह में फाँसी देना उचित होगा।

Discipline

The word 'Discipline' has been described differently in dictionaries. In whatever way we may understand this word, the base on which it stands is "to follow the Rules". However, the word Rule has very wide range. It includes 'social and unwritten' Rules also. Discipline is necessary in all spheres of life and places like schools, office, village, factories, mines, railway station, battle-field etc. At present there is an urgent need for the politicians to be disciplined. The first requirement for discipline is "honesty and devotion to duty". Indiscipline is the reason for spread of corruption in developing countries like India. Many such people who speak on weeding out corruption are themselves corrupt. Framing 'Rules' alone is not enough to uproot the corruption. People at large must develop 'SANSKAR'. However, some of the corrupt will have to be hanged publicly.

Example (उदाहरण)-4 : Translate into English

एक स्कूल के विद्यार्थी ने अपने इतिहास के शिक्षक से पूछा कि अंग्रेजों ने भारतवासियों को क्या-क्या दिया? शिक्षक ने कहा, "बहुत कुछ दिया और बहुत कुछ ले गए।" विद्यार्थी ने लेने और देने दोनों की जानकारी लेने की

इच्छा जाहिर की। शिक्षक ने बतलाया कि अंग्रेज इंग्लैंड में बनी सभी मशीन, कपड़ा, घड़ी इत्यादि भारत में भेजते थे। इसलिए भारत का औद्योगिक विकास नहीं हुआ। यहाँ तक कि सूई या दाढ़ी बनाने का ब्लेड भी वहीं से आता था। मशीनीकरण के कारण इंग्लैंड में बना हुआ कपड़ा, छोटे-मोटे कल-पुर्जे भारत में लघु उद्योगों में बने हुए सामग्रियों से बहुत सस्ते थे। इसलिए भारत के लोग, जो छोटे-छोटे उद्योगों में लगे थे, उनको अपना धंधा बंद करना पड़ा। यही कारण था कि गांधीजी ने 'स्वदेशी' का नारा दिया और 'खादी' को अपना शस्त्र बनाया। इंग्लैंड से आए हुए वस्त्रों को गाँव-गाँव में जलाया गया। खादी पहनना एक गौरव के रूप में देखा जाने लगा। सभी नेता और समाज सेवकों ने खादी धारण करके स्वदेशी भावना को जगाया। 'चरखा चलाकर सूत काटो और करघा चलाकर वस्त्र बनाओ' के नारे ने भारत को आजादी दिलाने में बहुत बड़ी भूमिका निभाई। अंग्रेज तो हमारा 'कोहिनूर' भी इंग्लैंड लेकर चले गए। लेकिन अंग्रेजों ने भारतवासियों को बहुत कुछ दिया भी। अगर अंग्रेज न आए होते तो भारत छोटे-बड़े राजवाड़ों में बँटा रहता। अनेक राजा रहते हुए भी भारत अंग्रेजों के पूर्ण कब्जे के पहले, कभी भी एक संपूर्ण भारत के रूप में नहीं रहा। अंग्रेजों ने ही रेल की शुरुआत की। डाक-तार की व्यवस्था शुरू हुई। जिस आजाद प्रेस की बात आज हम करते हैं, अंग्रेजों के समय भी प्रेस को काफी आजादी दी गई थी। रेल, सड़क, डाक-तार एवं रेडियो स्टेशन के निर्माण से समाचारों की जानकारी लोगों को मिलने लगी। यहाँ तक कि अंग्रेजों के चलते ही भारत में क्रिकेट आया। सभी प्रकार का 'सिविल' और 'क्रिमिनल' कानून आया। आज भी अपने देश में आजादी के पहले आए बहुतेरे कानून लागू हैं। प्रशासनिक व्यवस्था, पुलिस का गठन, सैन्य प्रबंधन वगैरह का एक मजबूत रूप तैयार हुआ। न्यायालयों ने भी बहुत प्रभावी ढंग से काम करना शुरू किया। और सबसे बड़ी बात तो यह है कि जब उन्हें अंदाजा हो गया कि भारत के लोग सत्ता सँभाल सकेंगे तो उन लोगों ने भारत को आजाद भी कर दिया। लेकिन दु:ख की बात यह रही कि अंग्रेजों ने भारत के भू-खंड को एक तो कर दिया, लेकिन जाते-जाते इसका दो टुकड़े भी कर गए। इस विभाजन में अंग्रेजों की सहमति तब हुई, जब भारत को नेतृत्व देने वाले लोग ही इसके विभाजन के लिए राजी हो गए। शिक्षक ने अंत में यह भी कहा कि 1942 का देश व्यापी आंदोलन 'अंग्रेजों भारत छोड़ो' को अगर अंग्रेज चाहते तो दमन कर सकते थे। लेकिन ब्रिटेन में 'लेबर पार्टी' का शासन आया और उन्होंने अपने सभी उपनिवेशों को क्रमश: आजाद करने का फैसला लिया। इस संकल्प को मानवता के लिए महादान के रूप में देखा जाना चाहिए।

One of the students of a school asked his history teacher that what the Britishers really contributed to Indians ? The teacher said that they gave many and took away a lot. The student was desirous to know both -'giving and taking'. The teacher mentioned that the Britishers exported the machine, clothes, watches etc. manufactured in their country. Therefore, there was no growth of industries in India. Even 'needle and blades for shaving' used to come from England. Due to mechanization in England the goods produced there were cheaper than what were produced by Indian artisans. As a result those who were engaged in tiny industries had to close down their shops. This was the reason that Gandhiji announced the slogan of 'SWADESHI' and adopted KHADI as a weapon. The British clothes were burnt in villages. Wearing khadi was a pride. All the national leaders and social workers aroused the Swadeshi culture by wearing Khadi. The slogan 'Spin on Charkha and weave on Kargha' played a vital role in freeing India. Britishers took our 'Kohinoor' to England. However, the Britishers gave substantially to Indians. If Britishers would not have ruled India it would have remained divided into big and small Kingdoms. India had never remained as a unified nation before full control on entire India by Britishers. Britishers started operating Railways. Post and Telegraph Started functioning. The independence of press that we talk today, was granted by them to a great extent. Rail, Road, Post and Telegraph and Radio station facilitated people to receive information. Even Cricket in India is a gift of Britishers. 'Civil' and 'Criminal' laws were enacted. Even today many laws framed prior to independence are in vogue. Administrative set up, police and defence wings were made functional. Functioning of court was streamlined. Above all when they knew that Indians can manage their own affairs they granted freedom to India. However, the unification of India ushered by Britishers were divided into two. But for Such divisions the Britishers alone were not responsible. The leaders within India agreed to partition. At the end the teacher said that the Britishers, if they would have liked so, could have retained India under them even after the nationwide 'QUIT INDIA MOVEMENT' of 1942. The Labour Party Rule ushered in U.K and they decided to free all its colonies gradually one by one. This resolution should be seen as a 'great gift' to humanity.

Example (उदाहरण)-5

Translate into English and provide a suitable heading

एक प्रजाति की चिड़ियाँ एक साथ हो जाती हैं। कौएँ, कोओं के साथ रहते हैं। वे चील या गिद्ध के साथ नहीं रह सकते। यह कीड़ों तथा जानवरों के लिए भी सच है। चींटी, चीटिंयों के साथ ही रहती हैं और कुत्ते, कुत्तों के साथ। कुत्ता, बाघ या शेर के साथ रहना पसंद नहीं करता है। ऐसा मनुष्यों के साथ भी है। अच्छे लड़के, अच्छे और बुरे लड़के, बुरे लड़कों के साथ रहना चाहते हैं। विद्वान् लोग विद्वानों के साथ रहना पसंद करते हैं, मूर्खों के साथ नहीं। चोर भी चोरों की संगत चाहता है, बेईमान लोग भी एक-दूसरे की मदद करते हैं। कुछ व्यापारी एक-दूसरे से आगे बढ़ना चाहते हैं, लेकिन समाज में वे सब एक होकर रहते हैं। इस तरह से यह देखा जाता है कि एक प्रकार के पशु-पक्षी और मनुष्य अपने स्वभाववश अपने समाज में सिमटकर रहना चाहते हैं।

Birds of the same Feather Flock Together

Birds of the same sort live together. Crows live with crows. They cannot live in the company of kites and vultures. This is true of insects and animals too. Ants live in the company of ants, and dogs live with dogs. Dogs don't like to live with lions and tigers. It is so with man as well. Good boys keep the company of good boys and bad ones keep the company with bad ones. Scholars like to live with scholars but not with fools. Thieves tend to live with thieves. However, dishonest people don't want to live together but they help each other. Some businessmen tend to go ahead of others but they remain united in the society. So, it is observed that one kind of birds, animal and men have natural tendency to confine themselves with their own kith and kin.

Example (उदाहरण)-6

Translate into English and provide a suitable title.

अगर आपकी उँगलियाँ काट दी जाएँ तो आपके हाथों की ताकत कम हो जाएगी। वे ठीक से काम नहीं करेंगे। मानव शरीर एक मशीन की तरह है। इसके सैकड़ों अंग हैं। सभी अंग एक साथ काम करते हैं और इस मशीन को ताकत देते हैं। आप दोनों पैरों की मदद से खड़े हो पाते हैं। अगर आपका एक पैर काट दिया जाए तो आप गिर जाएँगे और खड़ा होने के लिए आपको एक लाठी की आवश्यकता होगी। अत: ताकत संगठित होने तथा आपसी सहयोग से होती है।

एक समाज भी बिना एकता के कुछ नहीं कर सकता है। मनुष्य एक सामाजिक प्राणी है। वह दूसरों की मदद करता है, और दूसरे लोग भी उसकी मदद करते हैं। उसे अपने दोस्तों और पड़ोसियों पर निर्भर रहना पड़ता है। अगर वे लोग संगठित हैं तो समाज मजबूत होगा। चीड़िया और जानवर में भी संगठित होने की अद्भुत भावना है। चीटियाँ बहुत छोटी होती हैं, लेकिन जब वे संगठित हो जाती हैं तो वे एक मजबूत फौज बन जाती हैं। आप लकड़ी के गट्ठर को नहीं तोड़ सकते, किंतु आप एक-एक लकड़ी को आसानी से तोड़ सकते हैं। इसीलिए कहा जाता है कि संगठित होने से ताकत आती है और अकेले रहने से कमजोर हो जाते हैं।

UNITY IS STRENGTH

If fingers are cut off from your hands, its strength will be reduced. They will not work well. Humarn body is like a machine. It has hundreds of organs. All the parts work together and give strength to this machine. You are able to stand with the help of both the legs. If one of your legs is cut off, you will fall down and need a stick to stand. So, strength lies in unity and co-operation.

A society, too, cannot do anything without unity. Man is a social animal. He helps others and others help him in turn. He has to depend on his friends and neighbours. If they are united, the society will be strong. Even birds and animals show a wonderful sense of unity. Ants are very small but when they unite they form a strong army. You cannot break a bundle of sticks. But you can break stick one by one very easily. Therefore, it is said, "United we stand divided we fall."

समाचार-पत्र

EXERCISE (PARAGRAPH)-1

समाचार-पत्र का हमारे राष्ट्र में एक विशिष्ट स्थान है। सिर्फ अपने देश में ही नहीं, समाचार-पत्र पूरे विश्व में एक दर्पण का काम करता है। समाचार-पत्रों के माध्यम से प्रतिदिन देश-विदेश में होनेवाली घटनाओं और कार्यक्रम की जानकारी प्राप्त होती है। लेखकों, विचारकों, विद्वानों एवं राजनीतिज्ञों के विचारों की जानकारी भी समाचार-पत्रों से मिलती है। समाचार-पत्रों को एक दर्पण के रूप में देखा जाता है। जिससे भूतकाल में घटी घटनाओं का ज़िक्र रहता है जो वर्तमान और भविष्य के कार्यक्रम की रूप-रेखा तैयार करने में मदद पहुँचाता है। विश्व के समाचारों के साथ-साथ देश के हर कोने की खबरों की जानकारी मिलने से जनता में जागरूकता बढ़ती है। भारत के स्वतंत्रता संग्राम में छोटे-छोटे अखबारों ने आंदोलन को बहुत प्रखर कर दिया था। इन दिनों भी कई आंदोलन हुए, जिससे जनता भ्रष्टाचार के विरुद्ध एकजुट होकर इसे खत्म करने का संकल्प ले रही है। बहुत सारे

लोग प्रेस के ऊपर नियंत्रण की आवश्यकता पर जोर देते हैं। लेकिन ऐसा करने से सरकार निरंकुश हो जाएगी। लेकिन प्रेस को भी चाहिए कि वे अपने सूत्रों से सही जानकारी लेकर ही समाचारों को समाचार-पत्रों में छापें। अगर प्रेस ऐसा नहीं करता है तो वे किसी पक्ष या दल के माने जाएँगे और संवाददाता की निष्पक्षता पर सवालिया निशान लगेगा और जनता वैसे अखबारों पर अपना विश्वास खो देगी। उन अखबारों के प्रकाशन पर बुरा असर पड़ेगा।

EXERCISE (PARAGRAPH)-2

कंप्यूटर : आज की आवश्यकता

अंग्रेजी में अनुवाद करें और एक शीर्षक दें

आज का युग विज्ञान का युग है। कंप्यूटर मनुष्य की खोजों में से एक अद्‌भुत खोज है। कंप्यूटर ने मानव जीवन के लगभग सभी क्षेत्रों को प्रभावित किया है। इसीलिए आज के युग को कंप्यूटर-युग कहा जाता है।

खासकर शिक्षा के क्षेत्र में कंप्यूटर अत्यंत उपयोगी सिद्ध हो रहा है। विद्यालयों में तेजी से कंप्यूटर विषय की पढ़ाई शुरू हो गई है। कंप्यूटर के माध्यम से पठन-पाठन के स्तर में काफी सुधार हुआ है। अनेक विद्यालयों में तो इंटरनेट के माध्यम से घर बैठे ज्ञान प्राप्त किया जा सकता है। अब तो पुस्तकों के प्रकाशन में भी कंप्यूटरों की भूमिका अहम् हो गई है।

कार्यालयों में कंप्यूटर के सहारे कार्य करना अत्यंत सहज एवं सरल हो गया है। आँकड़ों एवं तथ्यों को कंप्यूटर की 'फाइल' में सुरक्षित रखकर उसका इस्तेमाल किया जाता है। इससे समय की बचत होती है और आँकड़ों में हेरा-फेरी की संभावना कम हो जाती है। अब तो हर एक कार्यालय में कंप्यूटर का उपयोग लगभग अनिवार्य सा हो गया है।

मौसम की जानकारी भी कंप्यूटर के द्वारा दी जाती है। एक जगह बैठे दुनिया के कोने-कोने में वर्षा होने की जानकारी, आँधी-तूफान आने की सूचना, बर्फबारी का आभास हासिल किया जा सकता है। सूर्य, चंद्रमा, तारे तथा नक्षत्रों के प्रभाव की जानकारी भी कंप्यूटर की सहायता से मिलती है। अब तो लोग बच्चों की जन्मकुंडली भी कंप्यूटर से बनवाते हैं।

भारत में कंप्यूटर का प्रचलन प्रधानमंत्री स्व. राजीव गांधी के प्रयासों से प्रारंभ हुआ। '90 के दशक में प्रवेश के पश्चात् कंप्यूटर ने आज अपने सभी क्षेत्रों में अपनी जगह बना ली है।

EXERCISE (PARAGRAPH)-3

भारत के त्योहार एवं उनका महत्त्व

भारत में अनेक धर्म, भाषा, संप्रदाय एवं जाति के लोग एक साथ रहते हैं। इसकी तुलना विभिन्न रंगों के पुष्पों को एक माला में पिरो कर रखने जैसी है। हरेक धर्म, संप्रदाय और जाति के लोगों की अपनी एक सांस्कृतिक विरासत है, जो भिन्न-भिन्न त्योहारों के माध्यम से प्रकट होती है। इन विभिन्नताओं को एकाकार करने में इन त्योहारों की महत्त्वपूर्ण भूमिका है।

भारत में त्योहारों का सिलसिला सालों भर चलता रहता है। कभी हिंदुओं का छठ, दीवाली, दशहरा, होली तो मुसलमानों का ईद, मुहर्रम, क्रिश्चनों का क्रिसमस, गुडफ्राइडे तो सिक्खों का गुरुनानक जयंती और बैसाखी इत्यादि। स्वतंत्रता प्राप्ति के पश्चात् तो तीन राष्ट्रीय पर्व—स्वतंत्रता दिवस, गणतंत्र दिवस और गांधी जयंती क्रमश: 15 अगस्त, 26 जनवरी और 2 अक्तूबर को मनाए जाते हैं।

समाज या राष्ट्र की एकता और पारस्परिक मेल-मिलाप में इन त्योहारों का विशेष महत्त्व है। समय-समय पर ये विभिन्न त्योहार मनुष्य के परस्पर भेदभाव व वैमनस्य को भुलाकर भाईचारे का संवाद देते हैं। ये त्योहार सामाजिक एकता को प्रेरित करते हैं। त्योहार एक-दूसरे के बीच की खाई को पाटने का कार्य करते हैं। ये सच्चाई, निष्कपटता और आत्मविश्वास का वातावरण पैदा करते हैं। हर त्योहार की क्रिया विधि अलग होती है। लेकिन सभी त्योहार एकता का संदेश देते हैं। अत: त्योहार सामाजिक व राष्ट्रीय एकता बनाए रखने में महत्त्वपूर्ण भूमिका अदा करते हैं। अत: जरूरी है कि ऐसा कोई कार्य न करें, जिससे दूसरे धर्मों के लोगों की भावनाएँ आहत हों।

भारत के त्योहारों को देखकर कोई भी व्यक्ति यह अनुमान लगा सकता है कि इस देश की संस्कृति की जड़ें बड़ी गहरी हैं। दुर्भाग्यवश आजकल के पढ़े-लिखे लोग इन त्योहारों में निहित संदेश को भुलाते हुए त्योहारों के छुट्टी दिवस को गलत ढंग से मनाते हैं। यह आवश्यक है कि विद्यार्थियों को बतलाया जाए कि किस पर्व को क्यों मनाया जाता है और उसे कैसे मनाया जाए।

EXERCISE (PARAGRAPH)-4

नशाबंदी

नशा अर्थात् मादक पदार्थों के सेवन से प्रत्येक वर्ग में लोग ग्रसित होते जा रहे हैं। अब तो कुछ महिलाओं में भी यह प्रवृत्ति घर करती जा रही है। भारत में नशा सेवन एक दर्दनाक और शर्मनाक समस्या है। मादक पदार्थों के सेवन से धीरे-धीरे लोग 'ड्रग्स' लेने के भी आदी हो जाते हैं। ड्रग्स, स्मैक, चरस, हेरोइन, मॉरफीन इत्यादि के रूप जाने जाते हैं। अफीम, गाँजा तथा भाँग भी 'ड्रग्स' का एक छोटा रूप है। व्हिस्की, जीन, बीयर, महुआ (महुआ से बनाई हुई शराब), ठर्रा (भात को सड़ाकर बनाई गई शराब) इत्यादि भी नशीले पदार्थ ही है।

नशा अथवा मदिरा सेवन स्वास्थ्य एवं समाज के लिए सभी प्रकार से हानिकारक है। लेकिन नशा सेवन करनेवालों की संख्या प्रतिदिन बढ़ती ही जा रही है। कुछ लोगों का मानना है कि मदिरा का सेवन मनुष्य को चिंता मुक्त तथा शक्तिशाली बनाता है। ऐसी सोच बिल्कुल भ्रामक है। कुछ क्षण, जो बेहोशी का पहला रूप है, इनके लिए शराबी अपने आपको सम्राट् समझने लगता है। फिर सो जाता है और सुबह देर से जगकर अपने आपको उसी अवस्था में पाता है। फिर कुछ लोग सुबह से ही पीना शुरू कर देते हैं। शराब के सेवन से स्वास्थ्य बिगड़ जाता है। खासकर 'लीवर' पर बहुत बुरा असर पड़ता है।

कुछ लोग तो शराब समाज में प्रतिष्ठा बढ़ाने या राजनैतिक स्वार्थ के लिए भी जरूरी समझते हैं। यह कितनी बड़ी विडंबना है ?

नशाबंदी का प्रयास निरंतर चल रहा है। साथ ही सरकारी शराब की दुकानों में भी वृद्धि हो रही है। सरकार को एक्साइज टैक्स से धन प्राप्त हो रहा है। दोनों ही काम एक साथ चल रहा है। संविधान के तहत राष्ट्र धर्म के रूप में नशाबंदी भी एक मुद्दा है। बहुत सारी समाज सेवी संस्थाएँ इस दिशा में काम कर रही हैं। नांदेड़ (महाराष्ट्र) के पास एक गाँव में एक फकीर, जिनका नाम है—हकीम जुल्फीखार, एक प्रकार की जड़ी से बनी दवाई खिलाते हैं, जिसके बाद छह महीनों तक कोई भी व्यक्ति नशा सेवन कर ही नहीं सकता है। उसके बाद उसे समझा-बुझाकर या फिर जड़ी (दवा) का सेवन करवा कर नशा मुक्त करवाया जाता है। उन्होंने हजारों व्यक्तियों को नशे से मुक्त किया है।

EXERCISE (PARAGRAPH)-5

खरगोश हारा, कछुआ जीता

(Slow but Steady wins the Race)

यह सर्वविदित है कि खरगोश बहुत तेजी से दौड़ सकता है और कछुआ बहुत ही धीरे-धीरे चलता है।

एक दिन खरगोश और कछुए में बहस छिड़ गई। कछुए ने दावा किया कि वह खरगोश से कम समय पर गंतव्य स्थान पर पहुँच सकता है। खरगोश बहुत हँसा और बोला कि तुम सही मायने में बुद्धु हो। तुम्हारी चाल तो हमसे एक सौ गुणा कम है। फिर तुम इस प्रकार का दावा किस आधार पर कर रहे हो ? कछुआ ने कहा कि तुम यहाँ से गाँव के मंदिर तक चलो। मैं तुमसे पहले पहुँचूँगा। इस चुनौती को खरगोश ने स्वीकार किया और फिर बड़े जोर से हँसा तथा कछुए का मजाक उड़ाया। कछुए ने कहा, "बकवास बंद करो और दौड़ शुरू करो।" दोनों ने दौड़ शुरू की। खरगोश बहुत आगे बढ़ गया। कुछ देर बाद एक जगह उसे हरी घास दिखी और उसने खूब खाया और कुछ देर विश्राम करना चाहा। विश्राम के साथ उसे नींद भी आ गई। कछुआ धीरे-धीरे अपनी चाल में कुछ तेजी लाकर चलता रहा। उसने रास्ते में खरगोश को सोते हुए देखा। कछुए ने अपनी धीमी चाल में कुछ वृद्धि की। कछुआ मंदिर के पास पहुँच गया। लोगों ने उसे घेर लिया। खरगोश की नींद टूटी और तेजी से वह मंदिर की ओर दौड़ा। खरगोश ने मंदिर के पास देखा कि कछुआ वहाँ पहले से ही पहुँचा हुआ है। खरगोश को काफी शर्म आई और वह पश्चात्ताप करने लगा। लेकिन खरगोश अब कर ही क्या सकता था ? उसने अपनी हार मानकर क़छुए को बधाई दी।

EXERCICE (PARAGRAPH)-6

एकता में बल है

अंग्रेजी में अनुवाद करें और एक शीर्षक दें

एक माँ-बाप के पाँच पुत्र थे। पाँचों रोज लड़ते-झगड़ते रहते थे। वे लोग अपने खेत में एक जुट होकर मेहनत नहीं करते थे। खेत में दूसरे लोगों के मवेशी घुसने के बावजूद भी उनको भगाते नहीं थे। बूढ़े माँ-बाप को ही सभी काम करना पड़ता था। लेकिन वे कब तक काम करते रहते। उन्हें तो अब विश्राम की आवश्यकता थी।

एक दिन पिताजी के मन में समस्या के निदान का तरीका सूझा। उन्होंने लकड़ी के टहनियों को एकत्र किया और उसे एक गट्ठर के रूप में रस्सी से बाँधकर जमीन पर रख दिया। फिर पाँचों बेटों को बुलाया और कहा, "इस गट्ठर को तोड़कर दिखलाओ।" पाँचों को मौका दिया गया। पाँचों ने काफी प्रयास किया, लेकिन गट्ठर नहीं तोड़ पाए। पिता ने गट्ठर खोलकर कहा, "अब-तोड़ो।" पुत्रों ने लकड़ी को एक-एक करके तोड़ दिया। पिता ने पूछा, "लकड़ी क्यों टूट गई ? और गट्ठर क्यों नहीं टूटा ?" पाँचों पुत्र उत्तर नहीं दे पाए, लेकिन उपदेश समझ में आ गया।

अब पाँचों भाई मिल-जुलकर खेती करने लगे। काफी उपज होने लगी। माँ-पिताजी को पुत्रों ने आराम से रहने को कहा। पाँचों भाइयों का एक-एक करके विवाह संपन्न हो गया। कुछ दिनों के बाद पाँचों बहुएँ लड़ने-झगड़ने लगीं।

पिताजी को पुन: गट्ठर बाँधकर लाना पड़ा। गट्ठर को तोड़ने के लिए कहा गया। फिर गट्ठर को खोलकर एक-एक लकड़ी को तोड़ने के लिए कहा गया। बहुओं ने लकड़ियाँ तोड़ दीं। इस बार उन्होंने भी उपदेश समझ लिया। पाँचों पुत्र और पाँचों बहुएँ मिल-जुलकर रहने लगीं। पूरा परिवार सुखी-संपन्न हो गया। इसलिए कहा जाता है, "एकता में बल है।"

EXERCISE (PARAGRAPH)-7

अंग्रेजी में अनुवाद करें और एक शीर्षक दें

खादी धारण करनेवाले माँ-बाप के एक पुत्र को एक बहुत अच्छी नौकरी मिली। पुत्र अपने माँ-बाप के लिए अपने पहले माह की तनख्वाह से धोती एवं साड़ी खरीद कर लाया। पैर छूकर आशीर्वाद प्राप्त करके उसने अपने माँ-बाप को धोती एवं साड़ी दी। बात 1966 की है। पिता ने पुत्र से प्रश्न पूछा, "तुम्हें कितना वेतन मिलता है ?" पुत्र ने उत्तर में कहा, "620 रुपए प्रतिमाह मिलता है और कुछ नहीं।" माता ने पुत्र से दो-तीन दिन बाद कहा— "पिताजी तुमसे बहुत नाराज हैं।"

पुत्र ने कहा, "क्यों ? मेरी तो उनसे इन दिनों कुछ बात ही नहीं हुई।"

माँ ने कहा, "तुम पिताजी से बात करो।"

पुत्र ने पिता से कहा, "माँ बोल रही थी कि आप हमसे नाराज हैं।"

पिताजी ने बहुत ही कड़े शब्दों में कहा, "तुमने जो कहा कि 'और कुछ नहीं मिलता है' मुझे इसी का अफसोस है।"

पुत्र ने विस्मय भरे शब्दों में कहा, "नहीं बिल्कुल नहीं। हमारे जो दोस्त खदानों में काम करते हैं, उन्हें मुफ्त में घर, बिजली, नौकर-चाकर के साथ-साथ बोनस भी मिलता है। लेकिन ये सारी सुविधाएँ अनुसंधान से जुड़े लोगों को नहीं मिलती है।"

इतना सुनने के बाद पिता ने पुत्र को गले लगा लिया और कहा कि कभी भी लालच में न फँसना। पुत्र ने कहा, "कभी नहीं, कभी नहीं।" पुत्र ने पिता को दिया वचन जीवन भर निभाया।

EXERCISE (PARAGRAPH)-8

महँगाई

अंग्रेजी में अनुवाद कर एक शीर्षक दें

भारत में महँगाई अथवा मूल्य वृद्धि की समस्या इतनी तीव्रता से बढ़ रही है कि यह गरीबों और किसानों के लिए एक चिंतनीय विषय बन गई है। धनिकों को इससे कुछ फर्क नहीं पड़ता है। व्यापारियों को मूल्य वृद्धि से अधिक लाभ हो जाता है। जन साधारण को यह जानकारी नहीं है कि सरकारी या अर्ध सरकारी कर्मचारियों को तो मूल्य वृद्धि से लाभ-ही-लाभ है। महँगाई जितनी बढ़ती है, उनके वेतन में भी उतनी ही वृद्धि हो जाती है। अतः उन्हें महँगाई बढ़ने से कुछ फर्क नहीं पड़ता है। लेकिन इससे भी बढ़कर उनका नया वेतनमान, जो दस वर्षों या पाँच वर्षों के अंतराल पर दिया जाता है, उनके कुल वेतन में 10 से 24 प्रतिशत जोड़कर नया वेतन मान तय होता है। अतः मूल्य वृद्धि के असली लाभ उन्हें मिलते रहते हैं। लेकिन गरीब और किसानों के लिए महँगाई जानलेवा सी हो गई है।

बढ़ती महँगाई का मुख्य कारण तीव्र गति से बढ़ती जनसंख्या है। जिस दर से जनसंख्या में वृद्धि हो रही है, उस दर से उत्पादन नहीं हो पा रहा है। विज्ञान और तकनीकी विकास के कारण लोगों की चाह बहुत बढ़ गई है। अब जनसाधारण भी सुख-सामग्रियों का व्यवहार आवश्यक समझने लगा है। बिजली की खपत बहुत बढ़ गई है। कुछ वर्ष पहले गाँवों में बिजली नहीं थी। अब सभी लोग गाँवों में बिजली के व्यवहार को एक आवश्यक जरूरत समझने लगे हैं। कोयले का मूल्य बढ़ जाने के कारण बिजली उत्पादन का मूल्य भी बढ़ गया है। अब तो विदेशों

से भी कोयला आना शुरू हो गया है। डीजल और पेट्रोल की खपत का 80 प्रतिशत तो विदेशों से ही आयात होता है। डीजल का मूल्य निरंतर बढ़ता जा रहा है। इसका समाधान तो जनसंख्या पर नियंत्रण तथा घरेलू उत्पाद बढ़ाने पर ही निर्भर है। भ्रष्टाचार भी महँगाई का एक कारण है। इसको मिटाना भी आवश्यक है। महँगाई पर लगाम लगाना सिर्फ सरकार की नहीं, देशवासियों की भी जिम्मेदारी है।

□

PART 'C'

VERB (ADDITION)

VERB (ADDITION)
(क्रिया)
(See Part A Chapter III C)

HINDI	Present	Past	Past Participle
(अ)			
अखरना	Feel	Felt	Felt
अच्छा लगना, पसंद करना	Like	-d	-d
अग्रसर होना, आगे होना	Lead	Led	Led
अदा करना, पैसा देना	Pay	Paid	Paid
अड़ना	Insist	-ed	-ed
अपनाना	Adopt	-ed	-ed
अप्रसन्न करना	Displease	-d	-d
अपराध में शामिल होना	Connive	-d	-d
अनुमति देना	Permit	Permitted	Permitted
अनुभव करना	Feel	Felt	Felt
अनुसरण करना	Follow	-ed	-ed
अर्थ लगाना, अर्थ होना	Mean	Meant	Meant
अलग करना, अलग होना	Separate	-d	-d
असफल होना	Fail	-ed	-ed
(आ)			
आश्रित होना	Depend	-ed	-ed
आग लगना	Catch fire	Caught fire	Caught fire
आग्रह करना	Request	-ed	-ed

आगे बढ़ना	March	-ed	-ed
आज्ञा पालन करना	Obey	-ed	-ed
आना	Come	Came	Come
आमंत्रण देना	Invite	-d	-d
आज्ञा देना	Order	-ed	-ed
(इ)			
इज्जत देना (करना)	Respect	-ed	-ed
इंतजार करना	Wait	-ed	-ed
(उ)			
उगना (बढ़ना)	Grow	Grew	Grown
उठाना (ऊपर उठाना)	Raise	-d	-d
उड़ाना/उड़ना	Fly	Flew	Flung/Flown
उत्साह बढ़ाना	Inspire	-d	-d
उत्तर देना	Reply Answer	Replied -ed	Replied -ed
उत्साहित करना	Encourage	-d	-d
ऊपर उठाना	Raise	-d	-d
उपस्थित होना, भाग लेना	Attend	-ed	-ed
उबालना	Boil	-ed	-ed
उम्मीद करना, आशा करना	Hope	-d	-d
उल्टी करना	Vomit	-ed	-ed
(क)			
कब्जे में कर लेना	Capture	-d	-d
कमाना	Earn	-ed	-ed
करना	Do	Did	Done
शोकाकुल होना	Grieve	-d	-d
कसना	Tighten	-ed	-ed
काटना (फसल)	Reap	-ed	-ed
काटना	Cut	Cut	Cut

काम करना	Work	-ed	-ed
काम या क्रिया करना	Act	-ed	-ed
कुचलना, दबाकर रखना	Suppress	-ed	-ed
कूदना	Jump	-ed	-ed
	Leap	-ed/ Leapt	Leapt
केस (मुकदमा) करना	Prosecute	-d	-d
कोसना, शाप देना	Curse	-d	-d
कोशिश करना	Try	Tried	Tried
	(ख)		
खटखटाना	Knock (नौक)	-ed	-ed
खर्च करना	Spend	Spent	Spent
खड़ा होना	Stand	Stood	Stood
खत्म करना	Finish	-ed	-ed
खनन करना	Mine	-d	-d
खरीदना	Purchase	-d	-d
खरीदना	Buy	Bought	Bought
खर्च होना, लागत होना	Cost	Cost	Cost
खाना	Eat	Ate	Eaten
खुलना, खोलना	Open	-ed	-ed
खिलाना	Feed	Fed	Fed
खींचना	Pull	-ed	-ed
खेलना	Play	-ed	-ed
खोदना	Dig	Dug	Dug
खोना, हानि होना	Lose	Lost	Lost
	(ग)		
गँवाना (बरबाद करना)	Waste	-d	-d
गरम करना (खौलाना)	Boil	-ed	-ed
गरम करना (ताप बढ़ाना)	Heat	-ed	-ed
गरम करना (थोड़ा)	Warm	-ed	-ed

गलती करना/ गलती होना	Mistake	Mistook	Mistaken
गाड़ना (स्थापित करना)	Lay	Laid	Lain
गाना गाना	Sing	Sang	Sung
गाली देना	Abuse	-d	-d
गिनना	Count	-ed	-ed
गिरना	Fall	Fell	Fallen
गोली चलाना	Fire	-d	-d
गौरव प्राप्त करना (गौरव देना)	Glorify	Glorified	Glorified
	(घ)		
घबराना	Worry	Worried	Worried
घसीटना	Drag	Dragged	Dragged
घायल होना	Wound	-ed	-ed
घुसना	Enter	-ed	-ed
	(च)		
चखना	Taste	-d	-d
चढ़ाई करना	Attack	-ed	-ed
चढ़ना (ऊपर की ओर)	Ascend	-ed	-ed
चबाना	Chew, Munch	-ed	-ed
चमकना	Flash, Sparkle, glitter	-ed-d-ed	-ed-d-ed
चराना	Graze	-d	-d
चलना	Walk	-ed	-ed
चंगा होना	Cure	-d	-d
चाहना	Desire, Love	-d	-d
चिढ़ाना, उत्तेजित करना	Irritate	Irritated	Irritated
चिपटना (चपकाना, साटना)	Stick	Stuck	Stuck
चीरना	Rip	Ripped	Ripped
चुकाना	Settle, Pay off	-d,Paid off	-d, paid off
चुनना	Pick	-ed	-ed

चुंबन करना	Kiss	-ed	-ed
चुराना	Steal	Stole	Stolen
चूना	Leak	-ed	-ed
चोट पहुँचाना	Hurt	Hurt	Hurt
चौंकना (खतरे का संकेत), चेतावनी देना	Alarm	-ed	-ed
(छ)			
छकाना (ठगना)	Cheat	-ed	-ed
छपाना, छापना	Print	-ed	-ed
क्षमा करना	Forgive	Forgave	Forgiven
छानना (साफ करना)	Filter	-ed	-ed
छिड़कना	Spray	-ed	-ed
छिपाना (गुप्त रखना)	Hide	Hid	Hidden
छुटकारा पाना	Rid	Rid	Rid
छुपना (छिपाना, गुप्त रखना)	Hide	Hid	Hidden
छूना	Touch	-ed	-ed
छोटे कीड़े द्वारा काटना (डँक मारना)	Sting	Stung	Stung
छोड़ देना (छोड़कर आगे बढ़ जाना)	Skip	Skipped	Skipped
(ज)			
जगना/जगाना (सोना बंद होना)	Wake	Woke	Woken
जगाना (किसी अच्छे काम के लिए)	Awake	Awoke	Awoken
जड़ना (ठीक-ठाक से)	Fit	fitted	fitted
जन्म देना /जन्म लेना	Bear	Bore	Born
जप्त करना	Seize	-d	-d
जमानत पर रिहा करना/होना	Bail	-ed	-ed
जलाना	Light	-ed	-ed

जवाब देना	Reply Answer	Replied -ed	Replied -ed
जागना	Get up	Got up	Got up
जानकारी देना (बताना), सूचित करना	Inform	-ed	-ed
जानना	Know	Knew	Known
जोड़ना	Connect Join	-ed -ed	-ed -ed
जमा करना	Gather	-ed	-ed
जलाना	Burn	Burnt	Burnt
जाना	Go	Went	Gone
जिद्द करना	Insist	-ed	-ed
जीतना	Win	Won	Won
जीना (रहना)	live	-d	-d
जोड़ना	Add	-ed	-ed
जोतना	Plough	-ed	-ed
(झ)			
झगड़ा करना	Quarrel	-ed	-ed
झपकी लेना (ऊँघना)	Nap	napped	napped
झाड़ना (साफ करना)	Brush	-ed	-ed
झाड़ू देना	Sweep	Swept	Swept
झूलना (इधर-उधर हिलना)	Swing	swung	swung
झुकना	Bend	Bent	Bent
झूठ बोलना	Lie	-d	-d
झेलना (भार सहना, उत्पन्न करना)	Bear	Bore	Borne
(ट)			
टाँगना	Hang	Hung	Hung
टपना (कूदना उछलना)	Jump	-ed	-ed

टरकाना (हटाना, स्थान बदलना)	Remove	-d	-d
टहलना	Roam, walk	-ed	-ed
टाँकना, सिलना	Stitch	-ed	-ed
टूटना (तोड़ना)	Break	Broke	Broken
टोहना (खोजना)	Seek	Sought	Sought
(ठ)			
ठगना	Cheat	-ed	-ed
ठहरना	Stay	-ed	-ed
ठहरना/इंतजार करना	Wait	-ed	-ed
ठीक से रखना	Arrange	-ed	-ed
ठीक होना, उपयुक्त होना	Fit	Fitted	Fitted
ठेलना (धक्का देना)	Push	-ed	-ed
ठोकना (मारना, पराजित करना)	Beat	Beat (बेट)	Beaten
(ड)			
डँसना (डंक मारना, दाँत से काटना)	Bite	Bit	Bit/Bitten
डबडबाना (पूर्ण होना, इकट्ठा करना)	Fill	-ed	-ed
डाँटना	Chide	Chid	Chid / chidden
डुबाना/डूबना (धीरे-धीरे)	Sink	Sank	Sunk
डोलना (भटकते फिरना, विचरना)	Roam	-ed	-ed
(ढ)			
ढकना	Cover	-ed	-ed
ढहना (गिरना)	Fall	Fell	Fallen
ढाहना (बरबाद करना)	Destroy	-ed	-ed
ढीला करना	Relax	-ed	-ed
ढोना (ले जाना)	Carry	Carried	Carried

(त)			
तकलीफ देना	Harm	-ed	-ed
तकलीफ होना	Suffer	-ed	-ed
तजना (छोड़ना, हट जाना)	Leave	Left	Left
तरस खाना (दया करना)	Pity	Pitied	Pitied
तलना	Fry	Fried	Fried
तलाक देना	Divorce	-d	-d
ताकत लगाना	Force	-d	-d
तैरना	Swim	Swam	Swum
तुलना करना	Compare	-d	-d
तोड़ना	Break	Broke	Broken
तौलना	Weigh	-ed	-ed
(थ)			
थकना	Tire	-d	-d
थप्पड़ मारना	Slap	Slapped	Slapped
थमना (रुक जाना)	Stay	-ed	-ed
थिरकना (नृत्य करना)	Dance	-d	-d
थूकना	Spit	Spat	Spat
(द)			
दबाना, दबाव डालना	Press	-ed	-ed
दर्द होना	Pain	-ed	-ed
दमकना (प्रज्वलित होना, चमकना)	Shine	Shone	Shone
देना	Give	Gave	Given
देखना	See	Saw	Seen
	Look	Looked	Looked
दु:खाना	Trouble	-d	-d
दु:खी करना	Displease	-d	-d
दूध दुहना	Milk	Milked	Milked

देखभाल करना (बर्ताव)	Treat	-ed	-ed
देखभाल करना	Look after	Looked after	Looked after
देर करना	Delay	-ed	-ed
दौड़ना	Run	Ran	Run
दंड देना	Punish	-ed	-ed
(ध)			
धकेलना	Push	-ed	-ed
धधकना	Flare	-d	-d
धुलना/धोना	Wash	-ed	-ed
धौंकना (फूकना, फुलाना)	Blow	Blew	Blown
(न)			
नकारना	Deny	Denied	Denied
नाचना	Dance	-d	-d
नापना	Measure	-d	-d
निरादर करना	Disgrace	-d	-d
नकारना	Disagree	-d	-d
निकलना (बचकर बाहर होना)	Escape	-d	-d
निगलना	Swallow	-ed	-ed
निपटाना (किसी समस्या का समाधान करना)	Dispose	-d	-d
निराश करना	Disappoint	-ed	-ed
निशाना बनाना (साधना)	Aim	-ed	-ed
नुकसान पहुँचाना	Harm	-ed	-ed
(प)			
पकड़ना	Catch	Caught	Caught
पकाना	Cook	-ed	-ed
पखारना (धोना, साफ करना)	Wash	-ed	-ed
पचना/पचाना	Digest	-ed	-ed

पछताना	Repent	-ed	-ed
पठाना (भेजना)	Send	Sent	Sent
पढ़ना	Read (रीड)	Read (रेड)	Read (रेड)
पढ़ाना	Teach	Taught	Taught
पनपना (उन्नति करना)	Prosper	-ed	-ed
परखना (परीक्षा लेना)	Examine	-d	-d
परिभाषित करना	Define	-d	-d
परोसना (सेवा करना)	Serve	-d	-d
पसारना (फैलना/फैलाना)	Expand	-ed	-ed
पहनना	Put on	Put on	Put on
पाना	Get	Got	Gotten
पीटना	Beat	Beat (बेट)	Beaten
प्रकट होना (भाग लेना)	Appear	-ed	-ed
प्रकाश करना	Light	Lighted, Lit	Lighted, Lit
प्राप्त होना	Receive	-d	-d
प्रतिज्ञा करना	Promise	-d	-d
प्रयास करना	Try	Tried	Tried
प्रशंसा करना	Praise	-d	-d
प्रतिबंध लगाना या लगना	Ban	Banned	Banned
प्रार्थना करना	Pray	-ed	-ed
पसीना देना/बहाना	Sweat	-ed	-ed
पहुँचना	Reach	-ed	-ed
पाना	Get	Got	Got or Gotten
पीना (शराब पीना)	Drink	Drank	Drunk
पुकारना	Call	-ed	-ed
पूछना	Ask	-ed	-ed
पूजा करना	Worship	Worshipped	Worshipped
पूरा करना	Fulfill	-ed	-ed
पेशाब करना	Urinate	-d	-d

पैठना (घुसना, भाग लेना)	Enter	-ed	-ed
(फ)			
फटकारना	Scold	-ed	-ed
फटना (फटकर उड़ जाना)	Burst	Burst	Burst
फरमाना (आज्ञा देना)	Order	-ed	-ed
फलना	Fruit	-ed	-ed
फहराना	Hoist	-ed	-ed
फसल काटना	Harvest	-ed	-ed
फाँदना (कूदना)	Leap	Leapt/Leaped	Leapt/Leaped
फाड़ना	Tear	Tore	Torn
फाँसी देना (लटकाना)	Hang	Hanged	Hanged
फिसलना (घसकना)	Slide	Slid	Slid
फूटना (फट जाना)	Crack	-ed	-ed
फुसलाना, समझाना, बुझाना	Persuade	-d	-d
फेंकना	Throw	Threw	Thrown
फैसला करना	Decide	-d	-d
(ब)			
बच जाना (निकलकर चला जाना)	Escape	-d	-d
बचाना (रक्षा करना)	Defend	-ed	-ed
बजाना (घंटी की तरह बजना)	Ring	Rang	Rung
बड़ा होना, फैलाना, फैलना	Expand	-ed	-ed
बढ़ना (आगे बढ़ना, उगना)	Grow	Grew	Grown
बतियाना (बातचीत करना)	Talk	-ed	-ed
बदलना (अदल-बदल करना)	Alter	-ed	-ed
बँधना (सीमा बाँधना)	Bound	-ed	-ed
बंद करना	Shut	Shut	Shut

बनाना (घर, रोड)	Construct	-ed	-ed
बनाना	Make Prepare	Made -d	Made -d
बहना	Flow	Flew	Flown
बहाना (जैसे आँसू बहाना)	Shed	Shed	Shed
बर्खास्त करना	Sack	-ed	-ed
बरदाश्त करना	Tolerate	-ed	-ed
बरबाद करना	Spoil	Spoiled	Spoilt
बरबाद करना (नष्ट करना)	Destroy	-ed	-ed
बरबाद होना, विरान होना	Ruin	-ed	-ed
बंद करना	Close	-d	-d
बंद करना (जैसे दरवाजा बंद करना)	Shut	Shut	Shut
बंद करना (जैसे कोई काम बंद करना)	Stop	Stopped	Stopped
विचार करना	Consider	-ed	-ed
बात कहना (सुनाने के लिए)	Tell	Told	Told
बेचना (बिक्री करना)	Sell	Sold	Sold
बिछाना (फैलाना, खोलना)	Spread	Spread	Spread
बिताना (समय बिताना, लगाना)	Spend	Spent	Spent
बिफरना (बगावत करना)	Revolt	-ed	-ed
बिलगना (अलग होना)	Separate	-d	-d
बिसारना (भुला देना)	Forget	Forgot	Forgotten
बींधना (छेद करना)	Pierce	-d	-d
बुझाना (आग वगैरह)	Extinguish	-ed	-ed
बुलाना (पुकारना, अदालत में आने का आदेश देना)	Summon	-ed	-ed
बैठना (आसन पर बैठना)	Seat	Seated	Seated
बैठना	Sit	Sat	Sat

बोना (बीज वगैरह—Sow seed)	Sow	Sowed	Sown
बोलना	Say	Said	Said
बोलना (कहना)	Tell	Told	Told
बोलना (सभा वगैरह में)	Speak	Spoke	Spoken
बुनना	Knit (निट)	Knit/Knitted	Knit/Knitted
ब्याहना (विवाह करना), मेल होना	Wed	Wedded	Wedded
	(भ)		
भजना (पूजा करना)	Worship	Worshipped	Worshipped
भयादोहन करना	Blackmail	-ed	-ed
भरती करना	Admit	Admitted	Admitted
भरना	Fill	-ed	-ed
भागना	Flee	Fled	Fled
भाड़े पर लेना	Hire	-d	-d
भुगतना	Suffer	-ed	-ed
भुनना	Fry	Fried	Fried
भूनना (पूरी तरह से)	Roast	-ed	-ed
भूलना	Forget	Forgot	Forgot/forgotten
भूलना (खो देना)	Lose	Lost	Lost
भेंट करना (कहीं जाकर मिलना, देखना)	Visit	-ed	-ed
भेजना	Send	Sent	Sent
भौंकना	Bark	-ed	-ed
	(म)		
मजा लेना	Enjoy	-ed	-ed
मजाक करना	Joke	-d	-d
मदद करना	Help	-ed	-ed
मना करना	Forbid	Forbade	Forbidden

मरना	Die	-d	-d
मारना (जान से)	Kill	-ed	-ed
मरम्मत करना	Repair	-ed	-ed
माँगना (अधिकार के वगैरह)	Demand	-ed	-ed
माँगना (भीख)	Beg	Begged	Begged
मानना (स्वीकार करना)	Accept	-ed	-ed
मारना (चोट पहुँचाना)	Hit	Hit	Hit
माँ का दूध छुड़वाना	Wean	-ed	-ed
मुहर लगाना	Stamp	-ed	-ed
मुसकराना	Smile	-d	-d
मिटाना (रगड़कर)	Rub	Rubbed	Rubbed
मिलकर रहना/जोड़ना	Unite	-d	-d
मिलना	Meet	Met	Met
मिलाना (फेंटना)	Mix	-ed	-ed
मढ़ना (ढकना)	Cover	-ed	-ed
(य)			
याद करना	Remember	-ed	-ed
योग्य होना या बनना	Qualify	Qualified	Qualified
(र)			
रखना	Keep	Kept	Kept
रखना	Hold	Held	Held
रखवाली करना	Watch	-ed	-ed
रद्द करना, अस्वीकार करना	Reject	-ed	-ed
रहना (जिंदा रहना)	Live	-d	-d
रिझाना (खुश करना)	Please	-d	-d
रुकना	Halt	-ed	-ed
रोकना, जाँच करना	Check	-ed	-ed
रोकना (मना करना)	Prevent	-ed	-ed
रोना	Weep	Wept	Wept

(ल)			
लचकना (झुकना, मोड़ना)	Bend	Bent	Bent
लजाना	Feel shy	Felt shy	Felt shy
लटकाना (अस्थिर दशा में रखना)	Suspend	-ed	-ed
लड़ना (लड़ाई करना, लड़ना)	Fight	Fought	Fought
लपेटना, ढकना	Wrap	Wrapped	Wrapped
लज्जित होना	Ashame	-d	-d
ललकारना	Challenge	-d	-d
लहराना	Wave	-d	-d
लादना (बोझ देना)	Burden	-ed	-ed
लाना	Bring	Brought	Brought
लापरवाही करना, उपेक्षा करना	Neglect	-ed	-ed
लिखना	Write	Wrote	Written
लेटना, विश्राम करना	Lie	Lay	Lain
लेना	Take	Took	Taken
लोटना (लुढ़कना)	Roll	-ed	-ed
(व)			
विचारना (सोचना)	Think	Thought	Thought
विरोध करना	Oppose	-d	-d
विलंब करना (टालना)	Postpone	-d	-d
विवाह करना	Wed	Wedded	Wedded
	Marry	Married	Married
(श)			
शांत करना	Pacify	Pacified	Pacified
शोषण करना	Exploit	-ed	-ed
(स)			

सकपकाना	Hesitate	-d	-d
सजाना	Decorate	-d	-d
सकना	Can	Could	Could
	May	Might	Might
सटना (सटाना)	Stick	Stuck	Stuck
सड़ना (गलना, नाश होना)	Rot	Rotted	Rotten
सताना (दबाना)	Oppress	-ed	-ed
समाना (छेद करना)	Penetrate	-d	-d
समेटना (जमा करना)	Collect	-ed	-ed
सराहना (प्रशंसा करना)	Laud	-ed	-ed
स्थगित करना (टालना, विलंब करना)	Defer	Deferred	Deferred
स्थापित करना	Establish	-ed	-ed
सफल होना	Pass	-ed	-ed
समेटना (जमा करना)	Gather	-ed	-ed
समर्पित करना	Dedicate	-d	-d
सलाह देना	Advise	-d	-d
समझना	Understand	Understood	Understood
स्वस्थ करना/होना	Heal	-ed	-ed
साफ करना	Clean	-ed	-ed
साहस करना	Dare	Dared	Dared
सिधारना (विदाई लेना, प्रस्थान करना)	Depart	-ed	-ed
सिमटना (छोटा होना)	Contract	-ed	-ed
सिलना (जोड़ना)	Stich	-ed	-ed
सीखना	Learn	Learned	Learned/Learnt
सींचना	Irrigate	-ed	-ed
सुनना	Hear	Heard	Heard
सूँघना	Smell	Smelt or Smelled	Smelt or Smelled

सुधारना (ठीक करना)	Refine	-d	-d
सुनना (ध्यान से)	Listen	-ed	-ed
सुलगना (जलाना)	Burn	Burnt	Burnt
सुलझाना (हल करना)	Solve	-d	-d
सूखना	Dry	Dried	Dried
सेंकना	Bake	-d	-d
सेवा करना	Serve	Served	Served
सोखना	Absorb	-ed	-ed
सोचना (ध्यान में रखना)	Consider	-ed	-ed
सोना	Sleep	Slept	Slept
सौंपना (देना)	Give	Gave	Given
संतुष्ट करना	Satisfy	Satisfied	Satisfied
साँस लेना	Breathe	-d	-d
(ह)			
हकलाना	Stammer	-ed	-ed
हटाना, हटना	Withdraw	Withdrew	Withdrawn
हड़ताल करना/मारना	Strike	Struck	Struck/Stricken
हँसना	Laugh	-ed	-ed
हराना	Defeat	-ed	-ed
हाँकना (चलाना)	Drive	Drove	Driven
हारना	Lose	Lost	Lost
हिज्जे लगाना	Spell	Spelt	Spelt
हिलाना/चलाना	Move	-d	-d
हिम्मत करना	Dare	-d	-d
हिस्सा लेना	Participate	-d	-d
हुक्म चलाना	Dictate	-d	-d
होना	Become	Became	Become
हैरान करना	Harass	-ed	-ed

□

PART 'D'

COMMON CLASSIFIED VOCABULARY

COMMON CLASSIFIED VOCABULARY
सामान्य वर्गीकृत शब्द

शरीर के अंग (Parts of Human Body)

अनामिका—Ring finger	छाती (पुरुष का)—Chest
अंगुली (पैर की)—Toe (Big, Little)	छाती (स्त्री की)—Breast
उँगली (हाथ की)—Finger	जबड़ा—Jaw
अँगूठा (हाथ का)—Thumb	जाँघ—Thigh
आँख—Eye	जिगर—Liver
आँत—Intenstine	जीभ—Tongue
एड़ी—Heel	जूड़ा (बालों का)—Lock
होंठ—Lip	जोड़—Joint
कंधा—Shoulder	ठुड्डी—Chin
कनपटी—Temple	तर्जनी—Index-finger
कमर—Waist	तलवा—Sole
कलाई—Wrist	तालू—Palate
कान—Ear	थूथन—Snout
कानी उँगली—Little finger	जबड़ा—Jaw
काँख—Arm-pit	दाढ़ी—Beard
कोहनी—Elbow	दाँत—Tooth
खोपड़ी—Skull	दिमाग—Brain
गरदन—Neck	धमनी—Artery
गर्भ—Womb	नख या नाखून—Nail

गर्भाशय—Uterus	बाँह—Arm
गलमुच्छा—Whiskers	भग—Vagina
गला—Throat	नथुना—Nostril
गाल—Cheek	नरेटी या निगल नली—Gullet
गुदा—Anus	नली (पैर की पिंडली)—Calf, Ankle
गुर्दा—Kidney	नस—Vein
गोद—Lap	नाक—Nose
घुटना—Knee	नाभि—Navel
चमड़ा—Skin	पलक—Eyelid
चूचुक—Nipple	पसली—Rib
चूतड़—Buttock, Rump	पोर (उँगली की)—Phalange
चेहरा—Face	प्लीहा—Spleen
चोटी (बालों की)—Braid, Lock of hair	पीठ—Back
पैर—Foot	पेट (बाहरी)—Belly
फेफड़ा—Lung	पेट (भीतरी)—Stomach
बगल—Arm-Pit	पेट—Abdomen
बरौनी—Eyelash	पुतली (आँख की)—Eyeball
बाल—Hair	मांसपेशी (पुट्ठा)—Muscle
भेजा—Brain	मध्यमिका—Middle finger
भौंह—Eyebrow	मसूढ़ा—Gum
मस्तिष्क—Brain	ललाट—Forehead
मुट्ठी—Fist	लिंग—Penis
मुख—Mouth	लहू—Blood
मूत्राशय—Urinary Bladder	शिश्न—Penis
मूँछ—Moustache	हड्डी—Bone
योनि—Vagina	हथेली—Palm (of hand)
रीढ़—Backbone	हँसली या हँसुली की हड्डी—Collar-bone, Clavicle
रोमकूप—Pore	हृदय—Heart

शरीर की अवस्थाएँ (Conditions of the Body and Ailments)

अजीर्ण—Dyspepsia, Indigestion	कामला/पीलिया/पांडु रोग—Jaundice
अंडकोष वृद्धि—Hydrocele	श्वार नली की सूजन—Bronchitis
अंधा—Blind	कुबड़ा—Hunchbacked
अल्पदृष्टि—Short-sight	कोढ़—Leprosy
अम्लपित्त—Acidity	कब्ज—Constipation
अतिसार—Diarrhoea	कृमि—Worms
आतिशक—Syphilis	खसरा—Measles
आँख आना—Conjunctivitis	खाँसी—Cough
आँत उतरना—Hernia	खून की कमी—Anaemia
आँसू—Tears	गठिया—Rheumatism
उकक्त (खाज)—Eczema	गर्भपात—Abortion
उबासी—Yawm	गरमी/उपदंश रोग—Syphilis
ऐंचातानापन—Squint	गलका—Whitlow
ओकाई—Nausea	गला बैठना—Hoarseness
कंखोरी—Bubo	गाँठ/गिल्टी—Tumour
कंठमाला—Goitre	गिल्टी—Gland
कद—Stature	गूँगा—Dumb
कफ—Phlegm	गंजा—Bald
कै (उल्टी)—Vomiting	घाव—Wound
काना—One-eyed	
चक्कर—Giddiness	नींद न आना—Insomnia
चकोता—Blotch	पथरी—Stone
चरबी बढ़ना—Obesity	पसीना—Sweat
चोट—Hurt	पागल—Mad
छींक—Sneezing	पागलपन—Insanity
छोटे कद का—Short sized	पित्त—Bile
जहरबाद—Carbuncle	पीब—Pus
जलोदर—Dropsy	पेचिश—Dysentery

जवान—Young	प्रदर—Leucorrhoea
जुकाम—Coryza	प्यास—Thirst
जूड़ी—Ague	फीलपाँव—Elephantiasis
जँभाई—Yawning	फुंसी—Pimple
ज्वर—Fever	फोड़ा—Boil
ठंड—Chill	बदहजमी—Indigestion
डकारना—Belching	बलगम—Phlegm
डोंड़सा—Pimple	बवासीर—Piles
थूक—Spittle	बहुमूत्र—Diabetes
दमा—Asthma	बुड्ढा—Old
दर्द—Pain	बुखार—Fever
दर्द सिर का—Headache	बेवाय—Chilblain
दस्त—Stool	बौना—Dwarf
दाद—Ringworm	भगंदर—Fistula
दाँत-बैठना—Lock-jaw	भूख—Hunger
दुबला—Lean	मंदग्नि—Lack of appetite
दूरदृष्टि—Long sight	मधुमेह रोगी—Diabetic
नस चटकना—Sprain	मरोड़ —Griping
नासूर, शिरानाल—Sinus	मस्सा—Mole
नींद—Sleep	महामारी—Pestilence, Plague
मिरगी—Epilepsy	लू लगना—Sunstroke
मूत्र—Urine	शीतज्वर—Influenza
मोटा—Fat	शीतला—Small-pox
मोतियाबिंद—Cataract	श्वेत कुष्ठ—Leucoderma
मोतीझरा—Typhoid	साँस—Breath
मुँहासा—Acne	सूजन—Swelling
लकवा—Paralysis	सूरजमुखी—Albino (वर्णहीन)
लार—Saliva	सूजाक—Gonerrhoea
विष्ठा—Stool	संग्रहणी—Diarrhoea (अतिसार)

राज्यक्ष्मा—Tuberculosis (T.B)	स्वर—Voice
रोग—Disease	स्वस्थ—Healthy
लँगड़ा—Lame	हिचकी—Hiccup
लँगड़ा बुखार (डेंगू)—Dengue	हैजा—Cholera
लंबा—Tall	क्षय रोग—Tuberculosis

संबंधी (Relations)

अतिथि—Guest	नानी—Maternal Grandmother
अध्यापक—Teacher	पति—Husband
अम्मा—Mamma	पत्नी—Wife
असामी—Tenant	पतोहू—Daughter-in-law
उपपत्नी—Mistress, concubine	परीक्षक—Examiner
गुरु—Preceptor	परीक्षार्थी—Examinee
ग्राहक—Customer	पिता—Father
चाचा—Uncle	पुत्र—Son
चाची—Aunt	पुत्री—Daughter
चेला—Disciple	प्रेम—Love, Affection
जमींदार—Landowner, Landlord	प्रेमी—Lover, Affectionate
जेठानी (देवरानी)—Sister- in-law	बहन—Sister
दत्तक कन्या—Adopted daughter	भतीजा—Nephew
दत्तक पुत्र—Adopted son	भतीजी—Niece
दादा—Grandfather	भाई—Brother
दादी—Grandmother	भानजा—Nephew, Sister's Son
दामाद—Son-in-law	भानजी—Niece, Sister's Daughter
दोस्त—Friend	महलती—Landlord
नाना—Maternal Grandfather	माता—Mother
मामा—Maternal Uncle	शिष्य—Pupil
मामी—Maternal Aunt	सगा—Own
मेजबान या अतिथि सेवक—Host	ससुर—Father-in-law

मोवक्किल—Client	सास—Mother-in-law
मौसी—Mother's Sister	संबंधी—Relation
यजमान—A person or a pilgrim who makes offerings to priests on ceremonious occasions.	सौतेला पिता—Step father
यार—Friend, paramour	सौतेला पुत्र—Step son
रखैल—Concubine, Mistress, Kept	सौतेली पुत्री—Step Daughter
रोगी—Patient	सौतेली बहन—Step Sister
वकील—Pleader	सौतेला भाई—Step Brother
वारिस—Heir	सौतेली कन्या—Step Daughter
वैद्य—Physician	सौतेली माता—Step Mother
व्यापारी—Merchant, Trader	

पहनने-ओढ़ने के वस्त्र इत्यादि
(Clothes and Wearing apparel, etc.)

अंगरखा—Tunic	कोट—Coat
अँगिया—Bodice	गद्‌दा—Cushion
अंग्रेजी टोपी—Hat	गुलबंद—Muffler
अँगोछा—Napkin	घुंडी—Loop
अलपाका—Alpaca	घूँघट—Veil चालू—Sheet
अस्तर—Lining	चिकन—Lappet
आस्तीन—Sleeve	छींट—Chintz
ऊन—Wool	जामदानी—Damask
कपड़ा—Cloth	जाली—Gauze
कपड़े—Clothes	जाँघिया—Half pant
कमरबंद—Belt	जीन—Drill
कमीज—Shirt	जेब—Pocket
कंबल—Blanket	टोपी—Cap

क्रेप—Crepe	तागा—Thread
कश्मीरा—Cashmira	तोशक—Quilt
कामदानी—Brocade	तौलिया—Towel
किनारा—Border	दरेस—Calico
किमखाब—Brocade	दस्ताना—Gloves
किरमिच—Canvas	दस्ती (रूमाल)—Handkerchief
दुपट्ठा—Scarf	रेशम—Silk
दुशाला—Shawl	लंकिलाट—Long cloth
नयनसुख—Jaconet	लबादा—Cloak, Gown
पट्ठा—Lace	लहँगा—Petti coat
पतलून—Pantaloon, Pants	वास्कट—Waistcoat
पायजामा—Trousers	साटन—Satin
पैबंद—Patch	साफा—Turban
फतुही—Waistcoat, Jacket	सूत—Yarn
फलालीन—Flannel	मलमल—Linen
फीता—Tape	माडापलाम—Madapollam
बटन—Button	मुरेठा—Turban
बनात—Broadcloth	मोजा—Stocking
मखमल—Velvet	रफू—Darning
मगजी—Hem, Border	रूई—Cotton
सरज—Serge	रेशम—Silk

फल-फूल और वनस्पतियाँ (Flowers, Fruits and Vegetables)

अखरोट—Chestnut	केला—Plantain, Banana
अनन्नास—Pine-apple	कोंहड़ा—Cucurbit, Gourd
अनार—Pomegranate	ककड़ी /खीरा—Cucumber
अंगूर—Grape	कटहल—Jack-fruit
अंजीर—Fig	कमल—Lotus
आम—Mango	कमलिनी—Lily

आलू- -Potato	कद्दू—Pumpkin
इमली—Tamarind	काजू—Cashewnut
ईख, ऊख—Sugarcane	किशमिश—Currant
कुकुरमुत्ता—Mushroom	जैतून—Olive
कुमुदिनी—Lily	पटुआ—Hemp
केतकी—Pandanus	पपीता—Papaya
खजूर—Date	पान—Betel
खरबूजा—Musk Melon	पालक—Spinach
खीरा—Cucumber	पिस्ता—Pistachio
खूबानी—Apricot	पुदीना—Mint
गाजर—Carrot	पोस्ता—Poppy
गुलदाऊदी—Balsam	पौधा—Plant
गुलबहार—Daisy	प्याज—Onion
गुलाब—Rose	फूलगोभी—Cauliflower
गुलाबजामुन—Roseberry	बकाईन—Lilac
गेंदा—Marigold	बादाम—Almond
घास—Grass	बनफशा—Sweet Violet
धतूरा—Belladonna, Deadly Nightshade	बंदगोभी—Cabbage
चकोतरा—Citron	बबूल—Acacia
चमेली—Jasmine	बेर—Plum
चंपा—Magnolia	बेत—Cane
चुकंदर—Beet	बैंगन—Brinjal
चिड़चिड़ा—Snake-gourd	भिंडी—Lady finger
जामुन—Blackberry	मिर्च—Chilli
मेंहदी—Myrtle	लता—Creeper
मुनक्का—Raisin	लहसुन—Garlic
मूँगफली—Groundnut	शफतालू या सतालू—Peach
मूली—Radish	शरीफा—Custard apple

तंबाकू—Tobacco	शहतूत—Mulberry
तरबूज—Watermelon	शकरकंद—Sweet potato
धनिया—Coriander	सिरपेंचा—Ivy
नरगिस—Narcissus	सुपारी—Betel- nut
नारियल—Coconut	सेब—Apple
नारंगी—Orange	सेम—Bean
नाशपाती—Pear	सेमल—Silk-cotton
नीबू—Lemon	रूई—Cotton
नील—Indigo	सन—Flex
रतालू—Yam	साबूदाना—Sago

अन्न तथा भोजन के पदार्थ (Cereals & Eatable)

अचार—Pickle	जलपान—Lunch
आरारूट—Arrowroot	जई—Oat
आटा—Meal, Flour	जई का आटा—Oatmeal
कढ़ी—Curry	जौ—Barley
कहवा—Coffee	जूस—Broth
कुल्फी—Ice-cream	जूसी—Treacle
खोआ—Condensed Milk	तरकारी—Vegetable
गेहूँ—Wheat	तिल—Sesame, Gingili or Gingelly
घी—Clarified Butter	तेल—Oil
चटनी—Sauce	दलिया—Mash
चना—Gram	दही—Curd
चपाती—Cake	दाल—Pulse
चाय—Tea	दूध—Milk
चावल—Rice	धान—Paddy
चिवड़ा—Beaten paddy	पनीर—Cheese
चीनी—Sugar	पावरोटी—Loaf
चोकर—Bran	पोस्ता—Poppy

छेना—Cheese	बर्फ—Ice
जलखावा—Tiffin	बाजरा—Millet
बिस्कुट—Biscuit	मिश्री—Sugar-candy
रात्रि भोजन—Dinner	मुरब्बा—Jam
भुट्ठा—Maize	मूँग—Kidney-bean
भोज—Feast	मैदा—Fine Flour
भोजन—Food	मोथी—Buck-wheat
मकई—Maize	राब—Molasses
मक्खन—Butter	रेड़ी—Castor-seed
मलाई—Cream	रोटी—Bread
मसुरी—Lentil	संध्या-भोजन—Supper
माँड—Gruel	लायचीदाना—Comfit
मांस—Meat	लाई या लावा—Parched Rice
गाय का मांस—Beef	शक्कर—Loaf-sugar
बकरे का मांस—Mutton	शर्बत—Syrup
सूअर का मांस—Pork	शराब—Wine
हिरन का मांस—Venison	शहद—Honey
मिठाई—Sweet-meat	सरसों—Mustard

वृक्ष और उनके अवयव (Trees and their Parts)

अमरूद—Guava	टहनी/डाल—Branch
आम—Mango	नस—Fibre
इमली—Tamarind	परागकेसर—Pollengrain
अंकुर—Germ	पत्ती—Leaf
कलम—Graft	पुमंग—Stamen
कली—Bud	फूल—Flower
काठ—Wood	बरगद—Banyan
काँटा—Thorn	बबूल—Acacia
गुठली—Stone	बीज—Seed

गूदा—Pulp	बाँस—Bamboo
गोंद—Gum	भोजपत्र—Birch
धड़—Stem	महोगनी—Mahogany
चीड़—Pine	नारियल—Coconut
छाल—Bark	नागफनी सेंहुड़—Cactus
छिलका—Skin, Rind	रस—Juice
जटा (नारियल की)—Coir	रेशा—Fibre
जड़—Root	शाखा—Branch
जायांग (गर्भकेशर)—Pistil	सेब—Apple
जीरा—Cumminsead	सरो—Cypress
झाऊ—Conifer	सागवान—Teak

मसाले और औषधि (Spices & Medicines)

अगर—Aloes	तुलसी—Basil
अजमोदा या खुरासानी—Parsley	तूतिया—Copperas or Blue Vitriol or Copper Sulphate
अजवाइन का सत्व—Thymol अदरक—Ginger	तेजपत्ता—Cassia
अफीम—Opium	दालचीनी—Cinnamon
अंबर—Amber	नमक—Salt
कत्था/खर—Catechu	फिटकिरी—Alum
कपूर—Camphor	बच—Orris-root
कबाब चीनी—Cubeb	मजीठ—Indian Madder
कस्तूरी—Musk	माजूफल—Gall-nut
काली मिर्च—Black-pepper	मिर्चा—Red Pepper or chilli
कुचाला—Nux Vomica	मुसब्बर—Aloe
केसर—Saffron	रीठा—Soap-nut
खड़िया—Chalk	सल—Bitumen
खमीर—Yeast	लवंग—Cloves

गेरू—Ruddle	इलाइची—Cardamom
चंदन—Sandal	लाल फिटकिरी—Chrome alum
छड़ीला—Stone-flower	लोहबान—Benzoin
जायफल—Nutmeg	शोरा—Saltpertre
जवित्री—Mace	संखिया—Arsenic
जीरा—Cumin-seed	सब्जीखर/खट्टापन हटाने का पदार्थ—Alkali
सफेदा—Litharge	सोंठ—Dry ginger
साबूदाना—Sago	सोहागा—Borax
सिंगरिफ—Cinnabar	सौंफ—Aniseed
सुपारी—Betel-nut	हल्दी—Turmeric
सनाय—Senna	हरड़—Myrobalan
सिरका—Vinegar	हींग—Asafoetida
सेतखली—Alabaster	

गृहस्थी की सामग्री (Domestic Articles)

अंगुस्ताना—Thimble	गागर—Jar
अंटी—Bobbin	गिलास—Tumbler
अलमारी—Almirah	चाबी—Key चारपाई—Bed
कंघी—Comb	चिमटा—Tongs
कड़ाहा—Cauldron	चिमनी या धुआँकश—Chimney
कनस्टर—Canister	चूल्हा—Stove
कलछुल—Ladle	चकला—Pastry-board
कराबा—Carboy	चटाई—Mat
किश्ती—Tray	चमचा—Spoon
कीप (टीप)—Funnel	चलनी—Sieve
कुरसी—Chair	चादर—Bed-sheet
कोंचनी—Fork	छड़ी—Stick
खरल/ओखली—Mortar	छाता—Umbrella

जाँता—Flour-mill	दतुवन—Toothbrush
झँझरी या जाली (चूल्हे की)—Grate	दर्पण—Mirror
झाड़—Broomstick	दावात—Ink-pot
टेबल—Table	दियासलाई—Match
टोकरी—Basket	दिवारगीर—Bracket
डिगिस—Desk	धूपदानी—Censer
डिब्बा—Box	फानूस—Chandelier
ढक्कन—Lid	बक्सा—Box
तोशक—Quilt	बत्ती—Wick
तकिया—Pillow	बरतन—Pot
तंदूर—Oven	बालटी—Bucket
तराजू—Balance	ब्रुश—Brush
तार—Wire	बेलन—Pastry-roller
ताला—Lock	बेंच—Bench
ताली—Key	बोतल—Bottle
तिजोरी—Safe	बोरा—Sack
तिपाई—Stool	मथनी या मथानी—Churner
पलंग—Bedstead	मसनद—Bolster
पालकी—Palanquin	मेटी या मथने का पात्र—Churn
पीकदानी—Spittoon	मोमबत्ती—Candle
पीठिका—Chair	रस्सा—Rope
थाली—Plate	रस्सी—String
दंतखोदनी—Toothpick	रेकाबी—Dish
लेखनाघार—Table, Desk	सुराही—Pitcher, Jug
लेखनी—Pen	सूई—Needle
लोटा—Pot, Lotah	सड़सी—Pincers
लोढ़ा—Pestle	शीशी—Phial
सलाई—Probe	संदूक—Box
साबुन—Soap	सरौता—Nut-cracker

सिकड़ी—Chain	हुक्का—Hubble-bubble
सिंगारदान—Casket	

औजार और अन्यान्य (Tools)

आरी—Saw	छेनी / टाँगी—Stone Chisel
करघा—Loom	टेंकुवा—Awl
करनी—Trowel	डाँड़ा—Oar
कुतुबनुमा—Compass	ढिबरी—Nut
कुल्हाड़ी—Axe	पाराबटाम—Spirit-level
कैंची—Scissors	पाहू—Clamp
कोल्हू—Oil-mill	पिचकारी—Syringe
कोल्हू (ऊख पंखे का)—Sugar-mill	पेंच—Screw
खतकस—Marking gauge	पतवार—Rudder
गोनियाँ—Gauge	परकाल—Divider
चमोटा—Strop	पेचकस—Screw-driver
चोसा—Rasp	फन्नी—Cleat
छुरा—Razor	फरसा—Spade
फर्मा (मोची का)—Last	नश्तर लगाने की छुरी—Lancet
फार—Colter	निहाई—Anvil
फुँकनी—Blowpipe	रंदा (छोटा)—Trying Plane
फावड़ा—Shovel	रूखानी—Chisel
बरमा—Auger	रेती—File
बरमी—Drill	रंभा—Dibble
बसूला—Adze	लंगर—Anchor
बंसी—Fishing Rod	सबरी—Jemmy
बादिया—Stock and Dies	सिल्ली (शान देने की)—Hone
बाँक—Vice	साहुल—Plumbline
भभका—Still	हथकल—Spanner
भाथी—Bellows	हथौड़ी—Hammer

भारोत्तोलदंड—Lever	हल—Plough
मुँगरी—Mallet	हल का फार—Plough-share
तराजू—Balance	हाथ बाँक—Hand-vice

बाजे (Musical Instruments)

घंटा—Bell	बेला—Violin
झाँझ—Cymbal	मसक बाजा—Bagpipe
डफली—Tambourine	मुरचंग—Jew's harp
डुगडुगी—Drum	शहनाई—Clarionet
ढोलक—Tomtom	सितार—Guitar
तुरही—Clarion	सिंघा या बिगुल—Bugle
नगाड़ा—Drum	सीटी—Whistle
पियानो—Piano	हारमोनियम—Harmonium
बाँसुरी—Flute	

रत्न और आभूषण (Jewels and Ornaments)

अँगूठी—Ring	जवाहरात—Gems, Jewels, Jewellery
कंगन—Bracelet	जोसन (बाजूबंद)—Armlet
कड़ा (चूड़ी)—Bangle	पुखराज—Topaz
कड़ी—Chain	पेटी—Belt
कमीज का बटन—Stud	पेंजनी—Anklet
कर्णफूल—Ear-ring	पोलकी—Opal
काँटा (बाल का)—Hairpin	पन्ना—Emerald
काँटा (साड़ी का)—Brooch	फीरोजा—Turquoise
नाक की कील—Nose-pin	बाजू—Armlet
गोमेद—Zircon	बिल्लौर—Pebble
चिमटी—Clip	मानिक—Ruby
चूड़ी—Bangle	माला—Wreath, Chaplet
मुकुट—Tiara	नीलम—Sapphire
मूँगा—Coral	लटकन—Locket

मोती—Pearl	लोलक—Pendant
मोती की सीप—Mother of Pearl	लहसुनियाँ—Cat's eye
टीक—Neck-bank	सिकड़ी—Chain
टीका (माँग)—Head locket	सूलेमानी का पत्थर—Agate
तमगा—Medal	हार—Necklace
तल्ला (कान का)—Earstud	हीरा—Diamond
तोड़ा—Wristlet	हँसुली—Necklet or ring
नथुनी—Nose-ring	

खनिज पदार्थ (Minerals)

अकील—Cornelian	गेरू—Ochre
अभ्रक—Mica	चकमक पत्थर—Flint
कसकुट—Bronze	चाँदी—Silver
कसौटी—Touchstone	जस्ता—Zinc
काँसा—Bell-metal	ताँबा—Copper
कुरून—Emery	तूतिया—Blue vitriol; copperas
कोयला (पत्थर का)—Coal	पक्का लोहा—Steel
कोयला (लकड़ी का)—Charcoal	पारा—Mercury
खड़िया—Chalk	पीतल—Brass
खान—Mine	राँगा—Tin
गंधक—Sulphur	लोहा—Iron
सिंदूर—Vermilion	संगमरमर—Marble
सीसा—Lead	सज्जी—Fuller's earth
सुरमा—Antimony	सज्जीखार—Natron
शिलाजीत—Bitumen	सफेदा—White lead
संखिया—Arsenic	सिंगरफ—Cinnabar

व्यवसायी वर्ग (Followers of Occupations)

अखबारवाला—Newsagent	खरादनेवाला—Turner
अध्यापक—Teacher	खुदरा फरोश—Retailer

अभियंता—Engineer	गंधी—Perfumer
दूधवाली—Milkmaid	गाड़ीवान—Coachman
दूधवाला—Milkman	ग्रंथकार—Author
इंजीनियर—Engineer	धाय—Nurse
कसाई—Butcher	धुनिया—Carder
कारीगर—Artist	धोबिन—Washerwoman
किताबफरोश—Book-seller	जादूगर—Magician, Sorcerer
किसान—Farmer	जिल्दसाज—Book-binder
कुँजड़ा—Green-grocer or vendor	जुलाहा—Weaver
कुटना—Procurer	जूता बनानेवाला—Shoe-maker
कुली—Coolie	जौहरी—Jeweller
कोचवान—Coachman	जहाजी माँझी—Sailor
कोठीवाल—Firm or Factory Holder	टाइप बैठानेवाला—Compositor
खजाँची—Treasurer	टीका देने वाला—Vaccinator
ठठेरा—Brasier	फेरीवाला—Hawker
ठीकेदार—Contractor	फोटो उतारनेवाला—Photographer
डॉक्टर—Doctor	बजाज—Draper
डाकिया—Postman	बैरिस्टर—Barrister
तांत्रिक—Sorcerer	बीज विक्रेता—Seeds man
तवलची—Drummer	बढ़ई—Carpenter
तेली—Oil man	भिक्षुक—Beggar
थवई—Mason	भूजा—Parcher
दर्जी—Tailor	भंडारी—Butler
दलाल—Broker	मछुवा—Fisherman
दवा विक्रेता—Druggist	मरम्मत करनेवाला—Repairer
दाई—Midwife	मल्लाह—Boatman
दुकानदार—Shopkeeper	माल ढोनेवाला—Carrier
दाँत बनानेवाला—Dentist	मालिक—Proprietor
दूत—Messenger	माली—Gardener

नानबई—Baker	मीनाकार—Enameller
निरीक्षक—Inspector	मुनीम—Agent
पान वाला—Betel-seller	मुद्रक—Printer
पनभार—Waterman	मुंशी—Clerk
परीक्षक—Examiner	मेहतर—Sweeper
पहिया बनानेवाला—Wheel Wright	मोची—Cobbler
पहरेदार—Watchman	मोटिया या कुली—Coolie
प्रकाशक—Publisher	मोदी—Grocer
प्रबंधकर्ता—Manager	मुहर्रिर—Writer, Clerk
रसायनी—Chemist	वैद्य—Physician
रसोइया—Cook	शिक्षक—Teacher
राजगीर—Mason	शीशा लगानेवाला—Glazier
रोकड़िया—Cashier	शल्य चिकित्सक—Surgeon
रोशनाईवाला—Inkman	साईस—Groom
रंगसाज—Painter	सोनार—Goldsmith
रंगरेज—Dyer	सौदागर—Merchant
लोहार—Blacksmith	संगतराश—Sculptor
लादनेवाला—Loader	संपादक—Editor
लिपिक—Clerk	हज्जाम—Barber
लेखक—Writer	हलवाई—Confectioner
वकील—Pleader	

इमारतें तथा उनके अंग (Buildings and their Parts)

अटारी—Attic	घरन—Beam
अनाथालय—Orphanage	धुआँकश—Chimnery
आला—Niche	घोड़िया—Corbel
अँगीठी—Fireplace, Hearth	चबूतरा—Platform
अस्पताल—Hospital	चिड़ियाखाना—Aviary
आँगन—Courtyard	चूना—Lime

ओरी—Eaves	चौखट—Door-frame
इमारत—Building	छड़—Bar
ईंट—Brick	छत—Roof
कमरा—Room	छप्पर—Shed
कसाईखाना—Abattoir, slaughter- house	जाली (पत्थर की)—Lattice
कारखाना—Factory	जंजीर—Chain
कारनीस—Cornice	झरोखा—Peep-hole, Window
किला—Fort	झोंपड़ी—Cottage
कोनिया—Bracket	डंडहारा—Railing
खपरैल—Tile	डंडा (सीढ़ी का)—Step
खलिहान—Granary	ड्योढ़ी—Ante-chamber
खिड़की—Window	तहखाना—Underground-cell
खूँटी—Peg	दरवाजा—Door
गलियारा—Gallery	दफ्तर—Office
गिरजाघर—Chruch	देहली—Door-sill
गुंबज—Cupola	देहलीज—Corridor
नाली—Drain	मठ—Cloister
नींव—Foundation	मंदिर—Temple
पत्थर—Stone	मसजिद—Mosque
परनाला—Gutter	महल—Palace
पलस्तर—Plaster	महाविद्यालय—College
पाठशाला—School	मुँडेरा—Battlement
पागलखाना—Lunatic Asylum	मीनार—Steeple
पुस्तकालय—Library	माध्यमिक विद्यालय—Secondary school
पेशाबखाना—Urinal	रसोईघर—Kitchen
फर्श—Floor	रंगभूमि—Amphi-theatre
फव्वारा—Fountain	विद्यालय—School
बंद—Plintth	विश्वविद्यालय—University

बरसाती—Portico	शहतीर—Rafter
वैरक—Barrack	स्नानगृह—Bath-room
बँगला—Bungalow	सीमेंट—Cement
मकान—House	सराय—Inn
मंच—Dais	सेना निवास—Barrack
मंजिल—Storey	सीढ़ी—Stair
मेहराब—Arch	हज्जाम—Barber

पशु (Animals)

ऊँट—Camel	नेवला—Mongoose
कस्तरी मृग—Musk-deer	दुम—Tail
कुत्ता—Dog	पशु—Beast
कुतिया—Bitch	पंजा—Claw
खच्चर—Mule	पिल्ला—Puppy
खरगोश—Rabbit	बकरा—He-goat
खरहा—Hare	बकरी—She-goat
खुर—Hoof	बकरी का बच्चा—Kid
गदहा—Ass	बछड़ा—Calf
गाय—Cow	बछिया—She calf, Heifer
गिलहरी—Sqirrel	बछेड़ा—Colt
गैंडा—Rhinoceros	बछेड़ी—Filly
गोरखर—Zebra	बिल्ली—Cat
घोड़ा—Horse	बिल्ली का बच्चा—Kitten
घोड़ी—Mare	बंदर—Monkey
चीता—Panther	बाघ—Tiger
चूहा—Mouse	बारहसिंगा—Antelope, stag
छछूंदर—Mole	बारहसिंगी—Hind
जंगली सूअर—Boar	बैल—Ox
झबरा कुत्ता—Spaniel	भालू—Bear

टट्टू—Pony	भेड़िया—Wolf
तेंदुआ—Leopard	भेड़—Sheep
भेंड़ी—Ewe	साँड़—Bull
भेड़ का बच्चा—Lamb	सांबर—Chamois
भैसा—Buffalo	साही—Porcupine
मेड़ा—Ram	सियार—Jackal
मेमना—Lamb	सिंह—Lion
चूहा—Rat	सींग—Horn
मृग—Stag, Deer	सूअर—Hog, Pig
लोमड़ी—Fox	सूअरी—Swine
लकड़बग्घा—Hyena	हिरन—Deer
लंगूर—Ape	हिरन का बच्चा—Fawn
वनमानुष—Orangoutang, Orangutam, chimpanzee	हाथी—Elephant
शिकारी कुत्ता—Hound	

पक्षी (Birds)

अबाबील—Swallow	बत्तक का बच्चा—Duckling
उल्लू—Owl	बत्तकी—Duck
कठफोड़वा—Wood-pecker	बुलबुल—Nightingale
कबूतर—Pigeon	बया—WeaVerbird
काकातुआ—Cockatoo	बटेर—Quail
काला (डोम) कौवा—Raven	बाज—Falcon, Hawk
कोयल—Cuckoo	मुरगा—Cock
कौवा—Crow	मुरगी—Hen
गरुड़—Eagle	मुसैचा—Hawk
गिद्ध—Vulture	मुरगा—Fowl
गौरेया—Sparrow	मुरगी का बच्चा—Chicken
चमगादड़—Bat	मोर—Peacock

चील—Kite	मोरनी—Peahen
तीतर—Partridge	लवा—Lark
नीलकंठ—Magpie	शुतुरमुर्ग—Ostrich
पंख—Feather, Plume	सारस—Crane
पंडुक—Dove	सुग्गा—Parrot
बत्तख—Duck	हिरामन तोता—Macaw
	हंस—Swan

सर्प, कीड़े-मकोड़े इत्यादि (Reptiles, Worms and Insects)

अजगर—Boa	टिड्डी—Locust
कछुवा—Turtle	ढील—Lice
काला साँप—Adder, Cobra	तितली—Butterfly
केंचुली—Slough	दरियाई घोड़ा—Hippopotamus
केंचुवा—Earthworm	दीमक—White-ant
केकड़ा—Crab	फतंगा—Grasshopper
खटमल—Bed-bug	फन—Hood
गिरगिट—Chameleon	बर्र—Wasp
गेहुँवन साँप—Cobra	बिच्छू—Scorpion
गोजर—Centipede	मक्खी—Fly
गुबरैला—Beetle	मकड़ा—Spider
घड़ियाल—Alligator	मकड़े का जाला—Web
घोंघा—Snail	मगर—Crocodile
चीलर—Body-lice	मच्छर—Mosquito
चींटी—Ant	मछली—Fish
छिपकली—Wall-lizard	मछली या मेढक के अंडों का समूह—Spawn
जहर—Poison, Venom	मधुमक्खी (नर)—Drone
जहर के दाँत—Fangs	मधुमक्खी (मादा)—Bee
जुगनू—Firefly	मेढक—Frog

जूँ—Lice	मेढक का बच्चा—Tadpole
जोंक—Leech	रेशम का कीड़ा—Silk-worm
झींगुर—Cricket	रेशम का कोआ—Cocoon
लीख—Nit	साँप—Snake
शंख—Conch	सीप—Oyster

लिखने-पढ़ने तथा दफ्तर के सामान
(Stationery, Office Requisites and Miscellaneous)

अक्स करने का कागज—Tracing paper	चौकी—Bench
अखबार—Newspaper	जीभी—Nib
अलमारी—Almirah	जेबी पोथी—Pocket Book
आधी रसीद (मुसन्न)—Counter foil	टिकट (स्टांप)—Postage stamp
आरामकुरसी—Easy Chair	टिकट (रसीद)—Revenue Stamp
ऑलपीन—Pin	टेबल—Table
कलम—Pen	डोरी कीलदार—Tag
कलमतराश—Pen-knife	ड्राइंग पिन—Drawing Pin
कलम (लोहे की)—Steel-pen	तार—Wire
कागज—Paper	तार की डोलची—Office Tray
कागज तराश—Paper-cutter	तिपाई—Stool
कागजदाब—Paper-weight	दवात—Inkpot
काग—Cork	दवातदान—Ink-pot-stand
कार्ड—Card	दैनिक पत्र—Daily Paper
काली स्याही—Black Ink	नकल करने का कागज—Carbon Pencil
कोश—Dictionary	नकल करने की पेंसिल—Copying Paper
खड़िया पेंसिल—Crayon	नक्शा—Map
खाता—Register	निब—Nib
गड्डी—File	निमंत्रण-पत्र—Invitation Card

गोंद—Gum	नीली काली स्याही—Blue black ink
चिमटी—Clip	नीली स्याही—Blue ink
परकाल—Dividers	रोशनाई का गद्दा—Ink-pad
पर की कलम—Quill Pen	रूलर—Ruler
पुकारने की घंटी—Call-bell	रसीद बही—Receipt-Book
पोस्टकार्ड—Post-Card	लपेटने का कागज—Packing-paper
फाइल—File	लिखने की पट्टी—Writing Pad
फीता—Tape	लिफाफा—Envelope
बँधना—Fastener	लेखाबही—Ledger
भेंट करने का कार्ड—Visiting Card	लाल रोशनाई—Red ink
महीन निब—Mapping-pen	लाल मुहर करने की—Sealing wax
पत्रिका—Magazine	सरेस—Glue
मोहर—Seal	सादा कागज—Blank-paper
मोमी कपड़ा—Tracing cloth	साप्ताहिक पत्र—Weekly paper
रबड़—Eraser	सुर्ख रोशनाई—Carmine ink
रबड़ की मोहर—Rubber- stamp	सोखता—Blotting paper
रद्दी की टोकरी—Wastepaper-basket	सँड़सी छेदने की—Punch
रोशनाई—Ink	होल्डर—Holder

□

PART 'E'

PREPOSITION

(ADDITION)

PREPOSITION
(संबंधसूचक अव्यय)

(ADDITION)
See PART 'A' GRAMMAR Chapter-III (F)

Preposition की कुछ जानकारी अध्याय 'A' के Chapter III (F) में दी गई है। इस अध्याय में हम कुछ चुनिंदा शब्दों के साथ Preposition तथा एक ही शब्द में अलग-अलग Preposition के लगाने और अर्थ बदलने की जानकारी प्राप्त करेंगे।

Words Followed by Preposition—

Abide :- by	—	(V- पालन करना)
Ability :- for	—	(N- योग्यता, क्षमता)
Absent :- from	—	(Adj - अनुपस्थित)
Abstain :- from	—	(V- अपने आपको अलग रखना)
Absorbed :- in	—	(V - Past Tense of 'Absorb' : सोखना)
Access :- to	—	(N- पहुँच, प्रवेश)
Act :- upon	—	(V- कार्य करना)
Accede :- to	—	(V- राजी हो जाना, मान लेना)
Accused :- of	—	(N- अभियोगी)
Acquit :- of	—	(V- निर्दोष करार देना)
Acquaint :- with	—	(V- जान-पहचान करना)
Accomplice :- with	—	(N- सह अपराधी)
Advantage :- of	—	(N- फायदा, लाभ)
Advantage :- over	—	(a person)—(N- किसी के ऊपर श्रेष्ठता) —e.g. He has advantage over his competitor
Addict :- to	—	(N- लती व्यक्ति)
Adopt :- to	—	(V- अंगीकार करना)
Adequate :- to	—	(Adj- पर्याप्त, यथेष्ठ)
Adjacent :- to	—	(Adj- लगा हुआ, संलग्न)

Admit :- to, into, of — (V- दाखिल करना, प्रवेश देना, अनुमति देना)
Admiration :- of — (N- प्रशंसा, अनुराग)
Affection :- for — (N- चाह, स्नेह, अनुराग)
Affectionate :- to — (Adj- प्रिय, स्नेही, स्नेहमय)
Afraid :- of — (Adj- डरा हुआ, भयभीत)
Affinity :- with — (N- आकर्षण, बंधुता)
Agree :- with, to, on — (Adj- एकमत होना, राजी होना)
Alarmed :- at — (Adj- सतर्क, त्रस्त, भयभीत)
Alive :- to, with — (Adj- जिंदा, ओजपूर्ण)
Allot :- to — (V- आवंटन करना, बाँटना)
Alight :- from — (V- उतरना, उतर जाना)
Alliance :- with — (N- मैत्री, संधि)
Alternative :- to — (N- विकल्प)
Ambition :- for — (N- महत्त्वाकांक्षा)
Amazed :- at — (V- Past tense of 'Amaze'—चकित होना, विस्मित करना)
Amused :- with — (V- past tense of 'Amuse'— मनोरंजक लगना, मनोरंजन करना)
Angry :- with, at — (Adj- क्रोधी, गुस्सेदार)
Annoyed :- at — (V- past tense of annoy खिजाना, नाराज करना)
Anxious :- for — (Adj- उत्सुक, चिंताजनक)
Answerable :- to — (Adj- उत्तर देने योग्य, उत्तरदायी)
Anxiety :- for — (Adj- व्यग्र, चिंताकुल)
Appeal :- for, to — (V- निवेदन या याचना करना; N अनुरोध)
Apprehension :- of — (N- संशय, भय)
Apologise :- to — (V- किसी से क्षमा याचना करना)
Applicable :- to — (Adj- लागू, प्रयोज्य)
Appoint :- to — (V- नियुक्त करना)
Appointment :- with — (N- नियुक्ति)
Approve :- of — (V- स्वीकार्य समझना, संतुष्ट होना)
Aptitude :- for — (N- रुझान, अभिरुचि)
Apply :- for — (V- आवेदन करना)
Arrive :- at, in — (V- पहुँचना)
Arrival :- at, in — (N- पहुँच)
Assent :- to — (N- अधिकारिक स्वीकृति)

Ashamed :- of	—	(Adj- लज्जित, शर्मिंदा)
Ask :- for	—	(V- पूछना)
Associate :- with	—	(N- संगी, सहचर (V) संबंध स्थापित करना)
Assurance :- on	—	(N- आश्वासन)
Astonish :- at	—	(V- अचंभे में डाल देना)
Attend:- to, upon	—	(V- ध्यान देना)
Attachment :- to	—	(N- संलग्न वस्तु)
Attention :- to	—	(N- विशेष सावधानी)
Authority :- over	—	(N- आदेश देने का अधिकार)
Avail :- of	—	(V- काम आना)
Averse :- to	—	(Adj- असहमत, विरोधी)
Aware :- of	—	(Adj- सचेत)
Bark :- at	—	(N- कुत्ते की भौंक V- कुत्ते जैसा भौंकना)
Bargain :-with, for	—	(N- समझौते का सौदा V- समझौता करना)
Begged :-of, For	—	(V- Past tense of beg माँगना)
Believe :-in	—	(V- विश्वास करना)
Belong :-to	—	(V- अनुसार होना, सदस्य होना, निवासी होना)
Benefit :-by	—	(N- लाभ, हित, V- लाभ होना)
Beneficial :- to	—	(Adj- फायदेमंद)
Bent :- On, for	—	(N- रूझान, V- past tense of "Bend")
Beware:- of	—	(V- सावधान रहना)
Blessed:- with	—	(Adj- ईश्वरीय कृपा से मंडित)
Blind :- of, to	—	(Adj- अंधा, V ध्यान न देना)
Born :- of, in, to	—	(V- जन्म लेना Adj- जन्मजात)
Break :- into, down	—	(V- टूटना या तोड़ना)
Buy:- of, from	—	(V - खरीदना)
Candidate:- for	—	(N- उम्मीदवार)
Care:- for	—	(N- देख-भाल, V रुचि रखना)
Caution :- against	—	(N- सतर्कता, सावधानी, V सावधान रहना)
Claim :- on, to	—	(N दावा, V दावा करना)
Commit:- to	—	(V- गलत काम करना, वचन देना)
Compare :- with, to	—	(V- तुलना करना)
Compete :- with, Against	—	(V- प्रतिस्पर्धा करना)
Complain :- to, against, of	—	(V- शिकायत करना)
Consist :- of, in	—	(V- बना होना)

Confer :- on — (V- विचार-विमर्श करना, विशेष अधिकार या सम्मान देना)
Contrary :- to — (Adj- विपरीत, प्रतिकूल)
Control :- over — (N- नियंत्रण, V- नियंत्रित करना)
Conscious :- of — (Adj- चेतना, सचेतन)
Correspond :- with — (V- उत्तर देना, पत्र व्यवहार करना)
Cruel :- to — (Adj- क्रूर, कठोर)
Deal :- in, with — (V- लेन-देन करना)
Dear :- to — (Adj- प्रिय, बहुमूल्य)
Depend :- on — (V- आश्रित होना, भरोसा रखना)
Deprive :- of — (V- वंचित करना)
Desire :- for — (V- अभिलाषा रखना)
Desirous :- of — (Adj- अभिलाषी)
Desist :- from — (V- बंद करना, छोड़ देना)
Devote :- to — (V- अर्पित करना, लगा देना)
Deter :- from — (V- डराकर रोकना, बाधा डालना)
Die :- of, from — (V- मरना, मृत्यु होना)
Differ :- from, with — (V- मतभेद करना, होना)
Dispense :- with — (V- छोड़ देना, के बिना काम चलाना)
Disgusted :- with — (Adj- खीज या चिढ़)
Due :- to — (Adj- देय) e.g. Rs. One lak to be paid by Insurance company.
Eager :- for — (Adj- आतुर, उत्सुक)
Eligible :- for — (Adj- उपयुक्त, कुछ पाने का अधिकार रखनेवाला)
Encroach :- Upon, on — (V- सीमा को लाँघना)
Engage :- in, to — (V- काम में लगाना, लग जाना)
Enquire :- of, into, after — (V- पूछताछ करना)
Entitle :- to — (V : अधिकारी होना- कुछ पाने को)
Entrust :- to, with — (V : दायित्व सौंपना)
Enmity :- with — (N : शत्रुता, दुश्मनी)
Equal :- to — (Adj - बराबर, समान)
Escape :- from — (V- निकल जाना)
Exception :- to — (V- अपवाद)
Excuse :- for, from — (N- बहाना, V- माफ करना)
Exempt :- from — (Adj: बाध्यता से मुक्त, V: छूट देना)
Expert :- in — (N - विशेषज्ञ)

Expose : to	—	(V : रहस्य खोलना)
Exclude :- from	—	(V: शामिल न करना)
Faithful :- to	—	(Adj: विश्वासी)
Familiar :- with, to	—	(Adj :- जाना-पहचाना)
Feed :- on	—	(V: भोजन देना, N: चारा)
Feel :- for	—	(V- महसूस होना)
Famous :- for	—	(Adj- प्रख्यात)
Fight :- with, against, for	—	(V- लड़ाई करना, N: लड़ाई, युद्ध)
Fit : for	—	(V- उचित होना, Adj: स्वस्थ, N: अचेत हो जानेवाली बीमारी)
Fond :- of	—	(Adj: शौकीन)
Fraught :- with	—	(Adj: परेशान, चिंतित)
Freedom :- from, of	—	(N- आजादी)
Gifted :- with	—	(Adj- अत्यंत प्रतिभाशाली)
Glad :- at, of	—	(Adj- प्रसन्न, संतुष्ट)
Good :- at, with, for, of, to	—	(Adj- अच्छा V स्वीकार्य आचरण)
Grateful :- to, for	—	(Adj- कृतज्ञ)
Guilty :- of	—	(Adj- गलत काम करनेवाला)
Guard :- against	—	(V- बचाकर रखना, रक्षा करना)
Hanker :- after	—	(V- बहुत अधिक चाहना)
Hatred :- for	—	(N- घृणा, अत्यधिक नापसंदगी)
Hinder :- from	—	(V- कठिनाई पैदा करना,बाधा डालना)
Hostile :- to	—	(Adj- अत्यंत उग्र भावनाओं वाला)
Impress :- on, upon, with	—	(V: प्रभावित करना)
Influence :- over, with	—	(N- नियंत्रित करने की शक्ति)
Injurious :- to	—	(Adj, हानिकारक)
Insist :- on	—	(V- जमे रहना, दृढ रहना)
Junior :- to	—	(Adj- निम्न अवर पद पर आसीन, कनिष्ठ)
Key :- to	—	(N- कुंजी)
Keen :- on, about	—	(Adj- उत्सुक, लालायित)
Kind :- to	—	(Adj:- उदार, परोपकारी)
Laugh :- at	—	(V- हँसना)
Lean :- against, on	—	(V- झुकना, झुक जाना)
Liable :- to	—	(Adj - दायी, उत्तरदायी)
Limit :- to	—	(N: सीमा, हद, V: सीमा के अंदर रहना)

Listen :- to — (V- ध्यान से सुनना)
Live :- on, with — (V: रहना, निवास करना)
Lost :- to — (V: past tense of lose- खो देना, न पा सकना)
Loyal :- to — (Adj: निष्ठावान)
Long :- for — (V: बहुत चाह होना, Long शब्द का व्यवहार लंबाई के लिए भी होता है (Adv- long- Longer- Hnest)
Look :- after — (V- देख-भाल करना)
Lust :- for — (N- लालसा, उत्कंठा)
Match :- for — (N- जोड़ा, जोड़)
Mett :- with — (V- मिलना, भेंट होना या करना)
Mix :- with — (V- मिश्रण करना, साथ करना)
Move :- with — (V- हटाना, खिसकाना, प्रेरित करना)
Necessary :- for — (Adj- आवश्यक, जरूरी)
Need :- for, of — (N- आवश्यकता, जरूरत)
Obedient :- to — (Adj- आज्ञाकारी)
Object :- to — (V- बाधा उपस्थित करना)
Objection :- to — (N- आपत्ति, ऐतराज)
Occupied :- with, in — (Adj- कब्जा किया हुआ, व्यस्त)
Occur :- to — (V- मन में आना, सूझना)
Opposed :- to — (V- Past tense of oppose विरोध किया गया)
Opportunity :- for — (N- मौका, सुअवसर)
Overwhelm :- with — (V- अभीभूत हो जाना)
Part :- from, with — (V- साथ छोड़कर चला जाना)
Pay :- for — (V: चुकाना, भुगतान करना)
Painful :- to — (Adj- पीड़ित, दुःखी)
Partial :- to — (Adj- पक्षपाती, अधूरा)
Peculiar :- to — (Adj- विशिष्ट, असाधारण)
Perish :- by, with — (V- नष्ट हो जाना या नष्ट करना)
Pity :- for — (N: दया, तरस, करुणा)
Please :- with, at — (V- खुश करना, रिझाना)
Pray :- for, to — (V- विनती करना, प्रार्थना करना)
Prejudice :- against — (N- पूर्वग्रह, पूर्व धारणा)
Prevail :- on/upon — (V- पराजित करना, हावी होना)
Prey :- to, on — (N- शिकार, आखेट)
Prefer :- to — (V- पसंद करना, चाहना)

Prevent :-from	— (V- रोकना, बाधा डालना)
Protest :- against	— (V- विरोध प्रकट करना)
Protect :- against	— (V- बचाना, सुरक्षित रखना)
Proud :- of	— (Adj- अभिमानी, घमंडी)
Qualify :- for	— (V- योग्य होना, उत्तीर्ण होना)
Quarrel :- with, over	— (N- कलह, झगड़ा, (V) विवाद करना, झगड़ा करना)
Refer :- to	— (V- जिक्र या उल्लेख करना)
Regret :- for	— (V- पछताना, दुःखी होना)
Regard :- for	— (N- आदर (V) आदर करना)
Relation :- of, to between	— (N- संबंध)
Refrain :- from	— (V- कुछ करने से अपने को रोकना)
Relieve :- of	— (V- राहत पहुँचना)
Remember :- to	— (V- याद करना, याद रखना)
Respect :- for	— (N- आदर, (V) आदर करना)
Respectful :- to	— (Adj- आदरपूर्ण, श्रद्धायुक्त)
Responsible :- to, for	— (Adj- जिम्मेदार, उत्तरदायी)
Rest :- on, with	— (V- सुस्ताना, आराम करना)
Restore:- to	— (V- पूर्व स्थिति में लाना)
Retire :- from	— (V- अवकाश प्राप्त करना)
Reply :- to	— (V- उत्तर देना)
Satisfy :- with	— (V- संतुष्ट होना)
Save :- with	— (V- बचाना, उबारना)
Search:- for	— (V- खोजना, (N) खोज)
Seek :- for	— (V- तलाश करना, पाने की कोशिश करना)
Send :- for	— (V- भेजना)
Sensitive :- to	— (Adj - संवेदनशील)
Sentence :- to	— (N- वाक्य, कथन, V- सजा सुनाना)
Share :- of, with	— (V- दो या अधिक के बीच बाँटना (N) अंश, मात्रा)
Short :- of	— (Adj- छोटा)
Sick :- of	— (Adj- बीमार)
Similar :- to	— (Adj- किसी के समान)
Slave :- to	— (N- गुलाम, दास)
Sorry :- for	— (Exclamation—खेद व्यक्त करने, क्षमा माँगने के लिए प्रयुक्त)

Stare :- at — (V- घूरना, टकटकी लगाकर देखना)
Succeed :- in, to — (V- सफल होना)
Sure : of — (Adj, adv- संशयहीन, निश्चित)
Sympathise :- with — (V- सहानुभूति प्रकट करना)
Sympathy :- for, to — (N- सहानुभूति)
Taste :- for — (N- स्वाद V- स्वाद होना, चखना)
Think :- of, over — (V- सोचना)
Tired :- of, over — (Adj- थका हुआ)
True :- to — (Adj- ठीक, सही)
Trust :- in, with — (N- भरोसा, V- भरोसा करना, विश्वास करना)
Used :- for, to — (Adj-modal Verb—निरंतरता दरशाने के लिए)
Useful :- for, to — (Adj- उपयोगी, सहायक)
Victory :- over — (N- विजय, जीत)
Vote :- for — (N- मतदान, V: मत देना)
Wait :- for — (V- इंतजार करना, N: प्रतीक्षा, इंतजार)
Withdraw :- from — (V- हट जाना)
Warm :- of, against — (Adj- गरमाहट, V- गरम करना)
Welcome :- to — (V- स्वागत करना, Adj- सुखद, हर्षप्रद)
Wish :- for — (V- मनोकामना करना)
Wonder :- at — (V- कुछ जानना चाहना, N- आश्चर्य का भाव)
Worthy :- of — (Adj- प्रशंसा पाने योग्य)
Yield :- to — (V- परिणाम देना)
Yearn :- for — (V- लालायित होना)
Zealous :- of — (Adj- ऊर्जावान, उत्साही)

List में बहुत सारे शब्द जोड़े जा सकते हैं। लेकिन ऊपर के शब्दों से शब्दकोश में वृद्धि होगी और साथ ही Preposition के व्यवहार की जानकारी भी होगी। लेकिन एक और जानकारी आवश्यक है। एक ही परिस्थिति को दर्शाने के लिए भिन्न प्रकार का Preposition का व्यवहार होता है। कुछ ऐसे परिस्थितियों की जानकारी नीचे दी जा रही है।

I. स्थान/स्थिति (Place/position : at, above, across, against, before, behind, in, on, over, under

(a)	He is at home.	वह घर पर है।
(b)	He is in his room.	वह अपने कमरे में है।
(c)	He has no roof above his head.	उसे अपने सिर के ऊपर छत नहीं है।
(d)	There is a cap on his head.	उसके सिर पर एक टोपी है।

(e)	He placed a ladder against the wall.	उसने दीवार पर एक सीढ़ी लगा दी।
(f)	The dacoit stood before the police.	डकैत पुलिस के सामने खड़ा था।
(g)	A peon was walking behind the District Magistrate.	एक चपरासी जिलाधिकारी के पीछे चल रहा था।
(h)	The saint was sitting under Peepal tree.	साधु पीपल के वृक्ष के नीचे बैठा हुआ था।

II. दिशा (Direction) : above, into, on, to, towards, up down

(a)	I am above him in rank.	मैं उसके पद से ऊँचा हूँ।
(b)	The girl fell into the river.	लड़की नदी में गिर गई।
(c)	The police fired on the dacoit.	पुलिस ने डकैत पर गोली चलाई।
(d)	My father is going to station.	मेरे पिता स्टेशन जा रहे हैं।
(e)	The king was kind towards poor.	राजा गरीबों पर दयालु था।
(f)	I climbed up a mango tree.	मैं आम के पेड़ पर चढ़ गया।
(g)	He came down heavily on his enemy.	उसने अपने दुश्मनों पर जोर से प्रहार किया।

III. समय (Time) : at, by, between, before, after, during, in, on, to, from, for, since, throughout, till, until.

(a)	He came at 4 O' Clock in the morning.	वह सुबह के चार बजे आया।
(b)	Ram will come by 6 O' Clock.	राम छह बजे तक आएगा।
(c)	Ram will come between 6 A.M. to 8 A.M.	राम छह से आठ बजे के बीच में आएगा।
(d)	Ram will return before lunch.	राम (दिन के) भोजन के पहले लौटेगा।
(e)	Ram will start writing after lunch.	राम (दिन के) भोजन के बाद लिखना शुरू करेगा।
(f)	Ram will go out during Puja holiday.	राम पूजा की छुट्टी के दिनों में बाहर जाएगा।
(g)	The minister came in time.	मंत्रीजी समय पर आए।
(h)	The minister came on Sunday.	मंत्रीजी रविवार को आए।

(i)	I will be in my village from Sunday to Thursday.	मैं अपने गाँव में रविवार से वृहस्पतिवार तक रहूँगा।
(j)	It rained for a week.	एक सप्ताह तक वर्षा हुई।
(k)	It has been raining since Tuesday.	मंगलवार से वर्षा हो रही है।
(l)	He was out to hill station throughout summer.	वह पूरी गरमी में पर्वतीय स्थानों पर ही रहा।
(m)	I hope to finish this work till 8 P.M. (that is to say not earlier than 8 P.M.).	मैं इस काम को संध्या आठ बजे तक खत्म करूँगा (उसके पहले नहीं)।
(n)	You go on appearing in U.P.S.C. examination until you succeed.	U.P.S.C. की परीक्षा तब तक देते रहो, जब तक की तुम्हें सफलता न मिल जाए।

IV. गंतव्य स्थान (Destination) : to, from

(a)	He is going to School.	वह स्कूल जा रहा है।
(b)	He is coming from School.	वह स्कूल से आ रहा है।

V. दशा, अवस्था, अवस्था में परिवर्तन
(State/Condition/Change of state) : at, in into, on, under, to

(a)	(i) They were at play.	वे लोग खेल पर थे।
	(ii) I was at work.	मैं काम पर था।
(b)	(i) He is in bad health.	उसका स्वास्थ्य खराब है।
	(ii) He died in misery.	वह तंगहाली में मरा।
(c)	(i) Translate into English.	अंग्रेजी में अनुवाद करो।
	(ii) Love turned into hatred.	प्यार घृणा में बदल गया।
(d)	(i) The winter is on.	ठंड शुरू हो गई है।
	(ii) War was on.	युद्ध चल रहा था।
(e)	(i) The office is under renovation.	कार्यालय का सुंदरीकरण हो रहा है।
	(ii) The Case is under consideration.	मामला विचाराधीन है।
(f)	The king shifted the capital from Delhi to Agra.	राजा राजधानी को दिल्ली से आगरा ले गया।

VI. संबंधसूचक स्थिति (Relative Position) : between, among, amongst

(a)	There is friendship between India and Nepal.	भारत और नेपाल के बीच दोस्ती है।
(b)	There is unity among villagers.	ग्रामीणों में एकता है।
(c)	There was no difference amongst brothers and sisters.	भाइयों और बहनों के बीच कोई मतभेद नहीं था।

VII. अलगाव (Separation) : from, of, off

(a)	(i) Leaves are falling from the tree.	वृक्ष से पत्ते गिर रहे हैं।
	(ii) He was away from home.	वह घर से दूर था।
(b)	He was robbed of his money.	उससे रुपैया लूट लिया गया।
(c)	(i) He is off duty now.	वह अभी अपनी ड्यूटी पर नहीं है।
	(ii) The dog jumped off the chair.	कुत्ता कुरसी से कुद पड़ा।

VIII. साधन (Means/Instrument) : by, in, with, without

(a)	(i) The lady doctor comes to hospital by her own car.	लेडी डॉक्टर अपनी कार से हॉस्पिटल आती है।
	(ii) He was struck by LATHI.	उसे लाठी से पीटा गया।
	(iii) House was destroyed by fire.	घर को आग ने बरबाद कर दिया।
(b)	(i) Bhagat Singh's sacrifice will be written in indelible ink.	भगत सिंह के त्याग को न मिटने वाली स्याही में लिखा जाएगा।
	(ii) Some of Indians speak in English.	कुछ भारतवासी अंग्रेजी बोलते हैं।
(c)	He sees only with glass.	वह चश्मे से ही देख सकता है।
(d)	He can't see without glass.	वह बिना चश्मे के नहीं देख सकता है।

IX. मानक/मापदंड (Measurement/ Standard) : at, by, for, to

(a)	Potato sells at Rs. 30 a Kilo.	आलू 30 रुपए प्रति किलो बिकता है।
(b)	It is eleven by my watch.	मेरी घड़ी में ग्यारह बजा है।
(c)	One banana sell to a rupee.	एक केला एक रुपया में बिकता है।
(d)	He is rather short for his age.	अपनी उम्र के खयाल से वह छोटा है।

X. उत्पति/उद्गम/स्त्रोत (Origin/Source) : from, of

(a)	(i) This road runs from Delhi to Kolkatta.	यह सड़क दिल्ली से कलकत्ता तक है।
	(ii) I borrowed some money from my friend.	मैंने कुछ रुपए अपने दोस्त से उधार लिये।
(b)	(i) Narendra Modi comes of a poor family.	नरेंद्र मोदी एक गरीब परिवार से आते हैं।
	(ii) It is a poem of National poet, Dinkar.	यह कविता राष्ट्रकवि दिनकरजी की है।

XI. लक्ष्य/उद्देश्य (Aim/goal/purpose/ Target) : for

(a)	(i) Mohandas Karam Chand Gandhi Sailed for London.	मोहनदास करमचंद गांधी ने समुद्री मार्ग से लंदन की यात्रा की।
	(ii) Chandrasekhar Azad killed himself for freeing India.	चंद्रशेखर आजाद ने भारत की आजादी के लिए अपनी जान ले ली।

XII. वस्तु/वस्तु का अंश (Material, Ingredient) : of, from

(a)	Curd is made from milk.	दही दूध से बनाई जाती है।
(b)	The wall is made of clay bricks.	दीवार मिट्टी की ईंट से बनाई जाती है।

XIII. कारण (Cause) : from, of, for, with

(a)	He died from loss of blood.	वह खून की कमी से मरा।
(b)	He died of cancer.	वह कैंसर (बीमारी) से मरा।
(c)	The nation will suffer for bad planning.	राष्ट्र को खराब योजनाओं के कारण हानि उठाना पड़ेगा।
(d)	He is sick with fever.	वह ज्वर से पीड़ित है।

XIV. भाग/अंश (Part/Portion) : of

(i)	Kashmir is a part and parcel of India.	कश्मीर भारत का एक भाग है।
(ii)	Window of the house was broken by the robbers.	लुटेरों द्वारा घर की खिड़की तोड़ी गई।
(iii)	Black rose is the beauty of this house.	काला गुलाब इस घर की सुंदरता है।

XV. पक्ष-विपक्ष (Support/opposition) : for, against

(a)	People voted for BJP.	जनता ने भारतीय जनता पार्टी को वोट दिया।
(b)	People Voted against Congress.	जनता ने कांगेस के विरोध में वोट किया।

XVI. अपवाद (Exception) : but, except

(a)	None but Gandhi could free India.	गांधी को छोड़कर दूसरा कोई भारत को आजाद नहीं करा सकता था।
(b)	All except Ram have passed.	राम को छोड़कर सभी सफल हुए।

इन उदाहरणों से यह ज्ञात होता है कि एक ही 'Preposition' अलग-अलग परिस्थिति में व्यवहार होता है। Preposition की सहायता से अनेक प्रकार के Phrase और Idiom बनते हैं। इन्हें अगले भाग (Part-F) में देखें।

□

PART 'F'

IDIOMS & PHRASES

IDIOMS & PHRASES
(मुहावरा एवं शब्द समुच्चय)

साधारणत: लोग Idiom और Phrase को एक ही मानते हैं, लेकिन इन दोनों में कुछ अंतर है।

IDIOM: An idiom is a group of words established for usage and having a meaning not deductible from those of the individual words. Idiom (मुहावरा) कभी-कभी अपने आप एक पूर्ण वाक्य हो जाता है।

PHARSE: A phrase is a group of words forming a conceptual unit, but not a sentence. In other words phrase is a group or words which does not contain a Verb.

शब्द समुच्चय कुछ शब्दों से बनता है और उन शब्दों का अर्थ Idiom की तरह बदलता नहीं है।

Idioms और Phrase का वर्गीकरण अनेक तरह से किया गया है। Idioms और Phrases का व्यवहार किस रूप में होता है, इस पर वर्गीकरण होता है। बहुतों ने कुछ Phrases को भी Idiom में रख दिया है। हम लोग इसके वर्गीकरण पर ध्यान न देकर सभी प्रकार के Idioms और Phrase का एकरूपता से अध्ययन करेंगे। 'Verb Phrase' को अलग से सीखने की आवश्यकता है, क्योंकि एक ही Verb में अलग-अलग Preposition और कुछ अन्य शब्द लगने से अर्थ बिल्कुल बदल जाता है।

F-1 : Idioms and Phrases (General)

Abide by	का पालन करना, पर दृढ या अटल रहना।
Ab initio	नया, नए सिरे से, आरंभ से, आदि से, शुरू से, प्रारंभ से।
Above board	बेलाग, खरा, संदेह से परे।
Absence sharpens love	सामने न होने पर प्रेम बढ़ जाता है।
Act of God	दैवी-घटना, दैवी-विधान।
According to	के अनुसार, मेल खाते हुए।
Add a feather to one's cap	सफल होना, नई उपलब्धि मिलना, प्रसिद्धि पाना।
Add fuel to the fire	जलती आग में घी/तेल डालना।

Add insult to injury	कटे/घाव/जले पर नमक छिड़कना।
All he touches turns to gold	वह जो भी छुए, सोना हो जाता है।
All the same	एक ही बात है।
An ass in lion's skin	शेर की खाल में गधा।
Apple of discord	झगड़े की जड़।
Apple of one's eye	आँख का तारा, मनपसंद।
Apple will fall downwards	सूरज पूरब में ही उगेगा, प्रकृति के नियम नहीं बदलते।
Armed to the teeth	हथियारों से पूरा लैस।
As cheap as dirt	मिट्टी / कौड़ियों के मोल, बहुत सस्ता।
As dark as pitch	अमावस्या की रात की तरह काला।
As far as	जहाँ तक, के विषय में।
As if	मानो, जैसे।
As luck would have it	किस्मत का खेल।
As thick as thieves	चोर-चोर मौसरे भाई।
At all times	वक्त बेवक्त, कभी भी, किसी भी वक्त।
At a loss	हक्का-बक्का।
At a loss to know	नहीं जान पाना, पता न चलना।
At a stretch	लगातार, निरंतर अविराम।
At daggers drawn (with)	खून का प्यासा।
At ease	आराम से, बिना चिंता के।
At fault	दोषी, अपराधी, मुजरिम।
At first blush	पहली नजर में।
At first hand	पहले तो, पहली नजर में।
At first sight	पहली निगाह में, पहली दृष्टि में।
At home	(किसी काम में) दक्ष, सहज।
At least	कम-से-कम, चाहे जो हो, खैर।
At loggerheads with	(किसी व्यक्ति से) घोर असहमत होना।
At sixes and sevens	अस्त-व्यस्त, तितर-बितर।
At the beck and call of	(के) इशारे पर।

At the dead of night	रात के धुप्प अँधेरे में।
At the eleventh hour	ऐन मौके पर।
At times	अकसर, प्रायः।
Back up	पीठ ठोंकना, शाबाशी देना।
Bad Blood	मन-मुटाव, मन में गाँठ पड़ना।
Bad man in a bad company	एक तो करेला, दूजे नीम चढ़ा।
Ball is in some one's court or with some one	जिम्मेदारी किसी और पर होना, गेंद किसी और के मैदान में होना।
Bat on the sticky wicket, to	बुरे स्थिति का मुकाबला करना।
Be afraid of one's own shadow	अपनी छाया से डरना, अपने साए से भयभीत होना।
Bear the brunt of something	किसी चीज से सबसे तनावपूर्ण/बुरे हिस्से को झेल जाना।
Bear with	आगे बढ़ना, नैया पार लगाना, बरदाश्त करना, डटे रहना।
Be as good as one's word	अपने वचन निभाना, अपना वायदा पूरा करना।
Be ashamed	लज्जित होना, गरदन झुकाना।
Beat about the bush	इधर-उधर की हाँकना, घुमा-फिराकर बातें करना।
Beat black and blue	मारकर भुरकुस निकालना।
Be at daggers drawn	पक्की दुश्मनी होना, एक-दूसरे के जानी दुश्मन होना।
Be at the bottom of	जड़ में होना, मूल कारण होना।
Beat the breast	हाय-हाय करना, छाती पीटना।
Become very lean and thin	सूखकर काँटा हो जाना, मरम्मत के भी लायक न रह जाना।
Be dead against	किसी चीज/ व्यक्ति/ मुद्दे के बिल्कुल खिलाफ होना।
Be dead like a dog	गहरी नींद में होना, बेखबर होना।
Be dead tired	थक कर चूर होना, बहुत थका होना।
Be deeply in love (with)	बहुत प्यार करना।
Be disgusted with	मन फिरना, जी खट्टा होना।
Bed of roses	फूलों की सेज।
Be fed up	ऊब जाना, जी उकता जाना।
Before long	शीघ्र ही, जल्दी हो।

Beggar can't be chooser	कंगाल/ भिखारी के चुनाव का प्रश्न कहाँ?
Be hand in (and) glove	घी-शक्कर होना, किसी काम के लिए दबाव में होना।
Be in a fix/ mess or dilemma	अक्ल काम न करना/अक्ल मारी जाना।
Be in good books	पसंद होना, नजरों में चढ़ा होना।
Be in bad books	अप्रिय होना, नजरों में गिरा होना।
Be in league with	(से) साँठ-गाँठ होना।
Be in passionate love	किसी पर जान देना/छिड़कना, किसी पर मरना।
Be in the family way	पैर भारी होना, गर्भवती होना।
Be in the pink	स्वस्थ होना, अपने को तंदुरुस्त महसूस करना।
Be in two minds, to do something	दुविधा में होना।
Be left holding the bag	औरों के दोष अपने सिर पर लेना।
Be left in a lurch	मुसीबत में काम न आना।
Be like a water off a duck's back	चिकना घड़ा होना।
Bell the cat	बिल्ली का मुँह पकड़ना।
Belly has no ears	बातों से पेट नहीं भरता, पेट के कान नहीं होते।
Be of no avail	किसी काम का न होना।
Be on a razor's edge	मौत के मुँह में होना।
Be on one's last legs	कब्र में पाँव लटकना।
Be on tenterhooks	दुविधा में होना, परेशान होना।
Be on the horns of a dilemma	इधर कुआँ उधर खाई की स्थिति।
Be on the tip of one's tongue	जबान पर होना, कंठस्थ होना।
To be hard pressed	वक्त की किल्लत होना।
Be prone to	अभिमुख होना, की आदत होना।
Be seen once in a blue moon	ईद का चाँद होना।
Beside the point	मूल विषय से हटकर, बात से हटकर।
Best way out of a difficulty is through it	कठिनाइयों का सामना करना ही उनसे मुक्ति पाने का सर्वोत्तम उपाय है।

Be taken aback	हक्का-बक्का/भौंचक्का रह जाना।
Be the order of the day	लागू होना।
Be too meek to speak	मुँह में जबान न होना, चुप्पा होना।
Better late than never	न होने से देर में होना अच्छा है।
Between the devil and the deep sea	इधर कुआँ, उधर खाई।
Between you and me	किसी और को भेद न देना।
Be under a cloud	कलंकित होना, बुरे दिन आना।
Bide one's time	मौके का इतंजार करना, घात में रहना।
Bird in the hand is worth two in the bush	नौ नगद कल उधार।
Bird's eye view	विहंगम दृष्टि, सिंहावलोकन।
Birds of the same feather	एक से लोग एक साथ रहते हैं, एक ही थैली के चट्टे-बट्टे।
Black list	अवांछित लोगों की सूची।
Black out	याददाश्त खो बैठना, बिजली गुल हो जाना।
Blow one's own trumpet	अपना-अपना राग, अपनी खिचड़ी अलग पकाना।
Blue blood	कुलीन, अभिजात, उच्च वंश का।
Blunt head	मोटी अक्ल/बुद्धि/समझ का।
Born with a silver spoon in one's mouth	जन्म से किस्मत का धनी, जन्म से भाग्यशाली।
Brain drain	प्रतिभा-पलायन, विद्वानों या विशेषज्ञों का विदेश चला जाना।
Brain wave	(ऐसे अच्छे विचार, सुझाव या कल्पना आदि, जो किसी के दिमाग में अकस्मात् आ जाएँ) सूझ।
Breach of faith	विश्वास में दरार
Break down	टूट जाना, विफल होना, रो पड़ना।
Break new grounds	नई राह निकालना, नया काम करना।
Break one's hearth	दिल तोड़ना, आन तोड़ना।
Break the ice	चुप्पी तोड़ना, झिझक खोलना।
Break the record	रिकॉर्ड तोड़ना।
Bring a person to his knees	घमंड चूर-चूर हो जाना, नीचा दिखाना।

Bugger up	(अनौपचारिक) मसल देना, झिझोड़ देना।
Build castles in the air	खयाली पुलाव पकाना, मन के लड्डू खाना/फेंकना।
Burnt child dreads the fire	दूध का जला छाछ फूँक-फूँककर पीता है।
Burst into tears	फूट-फूटकर रो पड़ना।
Busy as a bee	काम में जुटा रहनेवाला, बहुत व्यस्त।
By and by	धीरे-धीरे, एक-एक करके, क्रमशः।
By fair means	ईमानदारी से, कड़ी मेहनत से (कमाया हुआ)।
By fits and starts	रुक-रुककर, ठहर-ठहरकर।
By heart	कंठस्थ, रट/घोट लिया गया, जबानी याद।
By hook and crook	किसी भी तरह से, येन-केनप्रकारेण, जैसे भी हो।
By leaps and bounds	दिन दूना, रात चौगुना।
By the dint of might	डंडे के जोर से, मार की बदौलत।
By the way	प्रसंगवश, यों ही, संयोगवश।
Carry coals to Newcastle	उल्टे बाँस बरेली को ले जाना।
Castle in the air	हवाई किला, मन के लड्डू।
Cats and dogs	घमासान बारिश होना।
Chew the cud (of)	जुगाली करना, चिंतन करना, भाव मग्न होना।
Child's play	बाएँ हाथ का खेल, खाला जी का घर।
Cleanliness is next to godliness	सफाई भगवान् का रूप है।
Clear the air	संदेह/गलतफहमी दूर करना।
Close shave	बाल-बाल बचना, हजामत/मुड़ाई।
Cold as frog	मेढक जैसा ठंडा, बर्फ जैसा ठंडा।
Cold blooded	निर्दयी, क्रूर, निर्दयतापूर्ण।
Cold war	शीत युद्ध।
Come of age	होश सँभालना, वयस्क हो जाना।
Come off with flying colours	झंडे गाड़ देना।
Come to a dead end	अंधी गली के मुहाने पर पहुँचना, आगे जाना संभव न होना।
Come to blows	हाथापाई पर उतर आना।

Come to light	प्रकट/जाहिर होना, प्रकाश में आना।
Come to one's senses	अक्ल ठिकाने आना, होश ठिकाने आना/होना।
Commit breach of trust	विश्वासघात करना
Crux of the matter	सार, सारतत्त्व।
Cry for the moon	असंभव की माँग करना, गूलर का फूल माँगना।
Cunning as a fox	लोमड़ी जैसा चालाक।
Cut no ice	दाल न गलना।
Cut short	संक्षिप्त करना, चुप कर देना।
Cut throat competition	ऐसी प्रतियोगिता, जिसमें एक उत्पादक दूसरे के हिस्से को बाजार में हड़पने को हमेशा तैयार रहता है।
Dance to the tune of	किसी के हाथ की कठपुतली होना, किसी के ताल पर नाचना।
Dark horse	छुपा रुस्तम।
Day by day	दिन-ब-दिन, दिन-पर-दिन।
Day in (and) day out	आठों पहर, रात-दिन, दिन-रात।
Dead letter	अज्ञातनामिक पत्र, ऐसा पत्र, जिसे पाने वाला न मिले।
Dead line	एक निश्चित अवधि, निर्दिष्ट सीमा।
Dead Silence	पूरा सन्नाटा, पूर्ण निस्तब्धता।
Dead tired	थककर चूर होना, बहुत थका, थका-हारा।
Deeds not only words	लफ्फाजी नहीं नतीजा/ काम चाहिए।
Die in harness	आखिरी दम तक जमे/डटे रहना, काम करते-करते मरना।
Die is cast	तीर कमान से निकल चुका है, फैसला हो चुका है।
Dig one's grave with one's teeth	अपनी कब्र आप खोदना।
Divide and Rule	बाँटो और राज करो।
Does not matter	काम हो जाए तो ठीक, नहीं तो कोई बात नहीं।
Do one's level best	कोई कसर उठा न रखना, एड़ी-चोटी का जोर लगाना।
Do something by (in) fits and starts	ठीक ढंग से करने की बजाय रुक-रुककर करना।
Do something in good faith	(किसी काम को) भला चाहते हुए करना, सद्‌भावना से करना।
Double tongued	दोमुँहा, ऐसा व्यक्ति जो कभी कुछ कहे, कभी कुछ।

Drink like a fish	बेहिसाब/बेहद पीना।
Drop a word in someone's ear	किसी सूचना को गुप्त ढंग से देना, सिफारिश करना।
Drop in the ocean	ऊँट के मुँह में जीरा।
Dry as a bone	नीरस, चूसी हड्डी-सा नीरस।
Dumb as statue	मूर्ति/बुत की तरह खामोश/मौन।
Easy as pie	बहुत आसान, अ, आ, ई जैसा आसान।
Easy come easy go	हराम की कमाई, हराम में गँवाई।
Eat crow	अप्रिय कार्य करने को बाध्य होना।
Either mend or end	सुधरो या बरबाद हो जाओ।
Every now and then	थोड़ी-थोड़ी देर बाद।
Face to face	आमने सामने।
Fair dealing	ईमान का सौदा, निष्कपट व्यवहार।
Fair sex	औरतें, स्त्री जाति।
Far and wide	चारों ओर, दूर-दूर तक।
Feather in one's cap	किसी के सिर सेहरा, उपलब्धि।
Feel at home	तबीयत लगना, सहज होना।
Feel the pulse of	रुख भाँपना।
Feel the urge for	तलब होना, इच्छा होना।
Feel uneasy	उकता जाना, जी ऊबना।
Fellow feeling	सहानुभूति।
Fifth wheel	अतिरिक्त पहिया, सहायक।
Fight like cat and dog	कुत्ते-बिल्ली की तरह लड़ना।
Fight tooth and nail	जी-जान से लड़ना।
Fight to the finish	आखिरी दम तक लड़ते रहना।
Figure among ciphers	अंधों में काना राजा।
Find one's way	मंजिल पर पहुँचना।
Find quarrel in a straw	बात-बात में उलझ पड़ना।
Firm as a rock	चट्टान की तरह अडिग।

Fish in troubled waters	पराई आग में हाथ सेंकना।
Flare up	आग-बबूला हो जाना।
Flesh and blood	हाड़-मांस, शरीर।
Flying visit	थोड़ी देर के लिए कहीं जाना।
Follow suit	अनुकरण करना, पद-चिह्नों पर चलना।
Fool's paradise	मुर्खों का स्वर्ग, खयाली पुलाव।
Forgone conclusion	अवश्यंभावी/तयशुदा परिणाम।
For good	सदा के लिए (देश छोड़ना)
For the time being	फिलहाल, इस समय।
Foul play	गलत काम, चालाबाजी।
Freelance journalism	स्वतंत्र लेखन (किसी संस्था या मालिक से जुड़े बिना)
From hand to mouth	कमाना-खाना।
From head to foot	एड़ी से चोटी तक।
From pillar to post	दर-दर की ठोकर खाना।
From the horse's mouth	विश्वस्त सूत्रों से, प्रत्यक्ष साक्ष्य से।
From time to time	समय-समय पर।
Gain ground to	आगे बढ़ना, तरक्की करना।
Gain momentum	तेज पकड़ना, जोर पकड़ना।
Gain time	अपने लाभ के लिए किसी मामले को लटकाए रखना, टाल मटोल।
Garbage in, garbage out	कूड़ा डालोगे तो कूड़ा मिलेगा, जैसे आँकड़े वैसा नतीजा।
General strike	आम हड़ताल।
Get addicted to	चसका पड़ना/लगना, खून मुँह को लगना।
Get a fresh lease of life	नई जिंदगी पाना, कब्र से उठकर आना।
Get at the truth	सच्चाई जानना, थाह पाना।
Get away	चला जाना, भाग जाना, पलायन करना।
Get drunk	नशे में होना।
Get into a mess	गला फँसना, गड़बड़ होना।
Get together	एकत्र होना, मिलना, मिल बैठना।
Get to the point	मूल मुद्दे तक पहुँचना, बात की तह तक पहुँच जाना।

Get up	रूप सज्जा, बनाव-श्रृंगार।
Give a blank cheque	खुली छूट देना, ब्लैंक चेक देना।
Give a cold shoulder	किसी के प्रति रुखा व्यवहार करना।
Give colour	किसी बात पर रंग चढ़ना।
Give ear	कान देना, ध्यान से सुनाना।
Give a free hand	खुली छूट देना।
Give a lift	अपनी सवारी में ले जाना।
Give and take	लेना-देना, आदान-प्रदान।
Give one a lift	सहारा देना, हाथ थामना।
Give one pause	पेशोपेश/असमंजस में डालना।
Give one the slip	आँख बचाकर चंपत हो जाना, रफूचक्कर हो जाना।
Give way to	स्वीकारना, एक तरफ हो जाना।
Go ahead	साहसी, पराक्रमी।
Go a long way towards (doing) something	सहायक होना, साथ देना, हाथ बँटाना।
Goat's wool	असंभव बात/चीज, गूलर का फूल।
Go back from one's word	वायदा तोड़ना, वचन तोड़ना।
Go beyond	से अधिक होना, से आगे जाना।
Go by walker's bus	ग्यारह नंबर की बस से जाना। (पैदल जाना)
Go crazy	पागल हो जाना।
Go getter	महत्त्वाकांक्षी व्यक्ति, किसी भी तरह काम करा लेनेवाला।
Go in for	अपनाना, अख्तियार करना।
Golden handshake	बड़े पदाधिकारी के रिटायर होने पर मिलनेवाला रुपया-पैसा आदि।
Good faith	नेकनीयती।
Good find	बहुत अच्छी या मनचाही चीज मिल जाना।
Good for nothing	बेकार, व्यर्थ का।
Go slow strike	धीमे काम करो, हड़ताल।
Go through thick and thin	दुःख/संकट/विपत्ति झेलना, आफतों को पार करना।
Go to any length	कोई कसर उठा न रखना, कहीं तक भी चला आना।

Go too far	सीमा पार करना, बल-बूते के बाहर जाना।
Go to the dogs	सत्यानाश होना।
Go to the whole hog	काम को पूरी तरह कर डालना, काम को सिरे चढ़ाना।
Go window shopping	किसी चीज को खरीदने की बजाय, चीजों को देखते हुए निकल जाना।
Go with the stream	समय के साथ चलना।
Go with tide/times	जमाने के साथ कदम-से-कदम मिलाकर चलना।
Grassroot politics	समाज के मूल मुद्दों की राजनीति।
Gratuitous advice	मुफ्त सलाह।
Grease one's palm	मुठ्ठी गरम करना, जेब गरम करना।
Greek to someone	समझ से बाहर।
Greenlight	हरी झंडी, अनुमति संकेत।
Grope in the dark	अँधेरे में टटोलना।
Grow by leaps and bounds	दिन दूनी, रात चौगुनी बढ़ना।
Grow too big for one's boots	दिमाग आसमान पर होना।
Guidelines	मार्गदर्शक सिद्धांत, रूपरेखा।
Hair's breadth escape	दुर्घटना से बाल-बाल बचना।
Half Blood	सौतेला।
Hands up	हाथ खड़ा करो।
Hang in the balance	मामला लटका हुआ होना।
Hang on	इंतजार करना, चिपके रहना।
Hard and fast Rule	सर्वसमावेशी नियम, ऐसा नियम, जो सब पर लागू हो।
Hard cash	नकदी (चेक या ड्राफ्ट की तुलना में कैश)।
Hard core	निर्णायक, सरगना, सर्वेसर्वा, नियंत्रण करनेवाले।
Hard earned money	पसीने की कमाई, खून-पसीने की कमाई।
Hard luck	बदकिस्मती, दुर्भाग्य।
Hard nut to crack	जिद्दी, हठी।
Hard of hearing	बहरा, कम/ऊँचा सुनने वाला।
Harmless as a dove	फाख्ते जैसा निरीह।

Have a finger in the pie	किसी काम में टाँग अड़ाना।
Have a hat trick	तिकड़ी बनाना।
Have a lease of life	जीवनदान मिलना।
Have all your eggs in one basket	अपना सबकुछ एक ही दाँव पर लगा देना।
Have a nap	झपकी लेना, थोड़ी देर के लिए सोना।
Have an axe to grind	अपना उल्लू सीधा करना, अपना मतलब होना।
Have an itch for gold	धन/पैसे की भूख/ललक होना।
Have a poor opinion of something	घटिया मानना, तुच्छ समझना।
Have a screw loose	दिमाग का पेच/पुर्जा ढीला होना।
Have a short temper	अकसर गुस्से में आ जाना, बुरे स्वभाव का होना।
Have clean hands	पाक होना, बेदाग होना।
Have cold feet	निराश होना, डर जाना।
Have guts	हिम्मत होना, साहस होना।
Have (a person) in one's pocket	(किसी की) नकेल हाथ में होना, उँगली के इशारे पर नचाना।
Have no parallel	अद्बितीय/अनुपम
Have one's foot on another neek	किसी के गले पर चढ़ बैठना।
Have one's way	मन की मुराद पूरी करना, अपनी बात मनवाना।
Have and have nots	अमीर और गरीब
Have the guts	कोई बात करने का/की साहस या हिम्मत होना।
Have the last word	समापन करना, निरुतर कर देना।
Have the upper hand	पलड़ा भारी होना, स्थिति मजबूत होना।
Have under one's thumb	नकेल हाथ में/मुट्ठी में होना।
Hearculean effort	भगीरथ प्रयत्न।
Heart and soul	दिलोजान से, जी जान से।
Hen pecked husband	जोरू का गुलाम।
Hide one's head	शर्म से मुँह न दिखाना, मुँह छिपाते फिरना।

Hit below the belt	नियम के विपरीत किसी पर वार करना, घातक वार करना।
Hither and thither	इधर–उधर
Hit the nail on the head	तीर निशाने पर मारना, बहस में अंतिम बात कह देना।
Hoarse as a crow	फटे बाँस की तरह (आवाज)।
Hold a brief for	की ओर से वकालत करना, किसी का पक्ष लेना।
Hold a candle to the sun	सूरज को दीपक दिखाना।
Hold one's head high	मस्तक ऊँचा उठाना, सिर उठा कर चलना।
Hold the fort	जमे/डटे रहना।
Hollow threat	बंदरघुड़की, बंदरभभकी।
Hot line	हॉट लाइन, राष्ट्राध्यक्षों के टेलीफोन, जो संदेश सीधे लेते/देते हैं।
House of cards	रेत की दीवार, कागज की नाव।
Hush up	दबा देना।
Idiot Box	बुद्धू बक्स (टी.वी. को कहते हैं)।
In abeyance	स्थगित, टाल दी गई।
In accordance with	के अनुसार
In advance	पहले से, पेशगी।
In a nutshell	संक्षेप में, थोड़े में।
In a word	संक्षेप में, थोड़े में।
In black and white	लिखित रूप में, पक्के करार की शक्ल में।
In due course	यथासमय, समय आने पर।
In good faith	नेकनीयती में, विश्वास में।
In letter and in spirit	शब्दों और भावों दोनों की दृष्टि से, पूरी तरह से।
Ins and outs	पूरा विवरण/ब्योरा, सभी पक्ष, सभी बातें।
In so many words	साफ–साफ, दो टूक, स्पष्ट शब्दों में।
Interfere with	बाधा डालना, रोड़े अटकाना।
In the dead of night	रात के अँधेरे में।
In the doldrums	डाँवाँडोल अवस्था में, निराश।
In the long run	अंततः, काफी समय बाद।
In the news	सुर्खियों में।

In the nick of time	ऐन मौके पर, ठीक समय पर।
In the seventh heaven	खुशी से झूमता, कल्पना लोक में।
In the soup	मुश्किल/भँवर में।
Iron will	दृढ इच्छाशक्ति।
Irony of fate	विधि की विडंबना, किस्मत का खेल।
It (all) boils down to	इसका आशय है कि···
It is high time	समय आ गया है।
Ivory tower	वास्तविकता से दूर, तथ्य से परे।
Jack of all trades	हरफनमौला
Jack shall have Jill	जैसे को तैसे मिल ही जाते हैं।
Jaundiced eye	मीन-मेख निकालने वाला।
Jet black	तवे सा काला, उल्टा तवा, कोयला, कौआ।
Join issue	विवाद आरंभ करना, विपरीत पक्ष लेना।
Jolly good fellow	अच्छा आदमी, बहुत अच्छा आदमी, अच्छा हँसमुख आदमी।
Keep an eye on	निगाह रखना, ध्यान रखना।
Keep at an arm's length	पास न फटकने देना, दूर से सलाम करना, मुँह न लगाना।
Keep away from	छाँव से बचना, छाया से दूर रहना, कटा-कटा रहना।
Keep mum	चुप रहना।
Keep in touch with someone	संपर्क बनाए रखना।
Keep one's finger's crossed	अच्छी खबर की प्रतीक्षा करना।
Keep one's powder dry	मुस्तैद/तैयार रहना, कमर कसे रहना।
Keep one's tongue	जबान पर ताला डालना, जबान पर लगाम लगाना।
Keep the pot boiling	पेट भरना/पालना, रोजी कमाना, गुजारे लायक कमाना।
Keep track of	खोज-खबर रखना, गतिविधियों पर नजर रखना।
Keep up with the times	प्रचलित तौर-तरीके, राय, फैशन से वाकिफ होना, अपने जमाने के रीति-रिवाज से परिचित होना।
Kick off	किक/ठोकर मारना, भगा देना, अस्वीकार कर देना।
Kill time	समय बरबाद करना।

Kill two birds with one stone	एक पंथ दो काज करना, एक तीर से दो शिकार करना।
Kiss the dust	मारा जाना, पूर्णतः पराभूत हो जाना।
Kith and kin	संबंधी, रिश्तेदार।
Know chalk and cheese	असली-नकली/पीतल-ताँबा/गधा-घोड़ा में अंतर जानना।
Know the ins and outs	किसी विषय के बाहर-भीतर से परिचित/माहिर होना।
Know what's what	भले-बुरे की या खरे-खोटे की पहचान होना।
Know which way the wind blows	ठीक स्थिति से परिचित होना।
Laissez-faire	हस्तक्षेप न करने का सामान्य सिद्धांत, नियंत्रण से मुक्त।
Lame duck	लँगड़ी बतख, परिवार का सबसे कमजोर बच्चा।
Lash out	बरस पड़ना, ऐसी की तैसी करना, भड़क उठना, लाल-पीला होना।
Last but not least	अंतिम किंतु कम वजन का नहीं, आखिरी मगर कम महत्त्व का नहीं।
Last straw	कठिनाई/समस्या/भार आदि का, बरदाश्त की हद से बाहर।
Last thing in	आधुनिकतम, नवीनतम।
Last word (in something)	अंतिम आदेश के रूप में
Laugh away/off	हँसी में उड़ाना, हँसी में उड़ा देना।
Law of the Land	देशाचार, देश विधि, मुल्क का कानून।
Lay a trap	जाल फैलाना, जाल बिछाना।
Lay bare	परदाफाश करना, भेद खोलना, नंगा कर देना।
Lay hands on	चिंतित/व्यय/परेशान होना, पकड़ में आ जाना।
Lay heads together	परामर्श, सलाह करना।
Lay out	वितरण करना, बाँटना, सामान का ढंग से प्रदर्शन।
Lead a dog's life	कुत्ते जैसी जिंदगी गुजारना, मारे-मारे फिरना।
Leading questions	ऐसा प्रश्न, जो अपेक्षित उत्तर का संकेत करे।
Leap in the dark	आँख मूँदकर कूद पड़ना, अँधेरे में छलाँग, दुस्साहस भरा जोखिम।
Learn by heart or rote	जबानी याद करना।
Leave someone in the lurch	बेसहारा छोड़ देना, खुले या चौड़े में छोड़ देना, मँझधार में छोड़ना।
Leg pulling	खिंचाई, टाँग खींचना।

Lend a hand	हाथ पकड़ना, सहायता करना।
Lend an ear	कान देना, सुनना, ध्यान देना।
Let beyones be bygones	जो बीत गई सो बात गई, बीति ताहि बिसारि दे।
Let off	क्षमा कर देना, छोड़ देना।
Let the cat out of the bag	राज खोल देना, पर्दाफाश कर देना।
Lick a man's shoes	तलवे चाटना, नकेल किसी के हाथ में होना, किसी का गुलाम होना।
Lie low	इरादा जाहिर न होने देना, दुबके रहना, घात में रहना।
Light as air	फूल, हवा की तरह, गुब्बारे की तरह हल्का।
Like a lamb	गाय जैसा भोला-भाला।
Like a whirlwind	तूफान की तरह, तूफानी रफ्तार से।
Like Ruler like Ruled	यथा राजा तथा प्रजा।
Lion's share	मलाई-मलाई, तर माल, सबसे बड़ा या बढ़िया हिस्सा।
Lip service	जबानी जमा खर्च/हमदर्दी।
Little by little	शनैः-शनैः, क्रमशः, थोड़ा-थोड़ा करके।
Live from hand to mouth	हाथ में लाना, पात में खाना, न बासी बचे, न कुत्ता खाये वाली स्थिति होना।
Live in an ivory tower	असलियत या यथार्थता से दूर या बेखबर होना।
Live like a lord	ऐशो-आराम का जीवन बिताना, कुछ भी काम-धाम न करना।
Live upto one's principles	अपने ऊसूलों पर कायम रहना, अपने सिद्धांतों का पालन करना।
Loaded question	ऐसा प्रश्न, जिसका उत्तर पूछनेवाले को ही ज्ञात न हो (ऐसे प्रश्न मात्र फँसाने के लिए पूछे जाते हैं)।
Loaves and fishes	भौतिक सुख-सुविधाएँ, तर माल।
Look blank	भौंचक्का होना, बगले झाँकना, किंकर्तव्यविमूढ़ हो जाना।
Look forward	बेताबी से इंतजार करना।
Look into each other's eyes	आँखें चार होना।
Look through blue glasses	रंगीन चश्मे से देखना, पक्षपातपूर्ण दृष्टि से देखना।
Loose ground	पाँव उखड़ जाना।
Lose one's head	दिमाग खो देना।
Loud as thunder	बिजली की कड़क जैसा, जोर का, अत्यंत मुखर।

Love at first sight	पहली नजर का प्यार।
Make a mountain out of mole	तिल का ताड़ कर देना या बना देना।
Make a row	ऊधम/आफत मचाना, बवाल करना।
Make a slip of the tongue	असावधानी के कारण कोई बात गलत कह देना।
Make both ends meet	किसी तरह दाल-रोटी जुटा पाना।
Make a castle in the air/ Spain	हवाई किले बनाना, मन में लड्डू तोड़ना/फोड़ना।
Make both ends meet	किसी तरह दोनों वक्त की दाल-रोटी चलाना।
Make fun of	खिल्ली/ मजाक उड़ाना
Make hay of	चौपट कर देना, घपला मचाना।
Make headway to	अड़चनों के बावजूद अपना रास्ता खुद बनाना।
Make the best of both worlds	लोक और परलोक दोनों सुधारना।
Man in the street	आम आदमी, जन साधारण।
Make of substances	धनी या मालवार आदमी, धनी-मानी आदमी।
Matter of opinion	विवादास्पद, जिस पर भिन्न-भिन्न राय हों।
Meet a deadline	निश्चित समय में पूरा करना।
Meet Waterloo	हल्दी घाटी के मैदान की गति होना।
Merry as cricket	भौंरे सा मस्त।
More the merrier	एक अकेला दो का मेला, एक से दो भले।
Much cry little fire/Wool	खोदा पहाड़ निकली चुहिया।
Muck and money go together	जहाँ पैसा, वहाँ बुराई।
Naked as a frog	बिल्कुल नंगा, मेंढक सा नंगा।
Neither here nor there	असंगत, अप्रासंगिक, न घर का, न घाट का।
Nine-days wonder	ऐसी बात/घटना, जो थोड़े समय के लिए लोगों को आकर्षित कर पाए।
Not fit to hold a candle	अतुलनीय होना, किसी के आगे पानी होना।
Not in the least	जरा भी नहीं, तनिक भी नहीं।

Not to care a fig for	रत्ती भर भी परवाह न करना।
Not to mince matters	लाग-लपेट न रखना, साफ-साफ कहना।
Not worth a needle	निरर्थक।
Not worth salt	काम का न काज का, दुश्मन अनाज का।
Now or never	या तो अब, अन्यथा कभी नहीं।
Of blue blood	शाही घराने का।
Off the cuff	बिना जाँच-पड़ताल का।
Of the first order	अव्वल दर्जे का, बहुत अच्छा।
Old Adam	पुराना पापी, जो सुधर नहीं सकता।
Old bees yield no honey	बूढ़ा बैल बेकार हो जाता है।
Old guard	पुराना धुरंधर, अलमबरदार।
On a spree	मौज-मस्ती का दौर।
On a war footing	युद्ध स्तर पर, पूरी ताकत से।
On call	तैयार (बुलाए जाने पर)।
Once in a blue moon	बहुत कम, लगभग कभी नहीं।
One's cup of tea	मनपसंद या मन भावक चीज।
On its last leg	अंतिम साँस लेते, मृत्यु शय्या पर।
On the face of	पहली नजर में, स्पष्टतः।
On the horizon	लक्षण दिखाई पड़ना, क्षितिज पर दिखना।
On the war path	युद्धरत, लड़ाई झगड़ा/दंगा फसाद।
On top of the world	हवा में उड़ता, उल्लासित।
Open letter	खुली चिट्ठी।
Opinion poll	सरकारी या गैर-सरकारी मत-सर्वेक्षण।
Other side of the coin	तसवीर का दूसरा पहलू, दूसरा पक्ष।
Out and out	बुरी तरह, पूरी तरह,
Out of date	पुरानी गतिविधि, अप्रचलित।
Package deal	एक मुश्त करार/सौदा।
Pack up	किसी भी काम को बंद करना।
Paper tiger	कागजी पहलवान, कागजी शेर।

Pass off	धीरे-धीरे गायब हो जाना।
Pass the buck	अपनी जिम्मेदारी औरों पर लादना या औरों के सिर मढ़ना।
Pat some on the back	पीठ थपथपाना।
Pave the way for	रास्ता बनाना, मार्ग प्रशस्त करना।
Pay one in his own coin	जैसे को तैसा, ईंट का जवाब पत्थर से देना।
Play a part	हाथ में माला दिल में भाला होना।
Play it cool	औरों के सामने सहज और शांत होने की भंगिमा बनाए रखना।
Plough the sands	बालू में बीज बोना, बालू से तेल निकालना।
Pocket up an injury	अपमान झेलना, जहर का घूँट पीना।
Point of order	नियमापति (बहस के दौरान एजेंडा) विषय से इतर बातों के उठाने पर की जानेवाली आपत्ति)
Pour oil on fire	आग में घी डालना, एक का पाँच लगाना।
Pull one's leg	टाँग खींचना, उल्लू बनाना।
Push to the wall	कोई राह न छोड़ना।
Put all one's eggs in the basket	अपना सभी कुछ दाँव पर लगा देना।
Put an end to	किस्सा खत्म करना, समाप्त करना।
Put one's finger in the fire	जलती आग में हाथ डालना।
Put one's house in order	अपनी समस्याओं को सुलझाना।
Put the cart before the horse	उल्टा काम करना।
Put two and two together	स्पष्ट निष्कर्ष निकालना।
Put words into someone's mouth	किसी से बात कहलवाना, किसी के सिर मढ़ना।
Quiet as a lamb	मेमने सा/खामोश।
Rain cats and dogs	मूसलधार बारिश होना, ताबड़तोड़ बरसात होना।
Rake up	गड़े मुरदा उखाड़ना, घाव हरा करना।
Rat race	किसी भी तरह आगे बढ़ने की दौड़।
Raze to the ground	ईंट-से-ईंट बजा देना।
Ready wit	हाजिरजवाबी।
Receive with open arms	तपाक से मिलना, गर्मजोशी से मिलना।

Red with anger	आग बबूला, बहुत क्रोधित।
Rig the elections	बेईमानी / चालबाजी से चुनाव जीतना।
Ring the bell	याद दिलाना, याद करवाना।
Risk one's life	हथेली पर जान/सिर रखना या लिये फिरना।
Robbin Hood's pennyworth	चोरों का माल मुफ्त में जाता है।
Root out	जड़ से उखाड़ना, निर्मूल करना।
Round the clock	चौबीसों घंटे, दिन-रात।
Rub shoulders with	संपर्क में आना, मेल-जोल रखना, साथ उठना-बैठना।
Rule of thumb	अनुभवसिद्ध पद्धति, व्यावहारिक ढंग (जिसका कोई वैज्ञानिक आधार न हो)
Rule with an iron hand	डंडे का जोर/निर्दयता से शासन करना।
Sail against the tide	मुश्किलों से जूझना।
Salad days	कच्ची उम्र।
Sandwich course	विश्वविद्यालयों में पढ़ाया जानेवाला (संक्षिप्त) पाठ्यक्रम।
Save one's skin	अपनी चमड़ी बचाना, चंगुल से बच निकालना।
Say the last word on	किसी विषय विवाद में अंतिम बात कहना।
Second picture	दूसरी प्रकृति, अभ्यास प्राप्त स्वभाव।
See every nook and corner	कोना-कोना छान मारना।
See red	लाल-पीला, अकस्मात् क्रुद्ध हो जाना।
See someone off	विदाई देना, गाड़ी/जहाज पर चढ़ाने जाना।
See the red light	खतरे को भाँप लेना।
Set a question at rest	मसला/विवाद तय करना।
Set one's teeth	दृढ संकल्प कर लेना, ठान लेना।
Set the ball rolling	श्रीगणेश करना, शुरुआत करना।
Shadow boxing	कल्पित प्रतिपक्षी के साथ नकली मुक्केबाजी।
Shadow cabinet	सरकार गिर जाने की स्थिति में विपक्ष द्वारा बनाया हुआ मंत्रिमंडल।
Sharp as a needle	बहुत बुद्धिमान, कुशाग्र।
Shave an egg	व्यर्थ का काम करना, बालू से तेल निकालना।
Shoot at a pigeon and kill a crow	कसूर करे कोई, पकड़ा जाए दूसरा (पुलिस या फौज के अंधाधुंध गोली चलाने या धर-पकड़ करने आदि पर कहते हैं।)

Shoot with a silver gun	पैसे से सबकुछ खरीदने की कोशिश करना।
Short tempered	जल्दी गुस्से में आनेवाला।
Shoulder to shoulder	कंधे-से-कंधा मिला कर, सब मिलकर।
Show off	अनौपचारिक गुणों, क्षमताओं तथा ताकत आदि का प्रदर्शन करना।
Show one's teeth	आँखें दिखाना, क्रोध से डाँटना, डपटना।
Side issue	गौण मुद्दा।
Sing one's praises	किसी के गुण गाते रहना, स्तुति करना।
Sink in one's estimation	किसी की नजर से गिर जाना।
Sit back	निष्क्रिय हो जाना।
Sit down strike	कामबंदी करना, कारखानों या दफ्तरों में हड़ताल करना।
Sit in	मजदूरों द्वारा दिया गया धरना।
Sit on powder	ज्वालामुखी के मुहाने पर होना, खतरनाक हालात होना।
Sit on the fence	टाल-मटोल करना, न इस तरफ न उस तरफ होना।
Sit pretty	चैन की बाँसुरी बजाना, मजे में होना।
Sixth sense	छठी इंद्रिय।
Skin and bone	ठठरी, अस्थि-पंजर, डेढ़ पसली का आदमी।
Slap in the face	मुँह पर थप्पड़, दुष्टतापूर्ण करारा जवाब।
Sleight of hand	हाथ की सफाई।
Slip of the tongue	जबान फिसल जाना।
Slip out of mind	ध्यान से उतर जाना, याद न रहना।
Slow down	वाहनों की गति आदि को कम करना, गतिविधियों आदि को कम करना।
Smell a rat	दाल में काला होना, कुछ गड़बड़ का शक-ओ-शुबहा होना।
Snake in the grass	आस्तीन का साँप, छिपा दुश्मन/खतरा।
Snap poll/vote	बिना पूर्वसूचना के मतदान,।
Sneeze at something	खारिज करना, नापसंद करना।
Sore point	चुभनेवाली बात।
Spare time	अतिरिक्त समय, खाली वक्त।
Spend money like water	पानी की तरह पैसा बहाना।

Split hairs	बाल की खाल खींचना।
Split personality	खंडित व्यक्तित्व।
Spread like wild fire	जंगल की आग की तरह फैलना।
Square deal	न्याय, उचित व्यवहार।
Square Peg in a round hole	बेमेल, मखमल में टाट का वखिया।
Stab in the back	पीठ में छूरा भोंकना।
Stage in a sit in	मजदूरों द्वारा फैक्टरी के अंदर धरना देना।
Stand amazed	दाँतों तले उँगली दबाना।
Stand by	अतिरिक्त, आवश्यकता पड़ने पर।
Stand firm	दृढप्रतिज्ञ होना, डटे रहना।
Stand amazed	चकित, हक्का-बक्का।
Stand to win	जीतने/हारने की स्थिति होना।
Start with a clean slate	बीती बिसार कर नई जिंदगी शुरू करना।
Step in	बीच में पड़ना, हस्तक्षेप करना।
Stich in time saves nine	समय पर सावधानी मुसीबत से बचाती है।
Stiff necked	हठी, जिद्दी, अड़ियल।
Storm in the tea cup	बात का बतंगड़।
Striking force	आक्रमणकारी बल।
Struggle tooth and nail	जी-जान से लड़ना, जी-जान से संघर्ष करना।
Swim against the current	समय के अनुसार न चलना।
Sword of Damocles	निरंतर खतरा, सिर पर लटकती तलवार।
Take an examination	परीक्षा/इम्तहान देना।
Take away one's breath	नीचे की साँस नीचे और ऊपर की साँस ऊपर रह जाना।
Take into custody	हिरासत में लेना।
Take law into one's hands	कानून अपने हाथ में लेना।
Take line of least resistance	सबसे सुगम रास्ता अपनाना।
Take root	जड़ पकड़ना।
Take someone for a ride	उल्लू बनाना, धोखा देना।
Take something as read	ब्योरे को पढ़ा-समझा जाना।

Take the bread out of one's mouth	पेट पर लात मारना।
Take the bull by the horns	किसी समस्या/कठिनाई/कड़ी चुनौती का दृढता से सामना करना।
Take the plunge	जोखिम में कूद पड़ना।
Take to heart	दु:खी होना, आहत होना।
Tax one's brain	माथापच्ची करना।
Thick skinned	चिकना घड़ा, निर्लज्ज।
Think better of	विचार बदलना, इरादा छोड़ देना।
Those who live in glass house should not throw stones	जिनके दामन में दाग हो वे दूसरों पर कीचड़ न उछालें, जिनमें ऐब हों वे दूसरों पर उँगली न उठाएँ, शीशमहल में रहनेवालों को औरों के घरों पर पत्थर नहीं फेंकने चाहिए।
Through thick and thin	सुख-दुःख दोनों में, हर हाल में, प्रत्येक स्थिति में।
Throw cold water on	पानी फेर देना, दिल तोड़ देना।
Tighten one's belt	अपना पेट काटना, कटौती करना।
Till the last breath	मरते दम तक।
Time and again	कई बार, लगातार, बार-बार।
Tin God	मिथ्या/नकली देवता।
Tit for tat	अदले का बदला।
To and fro	इधर-उधर, आगे पीछे।
Tom, Dick and Harry	ऐरा-गैरा नत्थू खैरा।
To the fore	अगली पंक्ति में।
Touch and go	जल्दी-जल्दी में, सरसरी तौर पर।
Touch wood	नजर न लगे, ईश्वर बचाए।
Trojan Horse	छिपा खतरा, धोखे की पट्टी, पूतना का दूध।
Trump card	तुरूप का पत्ता।
Turn a deaf ear	कान न देना, कान पर जूँ तक न रेंगना।
Turning point	निर्णायक मोड़।
Turn one's blind eye	देखी-अनदेखी करना।
Turn the corner	किसी काम का सबसे मुश्किल हिस्सा पार कर लेना।

Turn the tables on someone	पासा पलट देना, लेने-के-देने पड़ जाना।
Turn turtle	उलट जाना, औंधा हो जाना।
Under a cloud	कलंकित, संदिग्ध, नजरों से गिरा व्यक्ति।
Under one's nose	आँखों / नजर के सामने, नाक के नीचे।
Under one's thumb	मुट्ठी में, काबू में।
Unity in diversity	विविधता में एकता।
Up and downs of life	जीवन के उतार-चढ़ाव।
Up to date	अद्यतन, आधुनिक।
Vanish into thin air	हवा में गायब हो जाना।
Vested interest	निहित स्वार्थ।
Vicious circle	दुश्चक्र।
Wage earner	दिहाड़ी पर काम करनेवाला।
Wake up	उठना, जगना।
Wallow in money	पैसे पर लोटना, धन में खेलना।
Wander in the wilderness	राजनैतिक दल के नेता आदि का कुरसी छीनने के बाद दर-दर भटकना।
Ward off	सुरक्षा करना, बचाव करना।
War of nerves	हौसला पस्त करने की मुहिम।
Ways and means	किसी काम को ठीक से करने के तौर-तरीके।
Weigh one's words	नपी-तुली बात करना, नाप-तौल कर बोलना।
Welcome somenone with open arms	गर्मजोशी से स्वागत करना।
Well-to-do	खुशहाल, खाता-पीता।
Wet blanket	हतोत्साहित करना, रंग में भंग डालनेवाला, कबाब में हड्डी।
White elephant	सफेद हाथी, कोई ऐसा, जिससे लाभ न हो।
White lie	सफेद झूठ, सरासर झूठ।
Wild cat strike	आकस्मिक/अचानक/अनधिकृत हड़ताल।
Win laurels	नाम पाना, बाजी मार लेना।
Witch hunt	संदिग्ध व्यक्तियों की खोज, संदिग्ध व्यक्तियों को सजा देने के बहाने राजनीतिक विरोधियों को तंग करना।

With pinch of salt	झिझक से, झिझकते हुए।
With a heavy heart	भारी हृदय से, बहुत दु:खी मन से।
With one foot in the grave	मौत के मुँह में, कब्र में पाँव लटकाए।
With open arms	तपाक से, गले लगाते हुए, गर्मजोशी से।
Without rhyme or reason	अकारण, बेवजह, बिना किसी तुक के।
Women's work is never done	औरत का काम कभी खत्म नहीं होता।
Works against time	किसी काम को शीघ्रता से पूरा करना।
Work-to-Rule/to work to Rule	मजदूरों द्वारा अपनाया जानेवाला विरोध का तरीका, जिसमें मजदूर कानूनी तौर पर काम में लगे रहते हैं, किंतु काम की गति घटा देते हैं।
Write something off	बट्टेखाते में डालना, नुकसान मान लेना।
Writing on the wall	कोई ऐसी घटना, जो खतरा स्पष्ट रूप से दिखे।
Wrong end of the stick	गलतबयानी/मिथ्या वर्णन, तोड़-मरोड़कर कही गई बात।
Yeoman's service	महत्त्वपूर्ण सेवा, कठिन काम किया हुआ।
Yes-man	जी-हुजूरिया, चमचा, हाँ-में-हाँ मिलानेवाला।
Zero hour	किसी महत्त्वपूर्ण घटना, जैसे रॉकेट का छोड़ना या नाभिकीय परीक्षण आदि से पहले का समय।
Zero in	निशाना साधना, लक्ष्य बाँधना।
Zero period	शैक्षणिक संस्थानों में कक्षा शुरू होने से पहले ली गई कक्षा।

F-2 : 'Verb PHRASES'

(क्रिया में अलग-अलग Preposition, AdVerb या अन्य प्रकार के शब्द लगने से अर्थ में बदलाव)

Abound (बड़ी संख्या में होना)

Abound with (भरा हुआ)	This pond abounds with fish.
Abound in (प्रचुरता में)	Fish abound in this pond.

Act (कोई क्रिया करना)

Act for (के लिए)	He acted for Ram.
Act on (कर्म करना)	Police did not act on information.
Act upto (अनुसार काम)	My son did not act upto my expectation.

Bear (निपटना, बरदाश्त करना)
(Bear, Bore, Borne)

Bear away or off (जीतना)	Indian Cricket team bore away the first prize.
Bear down (दबाना)	The extremists were borne down by the army.
Bear on or upon (संबंध स्थापित करना)	The argument advanced did not bear on (or upon) facts.
Bear up (झेलना)	Hindu refugees from Pakistan bore up all the difficulties.
Bear out (सहायक होना, बल प्रदान करना)	Your statement is not borne out by the facts.
Bear with (बरदाश्त करना)	The teacher cannot bear with your bad behaviour.

Blow (उड़ाना, फैलाना)
(Blow, Blew, Blown)

Blow away (हवा में उड़ना)	The wind blew away his cap.
Blow out (बुझाना)	Blow out the Lamp.
Blow over (खतरा से दूर हो जाना)	The Huth-Huth blows over after six hours.
Blow off (निकालना)	The engine blew off steam.
Blow up (विस्फोट करना या होना)	The hillock was blown up with the explosives.

Break (तोड़ना)
(Break, Broke, Broken)

Break in (सिखाना, ट्रेनिंग देना)	He is breaking in the dog.
Break into (तोड़कर घुसना)	The robbers broke into his house.
Break forth (अचानक निकल जाना)	The tiger broke forth from the bush.
Break down (बिगड़ जाना)	His vehicle broke down.
Break off (अचानक बंद करना)	The speaker broke off his speech in the middle.

Break out (अचानक फैलना)	Dengue has broken out in Delhi.
Break up (समाप्त होना, अचानक)	The meeting broke up suddenly.
Break with (संबंध समाप्त करना या तोड़ना)	We should not break with tradition.

Bring (लाना)
(Bring, Brought, Brought)

Bring about (कुछ होने का कारण बनना, उत्पन्न करना)	The new government will bring about changes in people's lives.
Bring down (कमी लाना, स्तर घटाना)	The Government must bring down the price of diesel.
Bring forth (उत्पन्न करना, कारण होना)	Idleness brings forth ruin.
Bring forward (प्रस्ताव लाना)	The Director brought forward a scheme for approval of the board.
Bring in (किसी को लाना या नियुक्त करना)	A specialist was brought in to establish the laboratory.
Bring round (सहमत होना)	Gandhiji brought round Indians to fight for freedom.
Bring out (पेश करना, सामने लाना)	Publisher brought out the book "Learn English Through Hindi"
Bring under (कब्जे में करना)	The mob was brought under control.
Bring up (लालन-पालन करना)	Narendra Modi was brought up in a poor family.
Bring to (खुलासा करना)	The lawyer brought the evil of the Ministry to light.
Bring home (अच्छे से समझाना)	The issue was brought home to the Chairman

Call (पुकारना, बुलाना)
(Call, Called, Called)

Call at (निर्दिष्ट स्थानों पर रुकना)	This is the express service to Agra calling at Faridabad and Mathura.
Call by (राह चलते किसी से मिलना या कहीं जाना)	I will call by to pick up the book on my way to work.

Call for (some body) किसी को बुलाना	I will call for you when it is time to go.
Call for (something) (माँग करना, जरूरत होना)	The crisis calls for immediate action.
Call in (बुलाना)	The army was called in to control the riot.
Call off (समाप्त करना, रद्द करना)	The strike was called off after negotiation.
Call on (किसी से मिलना)	The Prime Minster called on the president to brief him about his visit to USA.
Call out (जोर से बोलना)	The teacher is calling out the roll.
Call up (फोन करना)	He called me up to tell the good news.
Call bluff (झाँसा देना, झूठा विश्वास दिलाना)	He is a cheat. He calls bluff.
Call names (अपशब्द कहना, गाली देना)	The political parties call names of other parties.
Call the shots (नियंत्रण रखने और निर्णय लेने की स्थिति में होना)	(Without the use of preposition) Prime Minister is in a position to call the shots

Carry (ले जाना, दूर तक पहुँचना)
(Carry, Carried, Carried)

Carry away (हटाना)	The students carried away their luggage.
Carry off (जीतना)	West Bengal carried off the football tournament.
Carry on (चलाते रहना, करते जाना)	The son carried on his father's business.
Carry out (आज्ञा का पालन करना)	The students did not carry out the orders of the principal.

Come (आना)
(Come, Came, Come)

Come about (आना, होना)	He does not know how that event came about.
Come across (मिलना)	I came across a tiger on the way.
Come by (पाना)	The son should tell how he came by such wealth.

Come down (दाम में कमी आना, नीचे आना)	The vegetable price will never come down.
Come of (का होना, अनुसार होना)	He comes of a respectable family.
Come off (होना)	The marriage of my friend comes off on 15th August.
Come out (उभरकर आना)	You have to struggle hard to come out successful in UPSC examination.
Come to (कुल योग होना, अर्थ होना)	The total amount comes to rupees one crore.
Come up (वार्त्तालाप या किसी संदर्भ में आना)	The matter will come up for decision.

Cry (चिल्लाना, विलाप करना)
(Cry, Cried, Cried)

Cry down (अनुचित समझना, रोकने या दूर करने की इच्छा करना)	His conduct was cried down by all his classmates.
Cry for (तीव्र इच्छा रखना)	The child cried for milk.
Cry out (कोलाहल करना, शोर करना)	The lady cried out on account of fear.
Cry up (प्रशंसा करना)	Every manufacturer cries up his product.

Cut (काटना, छोटा करना)
(Cut, Cut, Cut)

Cut down (कम करना)	The rich people should cut down their personal expenses and donate to poor people.
Cut in (बाधा डालना, दखल देना)	The speaker was speaking, a stranger rose up and cut in his speech.
Cut off (a) (बीच में रोक देना)	I was cut off before I could give her my message.
(b) (आपूर्ति रोकना)	The grain supply was cut off.
(c) (सड़क आदि को बंद करना)	Let us cut off all escape routes.
(d) (काटकर अलग करना)	Be careful. You do not cut your fingers off.
(e) (कहीं जाने या मिलने पर रोक लगाना)	The village was cut off from railway station due to heavy rain.

Cut open (काटकर खोलना या कटकर खुलना)	She fell and cut her head open.
Cut out (काटकर निकालना या काटकर विशेष रूप देना)	It is a cut out of Sardar Patel.
Cut short (अचानक बंद कर देना, छोटा कर देना)	He cut short his speech.

DO (करना)
(Do, Did, Done)

Do away with (छुटकारा पाना, मार देना)	(i) Let us do away with this bad habit
	(ii) The robbers did away with (killed) the cashier.
Do (कुछ कार्य करना)	What do you do ?
Do for (इरादे के लिए काम करना)	The sword cannot do for pen.
Do...into (अनुवाद करना)	can you do this passage into urdu ?
Do... over (दूसरी बार करना)	The teacher asked the student to do the sum over.
Do up (थक जाना)	The team was done up because of playing continuously.
Do well (अच्छा करना)	He has done well in the examination.
Do with (उपयोग करना)	What would a villager do with a luxurious car ?
Do without (बिना उपयोग किए करना)	Can an institution do without financial help from Government ?

Draw (खींचना, घसीटना)
(Draw, Drew, Drawn)

Draw back (निकल जाना)	He drew back from examination.
Draw blank (परिणाम पर नहीं पहुँचना)	The investigating team has drawn a blank so far.
Draw in (जल्दी अँधेरा होना)	In winter the days are drawn in.
Draw near (नजदीक आना)	The examination is drawing near

Draw out: (a) (किसी को बोलने के लिए उत्साहित करना)	We could not draw him out.
(b) (बैंक से पैसा निकालना)	He drew out ten thousand rupees from his saving account.
Draw up (कोई दस्तावेज, सूची आदि तैयार करना)	The company is going to draw up a code of conduct.
Draw back (कमी, न्यूनता)	His lack of experience is a major draw back.

Drop (गिराना, गिरने देना)
(Drop, Dropped, Dropped)

Drop in (आना, भाग लेना)	The guest may drop in even beyond 10 pm.
Drop out (अलग होना)	At last the Patna team dropped out of the contest.
Drop off (कम होना)	Attendance of the students drop off during rainy season.

Fall (गिरना, पतन होना, नीचे आना)
(Fall, Fell, Fallen)

Fall across (अचानक मिलना)	I fell across my enemy.
Fall in (a) (घनिष्टता होना)	He fell in love with his classmate.
(b) (युद्ध में मारा जाना)	Millions of soldiers fell in the second world war.
Fall apart (अलग हो जाना, टुकड़े हो जाना)	Friends fell apart.
Fall back (कठिनाई में किसी वस्तु या व्यक्ति का प्रयोग करना)	The electricity was cut off and we fell back on candles.
Fall flat (कोई असर न होना)	His plans fell flat.
Fall off (कम होना)	During monsoon the attendance in schools falls off.
Fall on (किसी समय होना या पड़ना)	Holi falls on 8th march.
Fall through (असफल होना)	All our plans fell through for want of co-operation.

Fall upon (हमला करना, आक्रमण करना)	The wounded soldier fell upon his enemy with all his energy.

Get (पाना, लेना)
[Get, Got, Got (Gotten)]

Get at (पहुँचना, प्राप्त करना)	We could not get at the door of the Minister.
Get down (उतरना)	Gandhiji got down at Champaran railway station.
Get into (घुसना)	As soon as he got into the train it started.
Get on (आगे की ओर बढ़ना, प्रगति करना)	How are you getting on with your studies.
Get over (समाधान करना, सफलता प्राप्त करना)	A brave man gets over the difficulties.
Get up (जगना)	When do you get up ?
Get through (सफल होना)	He got through a very tough examination.
Get out (बाहर निकलना, छुटकारा पाना)	Get out of clutches of money lender.

Give (देना)
(Give, Gave, Given)

Give away (बाँटना, देना)	The minister gave away the prizes.
Give way (बाँटना, देना)	The school building gave way all on a sudden.
Give in (ढह जाना, पूर्ण पतन)	In 1962 the Indian army gave into Chinese army.
Give out (खुलासा करना, गुप्त तथ्य बताना)	Army officers are not expected to give out secret documents to the enemies.
Give over (हस्तांतरण करना)	The incoming principal was given over charge of the college.
Given to (आदत में होना)	He is given to smoking.
Give up (छोड़ना)	He gave up smoking.

GO (जाना)
(Go, Went, Gone)

Go ahead (आगे बढ़ना)	Go ahead with preparation to welcome the minister.
Go about (काम पर लगा रहना)	Go about your business.
Go back upon (पालन नहीं करना, सिद्धांत छोड़ देना)	Do not go back upon your principle.
Go down (नीचे जाना)	Food price is going down.
Go in for (किसी वस्तु का खरीदना)	Go in for new car.
Go into (विश्लेषण करना)	Go into details of the problem.
Go off (विस्फोट होना)	The bomb went off.
Go out (बुझ जाना)	The lamp went out because of strong wind.
Go on (करते रहना, रुकना नहीं)	Go on doing your work.
Go through (सावधानीपूर्वक देखना, परीक्षण करना)	He went through the documents carefully.

Hold (रखना, थाम रखना, बनाए रखना)
(Hold, Held, Held)

Hold back (a) (छिपाकर रखना)	The son held back his marks from his father.
(b) किसी की प्रगति में बाधक बनना)	Ram held back shyam.
Hold by (पकड़े रखना)	Ram held shyam by his neck tie.
Hold off (खत्म होना)	Do not allow the students to leave the school till the storm holds off.
Hold on (a) (चलाते रहना, करते रहना)	The captain ordered the soldiers to hold on the fight.
(b) (थोड़ी देर प्रतीक्षा करना)	Kindly hold on the line.
(c) (प्रभाव या नियंत्रण)	The new government has strengthened its hold on the country.
Hold out (a) (डटे रहना, कठिन स्थिति में भी)	Indian Army will continue to hold out the Chinese aggression.

(b) (किसी को कोई चीज पेश करना)	He held out a carrot to the horse.
(c) (माँग पर डटे रहना)	The unions are holding out for a better pay packet.
Hold over (स्थगित करना, बिलंब से करना)	The issue was held over till the next meeting.
Hold on to (कसकर पकड़े रहना)	The child held on to his mother.
Hold to (सटे रहना, जुटे रहना)	Indians still hold to superstitions.
Hold up (a) (देरी हो जाना, देरी करवाना)	We were held up by the traffic.
(b) (रोकना)	A south African was held up at the airport as he did not have valid passport.

Keep (स्थान या दशा में बनाए रखना)
(Keep, Kept, Kept)

Keep away (दूर रखना, अनुपस्थित रहना)	The unions kept away from the meeting convened by the Ministry.
Keep back (छिपाकर रखना)	He kept back all information relevant to the problems.
Keep on (लगातार, बिना छोड़े)	He keeps on working even if he is sick.
Keep off (दूरी बनाए रखना)	Keep off the notorious fellows.
Keep... out (रोकना, आने न देना)	Thc wicked lady kept her husband out for the whole night.
Keep to (प्रतिकूल परिस्थिति में भी न बदलना या बरदाश्त करना)	Karna Kept to his promise made to Duryodhan.
Keep down (अपने नियंत्रण में रखना)	Keep down your expenses.
Keep...up (किसी काम को जैसे कर रहे हो करते रहना)	Keep it up.
Keep on (keep doing) (करते रहना)	Keep on Serving your village.

Knock (खटखटाना)
(Knock, Knocked, Knocked)

Knock at (किसी वस्तु पर खटखटाना)	He knocked at my door.
Knock down (नीचे धकेल देना)	The speeding car knocked down many.

Knock... up (खटखटाहट से जगाना)	Please knock me up at 5 AM.
Knock out (नीचे गिरा देना)	Pakistan hockey team was knocked out by Indians.

Lay (लिटाना, रखना, फैलाना)
(Lay, Laid, Laid)

Lay by (बचाकर रखना)	Lay by something for rainy day.
Lay down (अर्पित करना, न्योछावर करना)	Chandrasekhar 'Azad' laid down his life for freeing India.
Lay bare (खुलासा करना, पता लगाना)	The Police laid bare the conspiracy.
Lay out (योजना बनाना, खाका तैयार करना)	The architects have laid out the colony.
Lay off (किसी को काम से कुछ दिनों के लिए हटाना)	As the strike was prolonged the management laid off all the workers of the factory.
Note—(i) 'Lay' lie (लेटना) का past tense भी है (Lie, lay, lain) इसे ध्यान में रखें (ii) Layman (अनुभवहीन व्यक्ति)	

Look (देखना, ध्यान देना, मालूम होना)
(Look, Looked, Looked)

Look after (देखभाल करना)	After the death of father his elder brother looked after him.
Look at (ध्यान से देखना)	Please look at this advertisement.
Look down upon (हीन भाव से देखना)	The farmers are looked down upon by the politicians.
Look for (खोजना)	Ramakrishna was looking for Vivekanand.
Look forward (उत्सुकता से इंतजार करना)	The audience was looking forward for minister's arrival.
Look into (ध्यान देना)	The S.P. agreed to look into the cause of accident.
Look on or upon (आदर करना)	I look upon my teacher as God.
Look out for (प्राप्ति के लिए ध्यान देना)	I am looking out for a suitable job.
Look over (सरसरी ढंग से देखना)	The D.M. looked over the application as he was to proceed on leave.

Look through (जाँच करना)	Kindly look through my thesis.
Look up to (मान्यता देना, स्वीकार करना)	An orphan looks up to every person as his well-wisher.

Make (बनाना, निर्माण करना)
(Make, Made, Made)

Make for (a) (ओर बढ़ना)	I moved for railway station.
(b) (बहुत घनिष्ट होना)	Ram and Shyam are made for each other.
Make off with (चंपत हो जाना, भाग जाना)	The thief made off with gold and silver.
Make out (समझना)	Ram could not make out anything from my lecture.
Make up (कमी को पूरा करना)	Students must make up their weakness in mathematics.
Make good (क्षतिपूर्ति करना)	The railways will make good the losses suffered by the passengers.
Make over (सौंपना, दे देना, स्थानांतरित करना)	The widow made over her property to the trust.

Pass (उत्तीर्ण होना, घटित होना)
(Pass, Passed, Passed)

Pass away (मरना)	Gandhiji passed away on 30th January 1948.
Pass by (गुजरना)	I shall pass by your house on the way to station.
Pass down (एक पीढ़ी से दूसरी पीढ़ी को कोई वस्तु देना)	Do not pass down your wealth to your son and daughter rather donate it to a trust.
Pass...off (गलत बताना)	He tried to pass the work off as his own.
Pass on (आगे बढ़ना)	Let us pass on the next item.
Pass through (भुगतना)	The family passed through very difficult days.

Pull (खींचना, प्रभाव डालना, झटक देना)
(Pull, Pulled, Pulled)

Pull down (गिराना, ध्वस्त करना)	The unauthorized building was pulled down by the municipality.
Pull off (सफलतापूर्वक करना)	The project officer pulled off the scheme in spite of many problems.
Pull through (टिका रहना, बरदाश्त करना)	He pulled through the attack of Dengue.
Pull together (मिल-जुलकर काम करना)	Political parties must pull together for development of the nation.
Pull up (डाँटना, फटकारना)	The Civil Engineer was pulled up by the auditors.

Put (रखना, निर्धारित करना)
(Put, Put, Put)

Put by (बचाकर रखना)	You must put by some money for your old age.
Put down (दमन करना, नीचा दिखाना)	The riot was put down by the army.
Put forth (ताकत लगाना)	The team must put forth its best to win the world cup.
Put in (सौंप देना, में रख देना)	He has put in an application for selection.
Put off (स्थगित करना)	The meeting was put off indefinitely.
Put on (पहनना)	He put on a coat.
Put out (बुझाना)	The fire was put out by the fire-brigade.
Put up (a) (पेश करना)	He put up the file. (उसने फाइल पेश की)
(b) (ठहरना)	He put up in a hotel. (वह होटल में ठहरा)
Put up with (बरदाश्त करना)	I can not put up with such insult.

Run (दौड़ना, भागना, चलाना)
(Run, Ran, Run)

Run at (आक्रमण करना, टूट पड़ना)	The tiger ran at the cow.
Run after (लगे रहना, पीछा करना)	He was running after money.

Run away (भाग जाना)	On seeing the tiger, the visitors ran away.
Run down (a) (कमजोर हो जाना)	He looks run down after his illness.
(b) (कम हो जाना)	The battery has run down; it needs recharging.
Run over (दब जाना, चोट पहुँचना)	The passers by were run over by a police-van.
Run up (बढ़ना)	The price of gold has run up to thirty thousand rupees for every 10 gm.

See (देखना, समझना, जानना)
(See, Saw, Seen)

See about (प्रबंध करना)	The principal will see about the function.
See into (जान लेना, देख लेना)	See into the project report carefully.
See off (विदा करना)	He came to see me off at the airport.
See through (भाँपना, ताड़ लेना)	You cannot see through all the tricks.

Set (निर्धारित करना, लगाना, तय करना)
(Set, Set, Set)

Set about (काम शुरू करना)	The workers set about their work.
Set apart (सुरक्षित रखना)	Father set apart five lakhs of rupees for his daughter.
Set aside (पूर्व नियोजित कार्यक्रम को रद्द करना)	The minister set aside all his appointment due to ill health.
Set... back (किसी काम में विघ्न हो जाना)	The bad weather has set the pilgrims back for fifteen days.
Set foot (प्रवेश करना या पहुँचना)	No harijan had ever set foot in the temple.
Set in (a) (शुरुआत होना)	The monsoon has set in.
(b) (जम जाना)	The concrete has set in.
Set on (किसी को स्थिर भाव से देखना)	He loved the house the moment he set eyes on it.
Set out (a) (यात्रा शुरू करना)	The college girls set out on a picnic early in the morning.

(b) (कुछ प्राप्त कर लेने का निश्चय करना)	He set out to prove that his theory was right.
Set up (किसी व्यापार, संस्था, प्रणाली आदि को स्थापित करना)	He has set up a company for constructing houses for the poor.

Stand (खड़ा होना, डटे रहना, मान्य होना)
(Stand, Stood, Stood)

Stand aside (एक तरफ खड़ा हो जाना)	People stood aside to let the army pass.
Stand back (पीछे हटना)	The police told every body to stand back.
Stand by (समर्थन देना, सहायता करना)	The army stood by the affected people during flood in Kashmir.
Stand for (a) (किसी का संक्षिप्त रूप होना)	What does SAIL stand for ?
(b) (एक उम्मीदवार होना)	He stood for election to the post of 'Mukhiya'.
Stand over (कार्यक्रम इत्यादि को स्थगित करना)	Let the agenda stand over; it will be taken up later.
Stand up (a) (खड़ा हो जाना)	The teacher asked the student to stand up.
(b) (सहायता करना, समर्थन करना)	All political parties should stand up for development.
Stand up against (विरोध करना)	The opposition should not stand up against any proposal for development.

Take (लेना, ग्रहण करना, पकड़ना)
(Take, Took, Taken)

Take after (एक जैसा दिखना)	The son takes after his father
Take away (दर्द, मनोभाव इत्यादि को दूर करना)	Reading of the Gita will take away the mental agony.
Takeaway (कहीं और ले जाकर खाने के लिए भोजन या भोजन बेचने वाला रेस्तराँ)	There is a 'Takeaway' at Main Road.
Take back (शब्द वापस लेना)	The M.P. took back his objectionable statement.
Take down (a) (लिखना)	The students took down the main points.

(b) (ढाँचे को ढाहना)	The scouts took down the tents.
Take in (झूठी बात में विश्वास दिला देना, किसी के बातों में आ जाना)	I was completely taken in by his story.
Take off (a) (हवाई जहाज के उड़ान का शुरू होना)	The plane took off at 10.30 AM
(b) (वस्त्र खोलना)	On reaching home he took off his coat.
Take to (आदत में फँस जाना)	He took to smoking at the old age.
Take over (नियंत्रण में लेना)	Coal Mines were taken over by the Government in 1973.
Take up (a) (किसी काम को नियमपूर्वक करना)	He took up yoga recently
(b) (किसी काम को लेना)	He has taken up a new job.
(c) (किसी काम में समय चला जाना)	All her time is taken up looking after the new baby.

Throw (फेंकना, पटक देना, पछाड़ना)
(Throw, Threw, Thrown)

Throw away (फेंक देना, बरबाद करना)	I threw his letter away.
Throw out (अमान्य करना)	The bill was thrown out by the Assembly.
Throw over (छोड़ देना, अलग हो जाना)	The rich should not throw over poor friends.
Throw up (a) (नौकरी, पढ़ाई-लिखाई आदि छोड़ देना)	He threw up his job before he proceeded to U.K.
(b) (उल्टी करना, बीमार हो जाना)	He threw up after eating food in a dirty restaurant.

Turn (मुड़ जाना, घूमना, फिरना, पलटना, परिवर्तित हो जाना)
(Turn, Turned, Turned)

Turn against (विरोध करना)	On criticism Ram turned against shyam.
Turn back (वापस लौटना)	We can't turn back after covering long distance.

Turn down (a) (प्रस्ताव इत्यादि को ठुकरा देना)	The girl turned down the proposal of her marriage with an engineer.
(b) (आवाज बंद/कम करना)	Turn the television down.
Turn off (or away) (a) (बंद करना, भगाना)	I will turn off all such workers who are not efficient.
(b) (बंद करना)	Turn off the radio.
Turn on (खोलना)	He turned on the tap but the water did not flow.

Work (काम करना, परिश्रम करना)
(Work, Worked, Worked)

Work out (समाधान करना)	The students should work out the exercises.
Work up (भावना को उत्तेजित करना)	Narendra Modi easily works up the feelings of the audience.
Work upon (प्रभाव डालना)	Only popular leaders can work upon the people.

□

PART 'G'

PROVERB

PROVERB

(लोकोक्ति-कहावत)

(A short well known sentence or phrase that gives advice or says that something is generally true in life)

अ	
अंधविश्वास कमजोरों का धर्म है।	Superstition is the religion of feeble minds.
अँधेरे में हर औरत परी लगती है।	Joan is as Good as my lady in the dark.
अच्छा-बुरा कुछ नहीं होता, सब सोच पर ही निर्भर रहता है।	There is nothing good or bad, only thinking makes it so.
अच्छे लोग खुदा को जल्दी ही प्यारे हो जाते हैं।	Only the good die young.
अज्ञानी किसी से नहीं डरते।	They that know nothing fear nothing.
अति सर्वत्र वर्जयेत।	Excess in anything is prohibited.
अधजल गगरी छलकत जाए।	Shallow streams make most noise.
अधिक जोगी मठ उजाड़।	Too many cooks spoil the broth.
अपना बच्चा सबको सुंदर लगता है।	Owl thinks all her young one's beauties.
अपनी गली में कुत्ता भी शेर होता है।	Every dog is a lion in his own den.
अपनी छाछ को भला कौन खट्टा कहता है ?	No one cries stinking fish.
अपनी डफली अपना राग।	Blow One's own trumpet.
अपने से कोई संतुष्ट नहीं होता।	No man is content.
अब पछताय होत क्या, जब चिड़िया चुग गई खेत।	(i) Lock the stable door after the horse has been stolen. (ii) It is no use crying over spilt milk.

अपने मुँह मियाँ मिट्ठू।	Blow One's own trumpet.
अपवाद ही नियम का प्रमाण है।	Exception proves the Rule.
अदले का बदला।	Eye for an eye.
अपनी आमदनी देखकर खर्च करो।	Let your purse be your master.
असफलता सफलता की कुंजी है।	Failure teaches success.
अशर्फियों की लूट कोयले पर छाप।	Penny wise pound foolish.
आ	
आँख से दूर दिल से दूर।	(i) Out of sight out of mind (ii) Length begets loathing.
आगे नाथ न पीछे पगहा।	Without any kith and kin
आज का काम कल पर मत छोड़ो।	Defer not till tomorrow what can be done today.
आवश्यकता आविष्कार की जननी है।	Necessity is the mother of invention.
आवश्यकता कोई कानून नहीं जानती।	Necessity knows no law.
आसमान पर थूका मुँह पर आता है।	Piss not against the wind.
आजादी तब तक बरकरार नहीं रहती, जब तक सतर्कता नहीं रखी जाती।	The price of liberty is eternal vigilance.
आसमान से गिरा खजूर पर अटका।	Out of the frying pan into fire.
आज का एक कल के दो से अच्छा है।	One today is worth two tomorrow.
आम के आम गुठली के दाम।	Earth's joy and heaven combined.
इ/ई	
इनसान इनसान न रहे तो उससे हैवान अच्छे।	More I see of men the more I love dogs.
इधर कुआँ, उधर खाई।	On the horns of a dilema/ Between the devil and the deep sea.
इलाज से बचाव अच्छा।	Prevention is better than cure.
ईंट का जवाब पत्थर/ (जैसे को तैसा, अदले का बदला)।	Roland for an Oliver.
ईद का चाँद होना।	Be seen once in a blue moon.
ईमानदार सुंदर नहीं होता।	Beauty and honesty seldom agree.
ईश्वर भी दुर्बल को मदद नहीं करता।	God sides with the strongest.

उ/ऊ	
उत्तर तब तक नहीं दो, जब तक पूछा न जाए।	Never answer until asked.
उभरती विचारधारा का पक्षधर होना।	Climb on the band - wagon.
उतना ऊँचा न चढ़ो कि नीचे गिर जाओ।	Climb not too high lest the fall be the greater.
उधार स्नेह की कैंची है।	He that does lend does lose a friend.
उपदेश की अपेक्षा दृष्टांत अच्छा होता है।	Example is better than percept.
उपयोग करने से वस्तु ठीक रहती है।	Used key is always bright.
ऊँची दुकान फीका पकवान।	Great cry little wool/ Much bruit little fruit.
ऊँट के मुँह में जीरा।	Drop in the Occan.
ए/ऐ	
एक को छोड़ दो को धावे, दो को कौन एक नहीं पावै।	If you run after two hares you will catch none.
एक तो करेला दूजे नीम चढ़ा।	Bad man in a bad company.
एक झूठ के पीछे सैकड़ों झूठ बोलने पड़ते हैं।	One lie calls for many.
एक साथ दो से प्यार नहीं किया जा सकता है।	One Love expels another.
एकता में शक्ति है (एक और एक ग्यारह होता है)।	Union or unity is strength.
एक थैली के चट्टे-बट्टे।	(a) Birds of the same feather flock together. (b) Tarred with the same brush.
एक मछली सारे तलाब को गंदा करती है।	a) Rotten apple injures its neighbours. b) One scabbed sheep will mar a whole block.
(a) एक म्यान में दो तलवारें नहीं जा सकतीं। (b) एक शेर की दूसरे से नहीं पटती।	(a) Heaven cannot support two suns. (b) Two of a trade seldom agree.
एक से दो भले।	a) More the merrier. b) Many hands make the work light.
एक हाथ में माला, दूसरे में भाला।	To sail under false colour.
एकहि साधे सब सधे, सब साधे सब जाए।	a) He who hunts two hares leaves one b) Rolling stone gathers no moss.

ओ/औ	
ओखली में सिर दिया तो मूसलों का क्या डर।	He who Catches fish must not mind getting wet.
औरत का गुस्सा खुदा का कहर।	Hell hath no furry like a woman scorned.
क	
कथनी-करनी में बड़ा अंतर है।	Saying and doing are two things.
करनी कथनी से ताकतवर है।	Actions speak lounder than words.
कभी-न-कभी सभी के दिन फिरते हैं।	Every dog has his day.
करत-करत अभ्यास के जड़मति होत सुजान (काम करने से काम आता है)	Practice makes perfect.
कलम तलवार से अधिक ताकतवर होती है।	The pen is mightier than the sword.
काठ की हंडिया बार-बार नहीं चढ़ती।	The Pitcher went once too often to the well.
का पर करूँ श्रृंगार, पिया मोर आँधर।	The Blind man's wife needs no painting.
काम प्यारा चाम नहीं।	Handsome is that handsome does.
(a) काला अक्षर भैंस बराबर। (b) निरक्षर भट्टाचार्य होना।	Not to know B from a bull's foot.
काली कामरी चढ़े न दूजो रंग।	Black will take no other hue.
वही कामयाब है, जिसे कामयाबी मिल गई हो।	Nothing succeeds like success.
किस्मत का धनी, जो छुए सोना हो जाए।	All he touches turns to gold.
कीचड़ उछालते रहोगे तो दाग लगेगा ही।	Throw dirt enough and some will sitck.
कुएँ का मेढक कुएँ के बारे में ही जानता है।	The frog in the well knows nothing of great ocean.
कुत्ते की दुम कभी सीधी नहीं होती।	The leopard can't change its spots.
केवल तारीफ से काम नहीं चलता।	More praise than pudding.
कौआ कोयल को काली कहे।	The pot calls the kettle black.
कौड़ियों के मोल।	At a pin's fee.
क्रोध को दबाना गुण है, लेकिन सिद्धांत को दबाना अवगुण है।	Moderation in temper is a virtue but moderation in principle is a vice.

क्रोधी शांत हो जाने पर अपने पर क्रोध करता है।	Angry man is angry again with himself when he returns to reason.
काम ही पूजा है।	Work is worship.
ख	
खरी मजदूरी चोखा काम।	A fair day's work for a fair day's wage.
खर्च किए बिना कुछ नहीं मिलता।	There is no such thing as free lunch.
खाना कैसा बना है, चखने पर ही जाना जा सकता है।	Proof of the pudding is in the eating.
खरी–खरी कहना।	Call a spade a spade
(a) खाली दिमाग शैतान का घर।	Idle man's brain is a devil's workshop.
(b) बेकार आदमी शैतान हो जाता है।	
खुशी जहाँ, वहाँ रंज भी होता है।	He who laughs on Friday will weep on Sunday.
खून का बदला खून।	Blood for blood/Blood will have blood.
खोदा पहाड़ निकली चुहिया।	Much cry little wool.
खैरात देने से खजाना खाली नहीं होता।	Alms giving never made any man poor.
ग	
(a) गँवार ईख न दे, भेली दे।	Peny wise pound foolish.
(b) अशर्फियों की लूट, कोयलों पर मुहर।	
गया वक्त फिर हाथ नहीं आता।	Past Cannot be recalled.
(a) गरज बावली होती है।	Necessity knows no law.
(b) आवश्यकता कोई कानून नहीं जानती।	
गरीब के लिए एक, अमीर के लिए दूसरा कानून होता है।	One law for poor and another for rich.
गरीब सुंदरी को प्यार करनेवाले बहुत, किंतु विवाह करनेवाले कम।	A poor beauty finds more lovers than husbands.
(a) गरीब मंदिर अधिक पवित्र होता है।	Poorer the church purer the church.
(b) गरीब अधिक पवित्र होता है।	
गरीब की छोटी हानि भी अमीर के बड़े दु:ख के बराबर होती है।	Poor man's cow dies, rich man's child.
गरीबों को दुनिया बेजान चीजों के समान समझती है।	Poor men have no soul.
गरीब होना बेइज्जती तो नहीं है।	Poverty is no disgrace.

गरीबी में दोस्त भी साथ छोड़ देता है।	Poverty parts friends.
गरीब थोड़े से ही संतुष्ट हो जाता है।	A little bird wants a little nest.
गरीबी में दोस्त भी दुश्मन हो जाते हैं।	Misfortune (poverty) makes foes of friends.
गलतियाँ नहीं करनेवाले कुछ नहीं कर पाते।	If you don't make mistakes you don't make anything.
गलती तो सभी करते हैं, पर मूर्ख एक ही गलती को बार-बार करते हैं।	Any man can make mistake but the fool will stick to it.
गिरजे के नजदीक खुदा से दूर।	Nearer the church further from God.
गोपनीयता एक से दूसरे तक पहुँचने पर नहीं रह पाती और तीसरे व्यक्ति तक तो बिल्कुल भी नहीं।	Three may keep a secret if two of them are dead.
गोपियों के बीच कान्हा।	Jack among the maids.
ज्ञान ही शक्ति है।	knowledge is power.
घ	
घर का जोगी जोगड़ा आन गाँव का सिद्ध।	Prophet is not honouned in his own land.
घर की आधी-बाहर की पूरी से अच्छी।	Dry bread at home is better than roast meat elsewhere.
घर की मुरगी दाल बराबर।	Familiarity breeds contempt.
घर में कोल्हू, तेली खाय सूखा।	The tailor's wife is worst clad.
घर में दीया जलाकर तब मंदिर में दीया जलाते हैं।	Self persuit is the first law of nature.
घोड़े को पानी तो दिखा सकते हैं, किंतु पिला नहीं सकते।	One can lead a horse to water (pond) but cannot make it drink.
घमंडी का सिर नीचा।	Pride will have a fall.
च	
चंद्रमा में भी कलंक (दाग) होता है।	There is a spot even in the moon.
(a) चढ़ते सूरज को ही पूजते हैं। (b) शक्तिशाली, उन्नतिशील व्यक्ति के सामने सभी झुकते हैं।	Men worship the rising sun.
(a) चादर देखकर पैर फैलाना। (b) तेते पाँव पसारिए जेती लंबी सौर।	To cut one's coat according to the cloth.
चित भी मेरी पट भी मेरी, अंटा मेरे बाप का।	Heads I win tails you lose.

(a) चिराग तले अँधेरा। (b) पानी में रहे और प्यास से मरे।	Water water every where, not a drop to drink
सभी चमकीली वस्तु सोना नहीं होती।	All that glitters is not gold
इनसान की मौत काम से नहीं, चिंता से हो सकती है।	It is not work that kills but worry.
चुड़ैल भी सातवाँ घर छोड़ देती है।	Wise fox will never rob his neighbour's hen-roost.
चूहे के चाम से जूते नहीं बनते।	You can't make a silk purse out of a sow's ear.
चेहरा दिल/दिमाग का आईना है।	The face is the mirror of the heart/mind.
चोर-चोर मौसेरे भाई होना।	Birds of the same feather flock together.
चोरों की भी आचार संहिता होती है।	There is honour among thieves.
चौबे गए छब्बे होने, दुबे ही रह गए।	Go for wool and come home shorn.
यह चाहो कि खर्च भी करो और पास में पैसा भी रहे।	You cannot have your cake and eat it.
छ	
छोटा घड़ा जल्दी भरा।	Little pot is soon hot.
छोटे भी बड़ों के काम आ जाते हैं।	A mouse may help a lion.
छोटी असावधानी (भूल) से भी भयंकर हानि हो जाती है।	Small leak will sink a great ship.
ज	
(a) जनता की आवाज भगवान् की आवाज होती है। (b) जवान-ए-खल्क-नक्कारा खुदा।	People's voice is God's voice.
(a) जर को जर ही खींचता है। (b) धन-ही-धन कमाता है।	Money begets money.
जरूरत हो तो आदमी नंगा भी दौड़ता चला जाता है।	Need makes the naked man run.
जरूरत से ज्यादा अच्छा नहीं होता।	More than enough is too much.
(a) जल्दी का काम शैतान का। (b) जल्दबाजी प्राय: देर करा देती है।	The shortcut is often the longest way round.
(a) जवानों और बूढ़ों की एक राय नहीं। (b) साठे और पाठे का क्या संग।	Youth and aged will never agree.

जहाँ-जहाँ चरण पड़े संतान के, तहाँ-तहाँ बँटाधार।	It taints all it touches.
जो जल्दी सोए और जल्दी जागे, वह स्वस्थ, धनवान और बुद्धिमान होता है।	Earty to bed and early to rise makes a man healthy, wealthy and wise.
जहर-ही-जहर मारता है।	Like cures like.
जहाँ आग, वहाँ धुआँ।	No fire without smoke.
जहाँ धुआँ, वहाँ आग।	No smoke without fire.
जहाँ चाह, वहाँ राह।	Where there is a will there is way.
जहाँ पैसा, वहाँ बुराई।	Muck and money go together.
जाको राखे साइयाँ मार सके न कोय।	Give a man luck and throw him into the sea.
(a) जागते को कौन जगाए? (b) जो देखना नहीं चाहता, वही सबसे अंधा है।	There is none so deaf as those who will not hear.
(a) जान के बदले जान। (b) अदले का बदला, आँख के बदले आँख	Eye for an eye
जान है तो जहान है।	Near is my shirt but nearer is my skin.
जिंदगी का मजा काम करते रहने में है।	Business is the salt of life.
जितना गुड़ डालोगे, उतना मीठा होगा।	If you pay peanuts, you get monkeys.
जिन खोजा तिन पाइयाँ, गहरे पानी पैठ।	Deeper the sweeter.
(a) जिसका खाना, उसका गाना। (b) नमक हलाल न होना।	To be true to one's salt.
जिसकी दवा नहीं, उसे तो बरदाश्त करना ही पड़ेगा।	What can't be cured must be endured.
जिसकी लाठी, उसकी भैंस।	Might is right.
जीतना सरल है, किंतु रक्षा करना कठिन है।	Keeping is harder than winning.
जैसा करेगा, वैसा भरेगा।	Harm set, harm get.
जैसे को तैसे मिल ही जाते हैं।	Jack shall have Jill.
जैसे साँपनाथ, वैसे नागनाथ।	All tarred with the same brush.
जो गरजते हैं, वे बरसते नहीं।	Barking dogs seldom bite.
जो जागत है, सो पावत है।	It is the early bird that gets (catches) the worm.

(a) जो बीत गई सो बात गई। (b) बीती ताहि विसारि दे।	Let bygone be bygone.
(a) जैसा करोगे, वैसा भरोगे। (b) रोपे बिरवा बबूल के, आम कहाँ से होय।	As you sow, so must you reap.
जंगल में मोर नाचा किसने देखा।	Wit in a poor man's breast is little thought of.
जंजीर अपनी सबसे कमजोर कड़ी से मजबूत नहीं होती है।	A chain is no stronger than its weakest link.
झ	
झगड़े की जड़ छोटी होती है।	Mother of mischief is no bigger (more) than a midge's wing.
झूठे सच बोलें, फिर भी लोग विश्वास नहीं करते।	Liar is not believed when he speaks the truth.
झूठ बोलने वालों की याददाश्त अच्छी होनी चाहिए।	Liars should have good memory.
ट	
टूटने से झुकना अच्छा।	Better to bow than to break.
ठ	
ठग ठग को नहीं ठगता।	Dog does not eat dog.
ठठेरे-ठठेरे बदलाई।	Bargain between two equals.
ठाढ़ी खेती, गाभिन गाय तब जानो, जब मुँह में जाए।	There is many a slip between the cup (sauce) and the lip.
ठाले बैठे उत्पात सूझे।	By doing nothing we learn to do ill.
ठीक पक्ष का एक व्यक्ति भी गलत पक्ष के बहुमत से कहीं बड़ा होता है।	One on God's side is a majority
ड	
(a) डंडा सबका पीर है। (b) डंडे से सभी पालतू बन जाते हैं।	Rod tames every brute.
(डर) सास मेरी घर नहीं, मुझे किसी का डर नहीं।	When the cat is away the mice will play.
डरपोक जिंदगी में कई बार मरते हैं।	Cowards die many times before their death.

डूबते को तिनके का सहारा।	A drowning man will catch at a straw.
(डर) जो नीचे है, उसको क्या डर ?	He that is down fears no fall.
ढ	
ढोल बजाकर कहीं खरगोश पकड़ा जाता है।	Drumming is not the way to catch the hare.
ढेर सारे सिद्धांत से दृष्टांत अच्छा।	Ounce of practice is worth a pound of theory.
त	
(a) तबेले की बला बंदर के सिर। (b) एक का दोष दूसरे के सिर।	The fault of the horse is put on the saddle.
तराजू पर सोना, शीशा सब बराबर।	The balance distinguishes not between gold and lead.
तर्क आदमी को अनुशासित करता है।	Reason binds the man.
तर्क बुद्धिमान में पैनापन पैदा करता है, किंतु मूर्ख का रहा-सहा भी छीन लेता है।	Reason governs the wise and cudgels the fools.
(दूसरे भी) तारीफ करें तो वही तारीफ है।	It is not as thy mother says but as thy neighbours say.
ताली एक हाथ से नहीं बजती।	It takes two to make a quarrel.
तुरंत दान, महाकल्याण।	He doubles his gift who gives in time.
(एक की) तुलना दूसरे से करना व्यर्थ है।	Comparisons are odious.
तूफान के बाद शांति हो जाती है।	After a storm comes calm.
तेते पाँव पसारिए जेती लंबी सौर।	(a) cut one's coat according to the cloth. (b) Stretch your arm no farther than your sleeve will reach. (c) Stretch your legs according to your coverlet.
तेली का बैल, रात-दिन जुटा रहनेवाला।	Condemned to slog.
थ	
थक कर चूर, थका-हारा।	Dead tired.
थप्पड़ का जवाब थप्पड़।	Blows will answer blows.
थोड़ा बोलना सबसे अच्छा।	Few words are best.

थोड़े मीठे शब्दों से क्रोधित व्यक्ति शांत हो जाता है।	Small rains lays great dust.
थोथा चना बाजे घना।	Empty vessels make the most sound.
द	
(a) दंडित—जो एक को दंडित करता है, वह बहुतों को सुधारता है।	He that chastiseth one, amendeth many.
(b) तुर्की मारा ताजी काँपा।	
दंभी मारे जाते हैं, विनम्र बच जाते हैं।	Oaks may fall when reeds stand the storm.
दया न्याय से बड़ी चीज है।	Mercy surpasses justice.
(दिल्ली में) दरबारी से अच्छा अपने गाँव की लंबरदारी।	Better be first in a village than second at Rome.
(a) दरिद्रता सबसे बड़ा कष्ट है।	Wrinkled purse make wrinkled faces.
(b) दरिद्रता बूढ़ा बना देती है।	
दर्प (घमंड) की आँधी गरम-सर्द/दर्द सब भूल जाती है।	Pride feels no cold/frost/pain.
दवा हर चीज की होती है, यदि कोई खोज सके तो।	Thare is remedy for everything, could men find it.
(दांपत्य) एक-दूसरे की कमियों को नजरअंदाज करना सुखी दांपत्य-जीवन का रहस्य है।	Deaf husband and a blind wife are always a happy couple.
दाढ़ी में अकल नहीं होती।	The brains don't lie in the beard.
दान सबसे बड़ा धर्म है।	Alms are the golden key that opens the gate of heaven.
दान देने से खजाना खाली नहीं होता है।	Alms giving never made any man poor.
(दान) गरीबों को दान देना, भगवान् को देना है।	Alms to the poor is lending to the lord.
दान की बछिया के दाँत नहीं देखे जाते।	(a) Beggars must (should) be no choosers
	(b) Beggar can't be choosers.
दाने-दाने पर लिखा है, खाने वाले का नाम।	At dinner my man appears.
दाम सँवारे काम (थैली बनाए हवेली)।	Money makes the mare go.
दाल में कुछ काला है।	There is something fishy.

(a) जिसके दामन में दाग हो, वे दूसरों पर कीचड़ न उछालें। (b) शीशमहल में रहनेवालों को औरों पर पत्थर नहीं फेंकने चाहिए।	Those who live in glass houses should not throw stones.
दिलेरी सधी हुई न हो तो जानलेवा होती है।	Mettle is dangerous in a blind horse.
दुःख एक साथ आते हैं।	Difficulties always come in train.
दुर्भाग्य कभी अकेले नहीं आता।	Misfortune never comes alone.
(a) दुःख टला राम विसार। (b) दुःख में सुमिरन सब करै, सुख में करे न कोय।	Vows made in storm are forgotten in calms.
दुःख बिना सुख नहीं।	No rose without a thorn.
(a) दुःख भूल जाता है। (b) आँसुओं को सूखते देर नहीं लगती।	Nothing dries sooner than tears.
दुधारू गाय की दो लातें भी सहनी पड़ती हैं।	If you will enjoy the fire, you must put up with the smoke.
दुविधा में दोऊ गए, माया मिली न राम।	Between two stools one falls (goes) to the ground.
(a) दूध का जला छाछ फूँक-फूँक कर पीता है। (b) साँप का काटा रस्सी से डरता है।	Burnt child dreads the fire.
न आने से देर में आना अच्छा है।	Better late than never.
(a) दृष्टि—एक ही खिड़की से दो आदमी बाहर देखते हैं। (b) जैसी रही भावना, वैसे ही दिखाई देता है।	Two men look out through the same bars, one sees the mud and one the stars.
देर का इनसाफ नाइनसाफी है।	Justice delayed is justice denied.
दूध का धुला कोई नहीं।	No body is without sin.
दूर के ढोल सुहावने।	Grass is always greener on the other side of the fence.
दो 'ना' का अर्थ 'हाँ' होता है।	Two negatives make one affirmative.
(बाजार में) दूध मिले तो गाय क्यों पाला जाए?	Why not to avoid undersirable things?
दुष्ट का स्वभाव कभी नहीं बदलता।	The wolf may lose his teeth but never his nature.

ध	
गरीब का धन उसकी औलाद होती है।	Children are poor men's riches.
धनी के सब यार	(a) Friends are plenty when the purse is full.
	(b) Wealth maketh many friends.
धन की भूख और ज्ञान की भूख एक व्यक्ति में शायद ही होती है।	Love of money and learning rarely meet.
(a) धन ईश्वर से भी बढ़कर है।	Mammon has more worshipers than God.
(b) कुबेर को लोग भगवान् से ज्यादा पूजते हैं।	
धन बुद्धिमान की सेवा करता है, किंतु मूर्ख को नाच नचाता है।	Riches serve a wise man but command a fool.
धन-ही-धन कमाता है।	Money begets Money
(a) धर्म जनता की चेतना को सुलाए रखता है।	Religion is the opiate of people.
(b) धर्म जनता की अफीम है।	
धीमा, किंतु लगन (धुन) का पक्का सफल होता है।	Slow and steady wins the race.
धूल-हम खाक हैं खाक हो जाएँगे, हम धूल हैं, धूल में मिल जाएँगे।	Dust thou art and unto dust shall thou return.
धैर्य का फल मीठा होता है।	He that can have patience can have what he wills.
धोखेबाज कभी भी नहीं फलते-फूलते।	Cheats never prosper.
न	
नंगे का कोई क्या उतार लेगा ?	Naked man is sought after to be rifled.
(a) न इधर का, न उधर का।	Jack of both sides
(b) बे पेंदे के लोटे।	
(a) नई बहू, नौ दिन की।	Nine days' wonder.
(b) ऐसी घटना, जो कुछ ही समय के लिए आकर्षण हो।	
(a) न नौ मन तेल होगा, न राधा नाचेगी।	If the sky falls we shall catch larks.
(b) आसमान गिरेगा तो तारे दामन में आएँगे।	
(a) न तीतर, न बटेर।	Neither fish, flesh nor good red herring.
(b) किसी भी काम का नहीं।	

(a) नया मुसलमान नौ बार नमाज पढ़ता है। (b) नया पुजारी दिनभर पूजा करता है।	A new broom sweeps clean.
नाच न जाने, आँगन टेढ़ा।	All ill workmen quarrel with tools.
नीम हकीम खतरा-ए-जान।	Little knowledge is a dangerous thing.
नौ नकद न तेरह उधार।	A bird in the hand is worth two in the bush
नौ-दो ग्यारह।	To cut and run.
प	
पत्थर घिसते-घिसते महादेव बन जाता है।	Rugged stone grows smooth from hand to hand.
पत्नी पति पर शासन करती है।	Gray mare is the better horse.
(a) परहेज बड़ी दवा है। (b) इलाज से बचाव अच्छा।	Prevention is better than cure.
परिचित शत्रु से बुरा कोई नहीं।	Nothing worse than familiar enemy.
परिश्रम के बिना कुछ नहीं मिलता (मरे बिना स्वर्ग नहीं दिखता)।	He who would eat the nut must first crack the shell.
परोपकारः परमो धर्मः।	A charitable man is the true lover of God
(a) पल में तोला, पल में माशा। (b) कभी नरम, कभी गरम।	To blow hot and cold.
पास में न पैसा हो तो सुख-चैन कैसा।	Light purse make a heavy heart.
सभी पीला सोना नहीं होता।	All that glitters is not gold.
(a) पहनने वाला ही जानता है कि कहाँ जूता चुभता है। (b) कौन जाने पीर पराई।	The wearer alone knows where the shoe pinches.
पहनावे से आदमी नहीं बदलता (कुछ भी पहना दो लंगूर, लंगूर ही रहता है)।	An ape is an ape a varlet is a varlet though they be clad in silk or scarlet.
पहले आत्मा, फिर परमात्मा।	Self preservation is the first law of nature.
पहले मारे सो मीर।	The early bird catches the worm.
पानी की कमाई पानी में गँवाई।	Ill gotten ill spent.

(a) पानी में रहे प्यासे मरे। (b) उदधि बड़ाई कौन है जगत् प्यासे जाए।	Water water every where, not a drop to drink.
पुरानी आदतें जल्दी नहीं छूटतीं।	Old habits die hard.
पुराने नए से अच्छे होते हैं।	Old is gold.
(a) पूत-कपूत पालने में पहचाने जाते हैं। (b) होनहार बिरवान के होत चीकने पात?	Coming event cast their shadows before.
प्रेमियों की कहा, सुनी से प्रेम फिर नया हो जाता है।	Quarrel of lovers is the renewal of love.
(प्रेम) सत्य से प्रेम करो, किंतु भूल को क्षमा कर दो।	Love the truth but pardon error.
(प्रेम) मीठी तड़पन का ही दूसरा नाम प्रेम है।	Love is a sweet torment.
प्रेम और खाँसी छिपते नहीं।	Love and Cough cannot be hidden.
प्यार और लड़ाई में सबकुछ उचित है।	All is fair in love and war.
प्रेम और प्रकाश छिपाए नहीं जा सकते।	Love and light cannot be hidden.
प्रेम (इश्क) अंधा होता है।	Love is blind.
प्रेम पहले तो मीठा लगता है, किंतु अंत में कड़वा।	Love is sweet in the beginning but sour in the ending.
प्रेम और तर्क का कोई संबंध नहीं।	Love is without reason.
पढ़ने से पूर्णता, बातचीत से हाजिरजवाब और लिखने से सुस्पष्टता आ जाती है।	Reading maketh a full man, conference a ready man and writing perfect man.
फ	
(a) फटी जेब में पैसा डालना बेकार है। (b) नियत्रंण न हो तो पैसे कमाना व्यर्थ है।	It is no use filling your pocket with money if you have got a hole in the corner.
फूटे घड़े में जल नहीं टिकता, ठनठन गोपाल की स्थिति।	A broken sack will hold no corn.
(फैसला)—दो टूक फैसला होना चाहिए, इधर या उधर।	The door must be either shut or open.
ब	
बंदर क्या जाने अदरक का स्वाद।	Don't cast pearls before swine.
बगल में छोरा (गोद में बच्चा) नगर (शहर) में ढिंढोरा।	The butcher looked for his knife and it was in his mouth.

बजाज का बेटा कपड़े की भीख माँगे।	The shoe maker's son always goes barefoot.
बड़े काम एक-दो दिन में नहीं होते (हथेली पर सरसों नहीं उगाई जा सकती)।	Rome was not built in a day.
बड़े लाभ के लिए थोड़ी हानि उठानी पड़ती है।	Verture a small fish to catch a great one.
बदला जब तक भी टाला जाए, टाला जाना चाहिए।	Revenge is a dish that should be eaten cold.
बात का बतंगड़ (किसी छोटी बात को लेकर व्यर्थ में झिक-झिक करना)।	Storm in a tea-cup.
बातों से पेट नहीं भरता (कोरे शब्द कुछ नहीं कर पाते)।	Fine word butter no parsnips.
बालू से तेल नहीं निकल सकता।	You cannot get blood from a stone.
(a) बिना दुःख उठाए लाभ कहाँ?	No pains no gains.
(b) बिना सेवा, मेवा नहीं मिलता।	
विभिन्नता में एकता।	Unity in diversity.
बिना देखे विश्वास नहीं होता।	Seeing is believing.
(a) बिना मथे मक्खन नहीं निकलता।	You cannot make an omlette without breaking eggs.
(b) बिना हाथ जलाए रोटी नहीं पकती।	
विपत्ति कभी अकेले नहीं आती।	Misfortune never comes alone.
(a) बिना रोए माँ भी दूध नहीं पिलाती।	Spare to speak and spare to speed.
(b) बिना कहे कुछ नहीं होता, भगवान् भी पुकारने पर ही मदद करता है।	
बीता समय फिर नहीं लौटता।	Yesterday will not be called again.
(a) बीती ताहि बिसारिए।	Bury the hatchet.
(b) झगड़ा खत्म करना।	
बुजदिल बार-बार मरते हैं।	He that fears death, lives not.
बुढ़ापे में पैसे का मोह बढ़ जाता है।	Older the goose harder to pluck.
(a) बचपन और पचपन में कोई अंतर नहीं होता।	Old men are twice children.
(b) बुढ़ापे में बचपन लौट आता है।	
बूढ़ी घोड़ी लाल लगाम।	Mutton dressed like a lamb.

बुढ़ापे में जवान बीवी।	It is a case of January and may.
बूढ़े तोते पढ़ते नहीं।	Can you teach an old women to dance ?
बुरी आदतें जल्दी पड़ जाती हैं।	The weeds overgrow the corn.
बेकार से बेगार भला।	It is better to wear out than to rust out.
(a) बोए कोई, काटे कोई। (b) परिश्रम एक का सुख दूसरा लूटे।	One sows the seed another reaps the corn
(a) बोया पेड़ बबूल का, आम कहाँ से होए ? (b) जो काँटे बोता है, उसे फूल चुनने की आशा नहीं रखनी चाहिए।	He that plants thorn must never expect to gather roses.
बोलने से मौन भला।	Speech is silver, but silence is golden.
बुद्धिमान दूसरों की गलतियों से सीखता है, किंतु मूर्ख स्वयं गलती करके।	Wise man learns by other's mistake, fools by their own.
बड़े आदमी भला गलती कैसे कर सकते हैं ?	King can do no wrong.
बुराई को शुरू में ही खत्म कर देना आसान है।	(a) Hang a thief when he is young. (b) Nip in the bud.
भ	
भगवान् के दरबार में सब बराबर हैं।	Every one is equal before God.
भगवान् के यहाँ देर है, अँधेर नहीं।	The mills of God grind slowly.
भय विवेक का ही अंग है।	Fear is part of prudence.
भय दुश्मन पैदा करता है।	Fear makes many enemies.
भगवान् उसी की मदद करता है, जो खुद की मदद करता है।	God helps those who help themselves.
भाग्य बहादुरों का साथ देता है।	Fortune favours the brave.
भाग्योदय अपने रास्ते चलता है।	The tide keeps its course.
भाग्य के लिखे को कौन टाल सकता है ?	What is lotted cannot be blotted.
(a) भूँकता कुत्ता, काटता नहीं। (b) जो गरजता है, वह बरसता नहीं।	Barking dogs seldom bite.
भूखे भजन न होय गोपाला।	Sharp stomach makes short devotion.
भूत वर्तमान की कसौटी है।	Things present are judged by things past.

भैंस के आगे बीन बजाना।	To cast pearls before swine.
भेड़ की खाल में भेड़िया।	Wolf in sheep's clothing.
भ्रष्ट समाज में आजादी नहीं टिकती।	Liberty cannot last long in a corrupt society.
म	
मनुष्य समान होते हैं।	Human blood is all of one colour.
(a) मरने पर भला कौन क्या ले जाता है ? (b) जब चला दुनिया से, तब दोनों हाथ खाली।	Our last garment is made without pockets.
मरे को मत मारो।	Don't hit a man when he is down.
महत्त्वाकांक्षाएँ व्यक्ति को परेशान रखती हैं।	Ambition plagues her proselytes.
मित्र वही, जो समय पर काम आए।	Friend in need is a friend indeed.
मीठे शब्दों से पेट नहीं भरता।	Soft words fill not the belly.
(a) मौत की दवा नहीं। (b) काल को कोई टाल नहीं सकता।	Death defies Doctors.
मुकदमेबाजी से दूर चिंता से दूर।	Away from court away from care.
(a) मुँह में राम बगल में छुरी। (b) हाथ में माला, दिल में भाला।	Fair face and foul heart.
मुफ्त के बैल के दाँत क्या देखना ?	Never look a gift horse in the mouth.
(a) मुसीबत अकेले नहीं आती। (c) दुःख एक साथ आते हैं। आफत चारों ओर से आती है।	Difficulties always come in train.
मूर्ख ही एक गलती बार-बार करते हैं।	Any man can make a mistake but the fool will stick to it.
मूर्ख को बुद्धिमान नाच नचाता है।	Riches serve a wise man but command a fool.
मूर्खता जहाँ वरदान हो, वहाँ बुद्धिमान होना मूर्खता है।	Where ignorance is bliss, it is folly to be wise.
मूल्य उतना ही होता है, जितना मूल्यवान हम उनको समझते हैं।	Things are only worth what one makes them worth.
मेल-जोल से ही एकता बनी रहती है।	Family that prays together, stays together.

मेहमान जाने के लिए ही होते हैं।	Away go the guests.
मैं भी रानी, तू भी रानी, कौन भरेगा पानी ?	I proud and thou proud who will bear the ashes out ?
मौत का कोई इलाज नहीं।	There is a remedy for all things but death.
मौनम् स्वीकृति लक्षणम्।	Silence means consent.
मौन आधी मरजी।	Silence is half consent
मौन औरतों का आभूषण है।	Silence is woman's best garment.
मौन सबसे भला।	Silence is golden.
मौन बातचीत की एक बड़ी कला है।	Silence is one great art of conversation.
मौन से शायद ही किसी की हानि होती है।	Silence seldom doth any harm.
बिल्ली का मुँह पकड़ना।	To bell the Cat.
य	
यथा राजा तथा प्रजा।	A good Jack makes a good Jill.
जैसा मालिक, वैसा नौकर।	A good master makes a good servant.
युद्ध (न्यायपूर्ण) अन्यायपूर्ण शांति से अच्छा है।	Just war is better than unjust peace.
युद्ध कभी भी अच्छा नहीं होता और शांति कभी भी बुरी नहीं होती।	There was never a good war or a bad peace.
युद्ध की समाप्ति युद्ध से ही होती है, शांति के लिए युद्ध आवश्यक है।	War can be abolished only through war and in order to get rid of the gun it is necessary to take up the gun.
जहाँ युद्ध हो रहा हो, वहाँ कोई कायदा-कानून काम नहीं करता।	Where drums beat, laws are silent.
र	
(छुपा) रंज आदमी को खा जाता है।	Grief is the cancer of the breast.
(a) रस्सी आवत जात है, सिल पर परत निशान। (b) लगातार प्रयास से असंभव भी संभव हो जाता है।	Constant dropping wears away a stone.
राजनीतिज्ञ आगामी चुनाव की सोचता है तथा राजमर्मज्ञ आगामी पीढ़ी की।	Politician thinks of the next election, a statesman of the next generation.
राजनीति ऐसा अकेला धंधा है, जिसके लिए किसी प्रशिक्षण की आवश्यकता नहीं होती।	Politics is the only profession for which no preparation is thought necessary.

राजनीति में अजीबोगरीब लोग एक साथ मिल जाते हैं।	Politics makes strange bed fellows.
राजा की प्रीत, बालू की भीत।	Repose no confidence in princes.
राजा अमर है।	King never dies.
राजा किसी को सामंत बना सकता है, किंतु शरीफ नहीं।	The King can make a knight, but not a gentleman.
रावण की नाभी, दुर्योधन की जाँघ (कमजोर स्थल)।	Achilles' heel.
(सही) रास्ता ही ठीक है, भले ही लंबा हो।	Farthest way about is nearest way home.
रिश्ता जान-पहचान में ही अच्छा होता है।	Better marry over the midden than over the moor.
(अच्छे) रूप-रंग से व्यक्तित्व में चार चाँद लग जाते हैं।	Fair feathers make fair fowls.
रेत की दीवार, बालू की भीत।	Ropes of sand.
रक्षक भी होना, भक्षक भी होना।	Run with the hare, hunt with the hounds.
ल	
लक्ष्मी चंचल होती है।	Money knows its way (Money has wings).
जिसने की शरम, उसके फूटे करम।	Bashfulness is an enemy to poverty.
लड़ाई में लिहाज कैसा?	All is fair in love and war.
लतीफों से सच्चाई का पता चलता है।	There is many a true word spoken in jest.
लातों के देवता, बातों से नहीं मानते।	Rod is the logic of fools. (Rod tames every brute)
जिसकी लाठी, उसकी भैंस।	Might is right.
लापरवाही से किया गया काम बिगड़ जाता है।	Business neglected is business lost.
बिना दुःख उठाए लाभ कहाँ?	No pains no gains.
लालची का पेट भरना आसान है, बनिस्बत उसकी आँख के।	Better fill a glutton's belly than his eye.
लुटेरा लुटेरे को नहीं लूटता।	No carrion will kill a crow.
लोहा को लोहा काटता है।	Diamond cuts diamond. (Like cures like).

व	
अच्छा वकील बड़ा झूठा होता है।	Good lawyer must be a great liar.
वकीलों का घर मूर्खों की दौलत से भरता है।	Lawyer's houses are built on the heads of fools.
वक्त बड़े-बड़े घाव भी भर देता है।	Time tames the strongest grief.
वक्त सबसे बड़ा उस्ताद है।	Years best heeler know more than books.
वक्ता की गइराई में जितनी कमी होती है, उतने ही विस्तार से बात सामने रखता है।	What the orators want in depth they give you in length.
वर्ग संघर्ष ही मानव समाज का इतिहास है।	History of all hitherto existing society is the history of class struggle.
वासना की प्यास बुझाए नहीं बुझती।	Ginger shall be hot in the mouth.
महान् विचार ही आचरण में उतरकर महान् कार्य बन जाते हैं।	Great thought reduced to practice becomes great acts.
विनम्र बच जाते हैं, दंभी मारे जाते हैं।	Reed before the wind lives on while mighty oaks do fall.
विनम्रता में कुछ भी खर्च नहीं होता है।	Civility costs nothing.
विनाशकाले विपरीत बुद्धि।	Whom God will destroy He first makes mad.
विपत्ति में ही आदमी अपने को पहचानता है।	Adversity introduces a man to himself.
विवेक की निरंतरता ही विश्वास है।	Faith is the continuation of reason.
व्यस्ततम व्यक्ति के पास अवकाश ही अवकाश होता है।	Busiest man has the most leisure.
वह जो नीचे है, उसे गिरने का भय नहीं।	He that is down fears no fall.
(a) विषस्य विषम् औषधम्। (b) जहर को जहर मारता है।	Like cures like.
श	
शंका ज्ञान की कुंजी है।	He that knows nothing doubts nothing.
शक्ति झूठ को भी सच करवा लेती है।	Might overcomes right.
शत्रु एक भी काफी होता है और बहुत से मित्र भी थोड़े होते हैं।	One foe is too many, and a hundred friends too few.

शराफत एक दिन की चीज नहीं।	It takes three generations to make a gentleman.
शराब गीदड़ को भी शेर बना देती है।	Ale will make cat speak.
शराब भीतर हो बुद्धि बाहर।	When ale is in, wit is out.
शर्म समझदारी की जान है।	Diffidence is the right eye of prudence.
अन्यायपूर्ण शांति से अच्छा है, न्यायपूर्ण युद्ध।	Just war is better than an unjust peace.
शासक वर्गों में ही भ्रष्टाचार पहले आता है।	Fish begins to stink at the head.
शासक और प्रेमी प्रतिद्वंद्वी से घृणा करते हैं।	Sceptres and suitors hate competitors.
शीशमहल में बंदर।	Bull in china shop.
शीशमहल में रहनेवालों को औरों पर पत्थर नहीं फेंकना चाहिए।	Those who live in glass houses should not throw stones.
शुरुआत अच्छी हो तो समझो आधा काम हो गया।	Well begun is half done.
शेर की खाल में गधा।	An ass in lion's skin.
(a) शेर की शेर से नहीं पटती। (b) एक कुत्ता दूसरे पर गुर्राता है।	One potter envies another.
निर्दयता शैतान का गुण है।	Cruelty is the first attribute of the devil.
शैली विचारों का वस्त्र है।	Style is the dress of thoughts.
स	
संकल्प आधी सफलता है।	He who wills succeeds half way to it.
संसर्गजा दोषगुण: भवन्ति।	Association inevitably breeds affinity.
(a) हर संगति का अपना प्रभाव पड़ता है। (b) कोयले की दलाली में हाथ काला।	Evil association must leave its impress.
संपन्नता कई विपत्तियाँ लेकर आती है।	Abuse riches is worse than the want of them.
संयोग से कुछ भी नहीं होता।	Every bullet has its billet.
संयोग कभी-कभी आता है।	Golden chances are but rare.
एकै साधे सब सधे, सब साधे सब जाए।	He who hunts two hares leaves one and loses the other.
यदि सच्चे सच्चाई छोड़ दें तो सच्चाई कहाँ दिखेगी ?	If the salt have lost its savour wherewith shall it be salted.

सरल लोग जल्दी ठगे जाते हैं।	Kind hearts are soonest wronged.
सस्ता रोवे बार-बार, महँगा रोवे एक बार।	Cheap buyer take bad meat.
सफलता उसे मिलती है, जो धुन का पक्का होता है, भले ही गति धीमी हो।	Slow and steady wins the race.
सहयोग से पहाड़ भी काटे जा सकते हैं।	Many hands make light work.
सहिष्णुता ही सम्यता की एकमात्र कसौटी है।	Tolerence is the only real test of civilization.
समय पर लगाए गए एक टाँके से बहुत बचत हो जाती है।	A Stitch in time saves nine.
साँच को आँच नहीं।	True sincerity sends for no witness.
(a) साँप का काटा रस्सी से डरे।	Burnt child dreads the fire.
(b) दूध का जला छाछ फूँक-फूँक कर पीता है।	
(a) साँप का बच्चा संपोलिया।	Like breeds like.
(b) जैसा बाप वैसा बेटा; जैसी माँ वैसी धीया; जैसी ककड़ी वैसी बीया।	
साठे-पाठे का क्या संग।	Crabbed age and youth cannot live together.
सादा जीवन उच्च विचार।	Plain living and high thinking.
साधन बिना कुछ भी नहीं हो सकता।	Nothing is stolen without hands.
साफ दामन को मदद की आवश्यकता नहीं।	Clean hands want no washball.
सिखाते समय मनुष्य सीखता भी है।	Men learn while they teach.
सिद्धांत को दबाना सदैव ही अवगुण है।	Modernation in principle is always a vice.
(a) सीखने के लिए कोई बूढ़ा नहीं है।	Never too old to learn.
(b) हर उम्र में सीखा जा सकता है।	
सीधा रास्ता प्राय: अच्छा नहीं होता।	The nearest way is commonly the foulest.
(a) समाई के बाद मष्क भी फूट जाती है।	It is the last straw that breaks the camel's back.
(b) आखिर का एक तिनका भी भारी होता है।	
(c) बरदाश्त की हद से बाहर होने पर आदमी टूट जाता है।	

सुअवसर एक ही बार हाथ आता है।	Opportunity never knocks twice any man's door.
सुख दु:ख के बिना नहीं आता है।	No rose without a thorn.
सुबह का भूला शाम को घर आ जाए तो भूला न कहिए।	It is never too late to come.
(a) सूरज पूरब में ही उगेगा।	Water will flow downwards.
(b) पानी नीचे ही बहेगा।	
(a) सेवा बिना मेवा नहीं।	He that would eat the kernel must crack the nut.
(b) बिना श्रम फल कहाँ।	
सौ सयानों का एक मन।	Great men think alike.
स्त्री (औरत) का गुस्सा खुदा का कहर।	Hell hath no fury like a woman scorned.
स्त्री (औरत) का काम कभी खत्म नहीं होता।	Woman's work is never done.
साधन का औचित्य साध्य से ही सिद्ध होता है।	End justifies the means.
सुंदरता को साज-शृंगार की आवश्यकता नहीं होती।	Beauty needs no ornaments.
समय किसी के लिए रुकता नहीं।	Time and tide waits for none.
सुंदरता और ईमानदारी साथ-साथ नहीं मिलती।	Beauty and honesty seldom agree.
सत्ता भ्रष्ट बनाती है और पूर्ण सत्ता तो पूर्णत: भ्रष्ट कर देती है।	Power tends to corrupt and absolute power corrupts absolutely.
स्वर्ग की गुलामी से नरक का राज भला।	Better be the head of an ass than tail of a horse.
समरथ के नहीं दोस गुसाई।	Rich men have no faults.
स्वास्थ्य ही सबसे बड़ा धन है।	Health is wealth.
सुखी होने का उपाय है, दूसरों को सुखी बनाना।	Way to be happy is to help make others so.
ह	
ऐसी हँसी अच्छी नहीं, जिससे दोस्ती में फर्क आए।	Better lose a jest than a friend.
हताशा गीदड़ को भी शेर बना देती है।	Despair gives courage to a coward.
हथेली पर सरसों नहीं उगाई जा सकती।	Rome was not built in a day.
हमाम में सब नंगे।	No man is a hero to his valet.
हर आदमी को संतुष्ट नहीं किया जा सकता है।	You can't please every one.

हर आदमी खरीदा जा सकता है।	Every man has his price.
हर चीज के लिए कोई-न-कोई कारण होता है।	Nothing comes of (from) nothing.
हर चीज सबके लिए उपयुक्त नहीं होती।	Every shoe fits not every foot.
हरफनमौला से कफन की उस्तादी बेहतर है।	Better master one, than engage with ten.
हरफनमौला हरफन अधूरा।	Jack of all trades master of none.
हर सच्चाई कहने की नहीं होती।	All truths are not to be told.
हर सवाल का जवाब होता है।	Every why has a reply.
हर सवाल का जवाब नहीं होता है।	Every why has no reply.
हराम की कमाई, हराम में गँवाई।	Easy come easy go.
जो मिले सो (हलाल)।	All's fish that come to my net.
हाथ में माला, दिल में भाला।	Counting his beads he conceals a dagger in his breast.
(a) हारा हुआ ही लड़ाई जीत सकता है। (b) हिम्मते मरदाँ, मददे खुदा।	One can go a long way after one is weary.
भगवान् उनकी मदद करता है, जिनमें हिम्मत होती है।	God helps those who help themselves.
आधा हिस्सा, पूरे से ज्यादा। मुकदमेबाजी/ झंझट आदि में पड़े बिना।	Half is more than the whole.
हो जाए तब जानिए।	There is many a slip between the cup and the lip.
होनहार बिरवान के होत चीकने पात।	Coming events cast their shadows before.
(a) होनी को कौन टाल सकता है ? (b) जो होना होगा, होगा ही।	What would be will be.
होइए वही, जो राम रची राखा।	Man proposes god disposes. (What is lotted cannot be blotted.)

□□□